U0123617

蹄兔非兔 象鼩非鼩

任梦华 题

张劲硕 著

中国林业出版社

·北京·

图书在版编目（CIP）数据

蹄兔非兔　象鼩非鼩/张劲硕著. --北京：中国林业出版社，2023.5
（国家动物博物馆科普著译书系）

ISBN 978-7-5219-2099-4

Ⅰ.①蹄… Ⅱ.①张… Ⅲ.①动物-普及读物 Ⅳ.①Q95-49

中国国家版本馆 CIP 数据核字（2023）第 003261 号

策划编辑：张衍辉
责任编辑：张衍辉　葛宝庆
封面设计：林记工作室

出版发行　中国林业出版社
　　　　（100009，北京市西城区刘海胡同 7 号，电话：010-83143521）
电子邮箱　np83143521@126.com
网址　www. forestry. gov. cn/lycb. html
印刷　北京博海升彩色印刷有限公司
版次　2023 年 5 月第 1 版
印次　2023 年 5 月第 1 次
开本　889mm×1194mm　1/32
印张　13
字数　315 千字
定价　68.00 元

中国科学院动物研究所
"国家动物博物馆科普著译书系"
编辑委员会

书系主编：张劲硕

副 主 编：孙 忻 苏 靓

编写组成员：孙路阳 王传齐 单少杰 刘基文 张 雪
　　　　　　许可欣 熊品贞

特约摄影：吴海峰 张 帆 赵 超 刘逸夫

特约绘画：刘 东

特约校对：何长欢 李 想

本书作者：张劲硕

本书摄影：张劲硕 王传齐 张 帆 孙路阳
　　　　　　吴海峰 张 旭 曹 禹 李 想

本书责任编辑：张衍辉 葛宝庆

书名题签：位梦华 王 曦

书签题词：刘荫曾

封面和插图绘画：刘 东

谨以此书
献给

秉志先生（1886—1965）
我国近现代科学启蒙者、生物学奠基人、
动物学创始人

寿振黄先生（1899—1964）
我国脊椎动物学奠基人、哺乳动物学创始人

郑作新先生（1906—1998）
我国鸟类学奠基人、动物地理学开拓者

以及我的姥姥（1906—2005）、父母

致敬

我儿时阅读过的那些书——我的启蒙读物
以及那些书的作者们!

郑作新先生（1906—1998）

《中国动物志　鸟纲　第四卷　鸡形目》
《中国鸟类区系纲要》《世界鸟类名称》

卢汰春先生（1925—2018）

《中国珍稀濒危野生鸡类》

胡锦矗先生（1929—2023）

《卧龙的大熊猫》《熊猫的风采》《美丽的小熊猫》
《天府奇兽》

盛和林先生（1930—　　）

《中国鹿类动物》《哺乳动物学概论》
《哺乳动物野外研究方法》

马逸清先生（1931—　　）

《黑龙江省兽类志》《中国的熊类》

王岐山先生（1932—2010）

《安徽兽类志》

金鉴明先生（1932—2017）、王礼嫱先生（1945—　　）、
薛达元先生（1955—　　）、王献溥先生（1929—2015）

《自然保护概论》《保护世界的生物多样性》

《自然保护区的理论与实践》

杨岚先生（1933—2019）

《中国雉类 白腹锦鸡》

吴家炎先生（1936—2021）

《中国羚牛》

马建章先生（1937—2022）

《野生动物管理学》《自然保护区学》

叶昌媛先生（1938—　　）、费梁先生（1936—2022）、
胡淑琴先生（1914—1992）

《中国珍稀及经济两栖动物》

丁瑞华先生（1941—　　）

《四川鱼类志》

名家荐语、寄语

打开一扇门，邀读者从生活的各个场景走进动物学。推开一扇窗，向读者祖露几代动物学者爱万物、护生灵的博大胸怀与不畏艰难、求真唯实的探索历程。

——程东红（中国科学技术协会原党组副书记、副主席，中国自然科学博物馆学会理事长）

张劲硕首先是一名动物学家，然后才是科普作家。在我心目中，他还是国内少有的科学博物学家（Scientific Naturalist），因为唯有学者才能力求科学的严谨；只有对动物的真爱，才能写出声情并茂的文字，并且能够达到博学的高度。本书很好地诠释了为什么兴趣是最好的老师，科普的知识是冰冷的骨架、文史哲才是血肉和灵魂的道理。

——周忠和（中国科学院院士，中国科学院古脊椎动物与古人类研究所原所长、研究员，中国科普作家协会理事长）

保护野生动物、生物多样性已成为人们的广泛共识；有效的保护依赖于政府部门、科学机构、相关组织以及社会各界的支持与参与。而得到公众的理解与支持必然需要科学普及，让更多人了解基本的科学知识、秉承科学的保护理念，才会有实际行动。我希望看到像劲硕这样更多的作者撰写更好的科普佳作，影响更多的读者投身自然保护事业！

——魏辅文（中国科学院院士，中国科学院动物研究所原副所长、研究员，中华人民共和国濒危物种科学委员会常务副主任）

中国科学院向社会公众弘扬科学精神、普及科学知识、传播科学思想和科学方法、倡导科学文化；而科普图书是最好的载体之一。本书作者张劲硕博士在国家动物博物馆从事科普工作，也是中国科学院老科学家科普演讲团最年轻的团员；他将科研与科普紧密结合，尝试多种传播形式，特别是创作了大量科普文章和书籍，产生了一定影响力，是我院科普工作的杰出代表。

——周德进（中国科学院科学传播局局长）

中国科学院动物研究所是百年科学机构，文化积淀深厚，有众多科学家同样也是科普作家，如童第周、郑作新、张广学等先生们为读者奉献过很多脍炙人口的科普文章或书籍。今天，我很高兴地看到包括劲硕在内的许多年轻人热衷科普事业，并将其所见所闻所思记述下来，将科学知识与最新科技成果向社会公众广泛传播。这两本有趣的科普读物值得大家阅读。

——乔格侠（中国科学院动物研究所所长、研究员）

大力弘扬科学精神、秉承科学家精神，是推动新时代科技创新与发展的需要。中国科学院动物研究所经过近百年发展、几代科学家的不懈努力，在科研与科普方面取得了辉煌成就。

在劲硕的书中，不仅有各类动物学知识，还可以看到老一辈科学家的事迹与贡献，体现了他对科学家的尊重、敬佩与怀念。科普作品需要用丰富有趣的知识、可靠的史料，以及具体的科学家的生动故事打动每一位读者。希望劲硕再接再厉，创作出更多出色的科普作品！

——聂常虹（中国科学院动物研究所党委书记、副所长、研究员）

我怀着欣喜和感叹的心情读完了你的力作，由衷佩服你对众多动物的观察和感悟，娓娓道来，引人入胜，让人们在获得知识的同时，对动物世界充满了好奇和探究的冲动。其实，写好一篇科普文章的难度，并不亚于发表一篇学术论文。我建议不但你自己写，还可通过"著译书系编辑委员会"动员更多科研人员将动物学一些前沿热门的知识以广大读者喜闻乐见的科普形式发表，让更多读者受益。总之，你做了一项十分有意义的事，但愿在你的带动下，动物学科普工作日益繁荣昌盛。

——王祖望（中国科学院动物研究所、西北高原生物研究所原所长、研究员）

很喜欢听劲硕讲故事，相信大家都会从他的书中感受到他渊博的生物学知识、引人入胜的文笔。劲硕和其他我喜爱的科普作者一样，是这样的全才。更令人感动的是，劲硕对自然和人的爱心跃然纸上，让无数青少年和热爱自然的人从中受益和思考。我们需要更多的张劲硕。

——吕植（北京大学保护生物学教授，北京大学自然保护与社会发展研究中心执行主任）

在我认识的中国人当中，劲硕是最有人文修养的动物学和博物学文化传播者。劲硕能讲、能写，讲得字正腔圆，写得准确晓畅。透过这些精彩文字，读者能够获得大量具体的动物知识，同时能够加深对生态学和生物多样性保护的理解。

——刘华杰（北京大学哲学系教授，北京大学科学传播中心教授）

倾情自然的诗意浪漫，关切生态的博大情怀，笃学慎思的探索行迹，都在劲硕博士这两部文集里展露无遗。他是我心目中万千生灵的优雅代言人、人与动物关系的精湛阐释者！

——尹传红（科普时报社社长，中国科普作家协会副理事长）

"你以为的就是你以为的吗？"作为《正大综艺·动物来啦》连续四年的常驻嘉宾，张博士常把这句话挂在嘴边。他用特有的冷幽默打破了我们许多人常识中的误区。相信读者不仅会被他文字中的趣味所吸引，更能体会到一位好学勤奋、热衷钻研又乐于分享的研究者那种质朴严谨的本色，以及孜孜不倦的追求。

——王雪纯（著名主持人、节目制作人，央视创造传媒有限公司艺术副总监）

认识张劲硕馆长已经二十多年了，当初我是刚刚出道的主持新人，他是踏遍荒郊野岭四处追寻蝙蝠的学者，偶尔会从某个岩洞里冒出来，在我的节目里露一小脸。如今这份缘起于电视的友情还在继续，我俩一起主持《科学动物园》节目。今日接到劲硕老师的两本新书，不胜欣喜，斗胆说上几句，以示祝贺。劲硕其人温润如玉，待人接物，颇有古君子之风。劲硕老师治学严谨，深耕动物学研究领域，博闻强记，风流酝籍。才具如古之公冶长，飞禽走兽，天文地理，人言兽语，无不信手拈来。读劲硕老师讲动物故事，如同品味一桌佳肴美馔，掩卷回味，齿颊留香。看劲硕老师的书，如沐春风，如见老友，不知不觉沉醉其中。

——张腾岳（中央广播电视总台著名主持人）

张劲硕老师数十年来笔耕不辍，撰写了大量精彩的科普文章，影响了无数热爱自然的中国人。这些文章发表在各大媒体上，现在被收录进这两本科普文集，读者们终于可以集中性地饱览张老师的佳作了。

——张辰亮（《中国国家地理》融媒体中心主任，《博物》杂志副主编）

科普，字面上看就是科学的普及，上到八九十，下到五六岁都能够看懂、读懂科学的知识。劲硕兄多年来致力于动物知识、自然史知识的科普工作，成就满满，他经常说"做科研的更应做好科普，服务大众。"作为业内科普专家，今他多年的积累汇编成书是大众的幸事，也是博物圈、科普圈的幸事。作为多年老友，不光要表示祝贺，更要向各位推荐这套力作。嗯，绝对不会让大家失望。

——杨毅（著名动物科普人、科普作家）

苗序

乐之者的博雅

苗德岁先生，生于 1951 年，江苏人；地质学、动物学博士，古生物学者，杂家；曾任美国堪萨斯大学自然博物馆暨生物多样性研究所研究员、中科院古脊椎动物与古人类研究所客座研究员；网络签名："漂泊番邦逍遥客，徜徉书海自在人。"

劲硕即将出版他的文集《蹄兔非兔　象鼩非鼩》，邀我为其作序，颇令我感到惊喜和意外。惊喜的是，我过去一直以为他做科普工作，是以"演和说"为主：他长期参与制作央视的《正大综艺·动物来啦》节目，是颇受广大青少年欢迎的"名人秀"电视人物（TV personality）；作为新浪微博的大 V @国家动物博物馆员工，他是名声遐迩的科普名家并拥有数量惊人的粉丝群；他的博物馆导游解说和科普演讲，受到无数博物学爱好者的追捧；他还是中国科学院老科学家科普演讲团最年轻的成员，是深受人们喜爱的科普演说家之一。

在看到他这本科普自选文集之前，我孤陋寡闻，竟不知道他还曾写过这么多有趣的文字——他既"述"且"作"、如此高产，委实令我大吃一惊！意外的是，他竟会邀我为这本书写序——不胜荣幸之余，也颇为他的"惺惺相惜"之情所感动。坦承地说，尽管他是我的忘年小友，我们之间有许多共同的爱好（比如，热爱科普工作、爱书、熟知文坛与科苑的掌故，以及喜欢常在微信上隔洋聊一些共同认识的学术界前辈的趣闻轶事等），然而万万没有想到，他的第一本科普作品集，即来请我作序——名人请非名人写序，也算是别开蹊径了。自然，我十分珍惜他的这份深情厚谊，欣然允诺。

其实，算起来我与劲硕相识整整十年，开始相见纯属一次偶然的机缘。2012年暑假，我回国工作访问，我彼时刚完成译林出版社人文精选书系中《物种起源》一书的翻译，回国期间分别在中国科学院南京地质古生物研究所、中国科学院古脊椎动物与古人类研究所作了"达尔文与《物种起源》"的讲座。承蒙中国古动物馆王原馆长的厚爱，推荐我去国家动物博物馆给公众作一场同一主题的讲座，因而有机会结识了劲硕。

正是在那次讲座的互动环节听众提问中，劲硕的一位小粉丝请我为小朋友们写一本通俗的《物种起源》科普书，又恰好蒙史军与劲硕的鼓励和牵线，成就了我的第一本青少年科普书《物种起源 少儿彩绘版》（接力出版社，2014）。从某种意义上说，劲硕的鼓励堪称是我在国内从事青少年科普创作的"第一推动力"！

时隔一年半之后，我的《物种起源》译本问世，2014年新年伊始，译林出版社在国家动物博物馆举办了一场新书发布活动。这一次，由劲硕主持了那场活动；尽管那天外面寒风凛冽，但由于劲硕的"一呼百应"，那场活动老老少少来了很多人，可谓"盛况空前"，令译林出版社的编辑们非常兴奋。劲硕还特意请了中科院动物所的王德华教授前来助阵，对此，出版方和作为译者的本人都是深为感激的。现在我终于有了"回报"的机会。

我在今年感恩节期间（真可谓"恰逢其时"），一口气读完了这本文集的书稿，真是喜欢得不得了！无论是普及动物学知识的短文，还是野外科考手记，抑或是科普讲稿，或是为他人著作撰写的前言序语，均有的放矢，内容丰富，观点鲜明，可读性极高。劲硕的文字读来清新流畅、通俗易懂，文中科学与文史知识融会贯通、相得益彰。他的文章之所以精彩耐读，不仅是科学知识硬核，而且是他能够旁征博引——各方面的知识信手拈来，恰到好处，令人读来禁不住大呼过瘾。比如，对"成语中的动物知识"以及与十二生肖相关的动物学知识的解说，对"形形色色的动物世界"的描绘，对"我们弄错的动物知识"的"拨乱反正"，以及"生灵笔记"中对动物生灵的悲悯情怀，都让人打开之后欲罢不能、掩卷之余浮想联翩、感慨万千……

当然，本文集中这些文章最大的特点，首要在于科学知识扎实。劲硕是训练有素的哺乳动物学家，但他动物学知识的广泛与深入，令我惊奇。从无脊椎动物的头足类章鱼到脊椎动物各个门类的动物等，他写起来都得心应手、如数家珍，真的不容易。因此，我历来认为科普工作最好或主要还得靠科学家们来做，外行写起来总是难免会捉襟见肘、时不时地露怯。尤其是目前我国尚未建立起一支专业科普作家的队伍，靠谱的科普作品基本上还要依仗像劲硕这样的专业人士来创作。欧美国家则有专门的科普写作专业，通常至少是具有本科科学专业学位的人再经过专门的科学写作训练培养而成的。

另一方面，从书中字里行间还可以看出，劲硕对动物学以及科普工作委实倾注了真爱。这一点其实无论如何强调都不为过，正可谓"无情何必生斯世，有好终须累此生"。盖因只有一个人真心喜爱而乐此不疲的东西，他/她才有可能倾注心血并满腔热情地传递给别人，毕生勤奋耕耘、无怨无悔。西方的博物学传统即是如此，比如像达尔文、赫胥黎等代表人物。近些年来，我有幸结识了国内中青年一代训练有素的博物学才俊，其中好几位像劲硕这样的人，比如王原、史军、张辰亮、严莹等；他们对博物学都是出自真爱，因而他们的科普作品也都是出类拔萃的精品。

文集中我读来最有感触的是劲硕的两篇回忆文字："我人生的第一导师：热烈祝贺《大自然》杂志创刊40周年"以及"带我走入一个绚丽的大自然：读唐锡阳先生著作随感"。我虽然跟唐锡阳先生未曾有过任何交往，但劲硕的回忆文字读来依然令我动容，而文中提到的刘后一先生则是我的大师兄，也是曾约我为他主编的《化石》杂志撰写我人生第一篇科普文章的师友（并发表在1975年第2期上）。在上个世纪70年代和80年代，科普杂志十分稀少，而我的学术老家——中国科学院古脊椎动物与古人类研究所主办的《化石》杂志以及北京自然博物馆主办的《大自然》杂志，在当时是非常有名的，发行量也很大。当年的劲硕就是这两份杂志的忠实小读者，尤其是《大自然》杂志编辑部的工作人员曾是他儿时的博物学启蒙之师与忘年挚友。回忆起那段童年往事，他的笔端饱蘸浓情。

我仅在《大自然》上发表过一篇关于恐龙灭绝原因新探的文章，当时是我出国留学前，有一天我的老师周明镇先生（时任古脊椎动物与古人类研究所所长并兼任北京自然博物馆馆长）跟我说："德公，你给黎先耀他们的《大自然》杂志写篇文章吧?!"我恰好新近刚看了一篇我即将赴伯克利加州大学所要师从的克莱门斯教授在《古生物学》（*Paleobiology*）上新发表的一篇论文，便编译了一番，借此拼凑出一篇文章，把小行星撞击地球造成恐龙灭绝的新假说及时地介绍给了国内读者朋友们。由于我其后不久便出国留学了，那篇文章付诸铅字后我至今都未曾见过。劲硕跟我说他已替我淘了一本那一期的《大自然》旧刊，但由于疫情来袭，我已三年没有回国了。

我出国后不久，周先生曾写信知会我："黎先耀很喜欢你的文字，想约请你在《大自然》上开辟一个专栏，就像美国自然博物馆《博物学》（*Natural History*）杂志上古尔德（Stephen Jay Gould）的"生命如是之观"（This view of life）专栏那样的文章。"由于我当时学业紧张，也自知自己的能力不逮（岂敢与古尔德比肩！），故未敢应允，有掠了黎先生的一片美意……

最后，我想引用文集里的下述引言，来结束这篇短序：所有人都可以比较容易地做到"博学"；但是，更重要的是"博爱"；最终，你一定会"博雅"。可以说，在我相熟的年轻人中，没有任何人比劲硕身上更能体现出博学、博爱与博雅的气质与光彩！

2022 年 11 月 25 日
于美国堪萨斯·劳伦斯（Lawrence, Kansas）

吴序

永远亮着的灯

吴海峰先生，生于 1993 年，北京人；北京林业大学自然保护区学院（现为生态与自然保护学院）硕士，现就职于《中国国家地理》杂志社博物品牌运营中心。

2022 年初，张劲硕博士约我为他即将出版的新书写序，一时间我以为自己听错了。我和张博士虽然是好友，但要硬说，我算是他学生辈儿的，哪有老师出书找学生写序的道理？

张博士解释："你是最了解我的人，也知道这本书背后的故事，能写出很多别人看不到的东西，找你写最合适。"一听这话，我一时没有理由拒绝，就答应了下来。好在书稿进度不算快，给了我充分的时间构思序怎么写，也给了我足够的时间拖稿。

我翻阅这两本书时，看到很多故事都是我俩一起经历的。比如，张博士总给我讲读研做研究时候抓蝙蝠的事儿，每次一讲都是好几个钟头，他不嫌累，我也很爱听，在书里就是《房山寻蝠散记》和《蝙蝠：低调的兽族豪门》等篇目；比如，我俩一起去过很多地方看过很多动物，在书里就变成了《蹄兔非兔》《麋鹿是禄》，还有《莲花山遍地科学花》等篇目。看到这些，我思绪万千，想说的太多，不知从何讲起，那不如就挑三个小故事，和大家分享。

这三个小故事和书中的文章都稍微有那么点儿关系，希望读完之后能引起您接着读正文的兴趣；这三个小故事和这本书又没太大关系，更多讲的是张博士其人，您要是觉得"张博士这人真有意思，我想赶紧看正文了"，那也算我的一点儿功劳。

故事一：相识之时

和张博士相识是在 2013 年 8 月 11 日，那天是我 20 岁生日，同时也是我侄子出生的日子。这还不算巧，我和张博士相识，还有一段离奇的故事。

我在首都师范大学生物科学专业读本科那几年，课余时间在北京动物园当志愿者，人少的时候给观众讲讲动物，赶上五一、十一人多的时候就帮忙维持秩序。有位一起当志愿者的小姐姐与我同校，我俩自然很投缘。她读的是心理系，当时正在和北京四中的孩子们一起排演一个科普剧，是为接下来的"全国科普日"活动准备，她邀请我一起参与这个剧。一是和孩子们一起演，二是能从生物学专业角度给这个剧把把关。

一起排练的时候，孩子们经常能提出值得思考的问题，说实话，很多我一时间也回答不了，就在课后和孩子们一起寻找答案。而当我们得出结论的时候，学姐就会和我们说："我问了张博士，他也是这么说的。"这样的场景出现了好几次，一而再，再而三，难免会问："张博士是谁？"

离活动开始没几天的时候，也就是 2013 年 8 月 11 日，学姐约我去国家动物博物馆（以下简称动博），也就是在张博士的工作单位拍摄照片。那天下着大雨，保安就让我到屋里避雨，而学姐则迟到了好久。因为没买票，再加上是在等人，我就坐在动博大门门口的椅子上，远看吊在天花板上的蓝鲸骨骼模型，以及左边鸟类展厅和右边濒危动物展厅门口的动物。我心想，在这儿工作的人，都是什么样儿的呢？这时候我注意到在我正对面前台里还有三女一男，一共四位工作人员。他们一会儿解答客人的疑问，一会儿帮忙抱着孩子，一会儿给指路，到了整点儿还会给客人讲解展厅。等没什么观众的时候，那个男生就坐在前台看书，把头埋在桌子里。

雨越下越大，观众陆陆续续都走光了，学姐还没来。下班时间到了，前台的几个小姑娘也都走了，学姐还没来。直到动博的灯都关了，学姐终于来了！

"不好意思我来晚了。"学姐把我领到前台。

"来介绍一下，这位是张劲硕博士。"好家伙，原来一直坐在前台看书的小伙子就是张博士啊！原来，排练科普剧给我们解答问题、科学把关的就是他啊！说实话，我的第一印象，这人长得不算精神，头发也好几天没洗了，真是人不可貌相！

"我好像在哪儿见过您！"我问张博士。

"电视上吧，去年和今年 CCTV 的东非野生动物大迁徙直播，就是我做的解说。"张博士回答我道。

"果然是您！"我对张博士的尊崇之心瞬间又上了一个台阶。

全国科普日那天，我们的科普剧在北京园博园如期上演，无论是孩子们的表现，还是观众的反馈，都非常棒。后来，那个学姐就神秘地消失了，我和张博士谁都联系不上她了，就连我们其他的共同好友也都联系不上她了。这位学姐就好像是我和张博士的"牵线人"，这线牵上了，她也就完成了历史使命一般消失了。

故事二：蹄兔非兔

借着这段机缘，我也在动博当起了"博物馆奇妙夜"活动的志愿者。虽然张老师是个大博士，但从来没有什么架子，穿着一身好几天没换的衣服，顶着好几天没洗的头发，在人堆儿里你绝对不会多看他一眼。他在组织活动过程中，跑前跑后，讲解动物知识，教大家搭帐篷，甚至订餐、联系司机等，事无巨细，亲力亲为。

我则是跟在张博士屁股后边打杂儿，孩子听累了我就上前哄哄，有人大喊大叫我就帮着维持秩序，晚上帮着孩子们搭帐篷，早上起来帮着搬早餐，然后再跟着一块儿去麋鹿苑看麋鹿、观鸟。当然对我后来影响最大的，则是"偷偷学艺"，偷听张博士的讲解，一方面是知识，再一方面是为人处世之道。

可以说，张博士是最早组织国内野外科考活动或博物旅行的人，去广西崇左看白头叶猴，到甘肃莲花山看斑尾榛鸡，还在陕西秦岭看大熊猫、朱鹮等，这些故事在书中都有体现。

2014年夏天，"东非野生动物大迁徙"直播没有了，张博士的几个好朋友邀请他亲自去非洲看看，张博士第一反应是"我不去，直播都直播好几回了，还有什么可去的"。

不过最后他还是去了，而且还没回来就给我发信息："非洲动物可太多了，下次带你来！"

"非洲有什么可去的？"我也不免问出这样的问题。

"斑马、角马特别多，拍到第二天我就不想拍了。还有好多别的哺乳动物，鸟就更多了，竟是些不知道叫什么的，回头咱俩一块儿查查叫什么名字。"张博士这样回答道。

2014 年十一期间，张博士的第二次非洲之行，同时也是我的第一次非洲之行！

这趟非洲之行给我印象最深刻的动物不是别的，正是蹄兔，因为它们太可爱了！圆滚的身子、呆呆的表情，挪动起来确实很像兔子，只是没有长长的耳朵。我从来不知道世界上居然还有这么一类动物，而且它们就住在我们的房顶上。后来，我看了很多和非洲有关的书，才知道当年亚当森（《生而自由》作者）、珍·古道尔（著名黑猩猩研究者）等好多人都养过蹄兔作宠物。我看着房顶上的蹄兔，心都要化了。

"这可不是兔子，这是蹄兔……"您要是想知道张博士给我们讲了什么，敬请阅读这本书，我就不在这儿剧透了。当然话又说回来了，您也别羡慕我，张博士书里提到的其他经历，不少我也没经历过，咱们都是读者。

后来我俩一共去了三十多趟非洲，跟着我们看动物的人也得有大几百了，最大的问题是大家没有一本合适的工具书，所以，我们就一起写了一本《东非野生动物手册》（中国大百科全书出版社，2021）。这本书的写作时间更长，最重要的原因是非洲动物种类太多了，每次去都能见到之前从来没见过的物种，就算是见过的物种，也能见到从来没见过的行为。您要是说我不爱看野生动物，那非洲的自然风光、风土人情、历史文化，也都很值得去看！

所以，现在回过头来看，非洲值得去，值得反复去！

顺便说一句，我们之所以后来能去这么多次非洲，完全是因为有张博士的第一次非洲"探路"之行，他也算是最早组织中国人到国外去观赏野生动物的人了。

故事三：永远亮着的灯

我硕士研究生毕业之后，便在《中国国家地理》杂志社旗下的《博物》杂志工作。说来也巧，张馆长还是我们杂志的创刊元老呢！更巧的是，我们俩人的单位还紧挨着，都在中科院奥运村园区，我们俩之间只隔了一个小广场。有时候中午，我俩约着去食堂吃饭，吃完饭再去奥森公园遛一大圈儿。下班的时候，我也会和他打个招呼再走。

"啊？你还没走呢？吃了饭再走吧！"

"可以。"

有时候走得着急，我就站在广场上给动博拍一张照片发给他。早些时候，张博士和另外一位同事共用一间办公室，他放书还很收敛，办公室的窗户还有很大的空窗，从外面可以看到一大片光亮。久而久之，下班拍动博变成了习惯，一拍就是好几年。

"我走啦，拜拜。"

后来，张博士升任馆长。当年一个办公室的同事搬去了其他屋，张博士买书都到了有点儿走火入魔的程度，办公室和家里都堆满了书。现在下班再看动博那个窗口，光亮早已由面变成了线。这几年，动博的人气和口碑不断上升，这和张博士的付出、加班不无关系。张博士渊博的学识，和这些书不无关系。一个买了这么多书、读了这么多书的人，写出来的书会是什么样呢？看完我的序，您就赶紧看这本书吧！

我俩中午一起吃饭遛弯儿的次数变少了，忙活到晚上甚至都没顾上吃一口饭。

"后天我们馆要新开个展览，我得安排一下。"

"下周所里要组织科普培训班的活动，我得联系很多事情。"

……

张博士规律吃饭的次数少了，暴饮暴食变多了；饭后遛弯儿的次数少了，在办公室加班的次数变多了。久而久之，张博士的肚子越来越大，身体也变差了。

有时候知道他忙，我就站在动博门前拍一张照片，发给他，并配文"遗憾"两个字，这二字之中到底有什么复杂的感情，还请读者们自行体会。

就在我完成这篇序言的前一天，北京下雪了，我站在老位置，不知道是第几千次按下了快门。希望张博士身体健康，永葆创作的激情和创新的动力！

2023 年 2 月 11 日
于肯尼亚首都内罗毕（Nairobi, Kenya）

弁言

有多少文字可以重写

摆在您面前的是两本关于动物的科普小册子:《蹄兔非兔 象鼩非鼩》和《蝙蝠是福 麋鹿是禄》,它们是我过去的各类科普文章的结集。

当我把全部文字呈给中国林业出版社自然保护分社副社长、责任编辑张衍辉先生的时候,我的心情久难平复。因为这两本书能够最终面世,经历了各种曲折,能够奉献给广大读者,是我的荣幸。

这两本书注定将在 2023 年年初付梓,而这一年对我而言有着不平凡的意义。若从 1993 年我在《大自然》杂志发表第一篇文章(甚至它可能都谈不上一篇正式的文章)算起,我已经从事 30 年科普写作了(这里不敢妄称"科普创作",只是写了一些文字而已)。"三十年河东,三十年河西";我想,这篇首文刊发之时或可作为自己从事科普工作之肇始;之于个人而言，是对自己过往的一种纪念，以及姑且视为人生新的起点罢。

这卅年之中，我一共正式发表了大大小小的科普文章超过400篇。我从这些文章中遴选了近几年的篇什，共计68篇。《蹄兔非兔 象鼩非鼩》侧重动物学知识，可谓"冷知识""硬核知识"，分为三编，即"我们弄错的动物知识""形形色色的动物世界""十二生肖系列"，计30篇；《蝙蝠是福 麋鹿是禄》偏重野外故事、感想和评论，多为"知识之外的东西"，亦为三编，即"生灵笔记""野外科考散记""杂写与杂忆"，计38篇。纯文字量上两本几乎相当，前者约为17.1万字，后者约为17.7万字；若累计前后的荐语、序、弁言、跋等，总共两本书的纯文字量约为38.5万字。

缘起

2016年，我有幸荣膺"北京市科学技术协会科普创作出版资金"资助，拟与科学普及出版社（现正名为中国科学技术出版社）合作出版《蹄兔非兔 象鼩非鼩》，责任编辑为时任副总编辑的杨虚杰女士。我记得当时参加评审答辩的时候，我所在那一组的评委有时任北京市科委科普工作联席会议办公室主任的肖健女士，以及北京出版集团原策划总监、北京少年儿童出版社原副总编辑赵萌女士等人。

当天能够见到我从小阅读的《少年科学画报》创始人之一、原主编的赵萌老师特别兴奋，我第一次见到赵主编，而赵老师却说很早以前就听说过我，对我的书寄予厚望。肖健老师对我也是给予很大鼓励，她对我们早年的科普著作《一百种尾巴或一千张叶子》（王冬、史军、张劲硕、刘旸，中国轻工业出版社，2010 年 3 月）曾予以大力支持，令我记忆深刻。其他评委，我印象不深了，但是这两位老师的话一直鞭策着我，嘱托我要好好写一些精品的文章出来。

赵萌老师更是直言不讳地指出，不要糊弄自己的著作；希望我系统地将"我们弄错的动物知识"认真梳理、翔实论述，不要把这样的好内容轻易浪费掉。

此外，写"我们弄错的动物知识"更是为了"吐槽"当下大众文化传播所涉及动物方面的各种纰漏、讹误、谣言。这一点认识与著名主持人、节目制作人王雪纯女士不谋而合。我们从 2017 年 11 月开始录制央视综合频道《正大综艺·动物来啦》节目时，总制片人王雪纯老师便反复强调："不要你以为的就是你以为的。"要把观众一直的误解、错误认知纠正过来。我们的这档科普综艺节目便有了一种匡谬时弊、斩断流言之使命。

所以，原本《蹄兔非兔　象鼩非鼩》主要写的就是"我们弄错的动物知识"。我将目录框架罗列出来，欲将文字一篇一篇地完成，最终形成一本系统性强的著作。后来，我还将这个写作思路转化成了一个科普报告：《蹄兔非兔　象鼩非鼩——我们弄错了的动物知识》作为我在中国科学院老科学家科普演讲团（我是最年轻的团员）外出讲座的主要课件之一。这一讲座在全国几十座大中小学校，以及首都科学讲堂、中科院科学公开课、中国古动物馆"达尔文大讲堂"、国家动物博物馆科普讲堂等众多平台上频繁宣讲。

然而，"无病闲眠身懒转""时光流转雁飞边"，自己的慵懒且未曾抓紧时间，使得文稿一拖再拖；直到杨虚杰老师都退休了，也未能如期交稿。大约 2020 年夏季的时候，北京市科协有关负责人再次敦促我要及时交稿，我便请杨老师再度帮忙，她便联系了生活·读书·新知三联书店（这是我非常喜爱的一家出版社），还请著名图书装帧设计师林海波先生设计了全书的四封以及版面等，并且制作了样书。我当时颇为兴奋，感到有了出版希望。

或许"好事多磨"是最大的一个借口。同年下半年，我担任国家动物博物馆副馆长（主持工作），各种行政事务繁杂，以及各类科普活动、节目录制和直播等琐碎事宜，使我始终没有集中精力去撰写新文或整理其他稿件。而赵萌老师的嘱托又时常回响于耳畔，我时刻感到内疚与惶恐。之后，不得不有了对自己的"开脱"和"谅解"，而一个基本要求则是，即使写不出一本系统的"我们弄错的动物知识"，也要把旧文加以修改之后，再"拼凑"成一本可以交差的、差强人意的书籍。

绝处逢生，贵人相助

就这样，此书再次被拖延到了 2022 年下半年。

7 月的一天，北京市科学技术协会科学技术普及部、北京科普发展与研究中心的工作人员又一次联系我，非常严肃地通知我必须尽快出版《蹄兔非兔　象鼩非鼩》，并约谈我到北京市科协汇报一下此书推迟缘由和出版进度；可以说，这是官方给我下了最后通牒，再不出版，就会收回资助基金，甚至面临信誉危机。

谈话后，北京市科协和科普中心的领导还是对我作了最大的宽容，允我最晚到2022年底出版——实际上受客观因素影响，出版时间又推迟到2023年初。因为出版时间短，有了明确的截止日期（deadline）；当我再次找到杨虚杰老师的时候，她也很难保证快速出版，毕竟她已经不在出版社工作了。就这样，我找到了多年好友、前文提及的张衍辉先生。衍辉贤兄悉知情况后，毫不犹豫地答应我尽快帮助出版本书，才有了我与中国林业出版社的首度实质性合作；而我年少之时所读、所购动物学专业书籍大量来自于该社，深受这些图书及作者之影响。今日，可于斯社出版拙著亦倍感亲切与荣幸！

于是，我从2022年8月开始集中两个多月时间修改昔日文稿。翻看自己的旧文字，每读一遍都会感到不满意，有时甚至嫌弃自己以前怎么写得这么差劲。现在看来，要么知识有些陈旧，要么数据需要更新，要么语句不够通顺或是啰嗦，要么所述之事早已"时过境迁"……总之，之前的文字"不堪入目"，我是很讨厌将旧作直接拿来"新瓶装旧酒"抑或"旧调重弹"——这都是对读者的不负责，也是对自己不负责。

十年前，好友史军博士还在"果壳阅读"负责出版科普书籍之时，便提出过"你直接把硬盘给我，我来给你出书"，但也考虑到即使用旧文出书也要重新修改为好；这期间也多有出版界朋友力劝我将旧作出版，但正是对自己的不满意，故而未敢提交过稿件。

但这次情况不一样了，形势已经"倒逼"我必须尽快了断此事。我也不得不翻看过去发表文章之目录，查找每块硬盘，其间也发现有的硬盘彻底无法打开，不能恢复数据，也令人痛心疾首——这也让我再次坚信，电子产品是靠不住的，视频、网络文字也都是转瞬即逝，还是要印出纸质的图书保存才更长久！——我一贯主张多收藏纸质书，深度阅读更是无法被替代的。

我将最终选定的每一篇文章都作了很大的修订，甚至彻彻底底的改动；尤其是恢复了动植物的拉丁文学名（原文都曾存在，但大多被编辑删掉了），增加了个别专业词汇的英文，更新了动物分类系统——这是一件很痛苦的事儿，因为有的类群的分类变化很大，需要花很多时间去查证、核实。我们动物所的曾岩博士看到我的初稿，提出了专业上的修改意见，我的同事王传齐老师还帮我补充了我不甚熟悉的鱼类知识；古脊椎所周忠和院士在准备推荐语的时候，认真阅读了部分篇章，一条一条地列出您认为的错误或疑问；《科普时报》尹传红社长也指出我表述上的某些错误，在此致谢各位老师，顺颂勋祺！

对于重要的历史人物、科学家、作家、人文学者等，我均添加了他们的生卒年代，便于读者了解他们的时代背景；个别不好查找的人物，我还拜托多方力量尽可能找到可靠出处，在此要感谢北京动物园副园长肖洋先生、上海动物园原园长张词祖先生及其公子张斌先生、中央民族大学薛达元教授、武汉大学卢欣教授、中科院成都生物所蒋珂先生，以及中科院动物所离退休办主任王远女士。

如果关注过我的科普文章的读者"研究"这些版本的话，想必您是找不出任何一篇一模一样的文字的。我还增加了一些曾经在国家动物博物馆微信公众号上发表的文章（实际上这都不算正式出版的文章，也就毫无知识产权的保护），以及专门为这两本书撰写的新文，构成了此两本科普文集。

心路历程，致敬经典

但是，我做着做着便起了心劲儿。除了"我们弄错的动物知识"，我还将以前比较满意的介绍动物习性、行为或生物学特征的"冷知识"凝结成了第二编——"形形色色的动物世界"，这一标题是为了致敬《大自然》杂志的经典栏目"形形色色的自然界"。那么，第三编"十二生肖系列"则是很大程度地效仿了谭邦杰先生在《大自然》上的生肖系列文章，也是在致敬谭先生。

说到这些致敬与影响，我又要回忆一点儿科普写作的历程。

或许每一位读书人，都渴望拥有自己的著作。我也不例外。

上小学的时候，当我读到李子玉先生《SOS！水怪》（封面有"SOS！"，我以前一直以为是这个书名，后来才知其实就叫《水怪》）、刘后一先生和陈金兰女士《珍稀动物大观》、北京动物园编《动物趣闻》、唐锡阳先生《自然保护区探胜》，以及谭邦杰先生在《大自然》上的科普文章（后结集为《珍稀野生动物丛谈》）……我都在幻想，将来我也要像这些科普作家那样出版一本属于自己的科普书籍。

我的这两本小书正是对过去之于我影响极大的那些科学家、学者、科普作家的一次致敬！

1992年底，时年13岁的我，决定写一篇"生肖文章"——《鸡年说鸡》；我用400字一页的稿纸，起草了初稿，并认真修改后，工工整整地抄录一遍至新的稿纸上，然后装进信封，贴足邮票，寄到了《北京晚报》的副刊"科学长廊"——这在当年是非常著名的科普版面（后来我有多篇文章承蒙编辑严成先生、冯瑞先生不弃，得以在"科学长廊"上发表）。但不幸的是，这篇文章寄出后，杳无音讯，我顿觉心灰意冷，明白我的"处女作"石沉大海了。

1993年8月8日，是《大自然》杂志第三期的出版日期，是我值得铭记的日子。我的文字第一次变成了铅字印刷出来。这一期为"猛禽"专辑，该刊组织了很多科学家撰写关于猛禽的各类文章。我之前在《大自然》编辑部得知要策划出版该期杂志的时候，便向时任主编王珏先生建议，将《大自然》杂志发表的所有猛禽文章罗列出来，以供读者参考。王主编采纳了我的建议，并让我完成这项任务。我随即将1980年创刊号至1993年第二期，全部翻阅了一遍，将相关文章开列出来，制作成一个"豆腐块儿"，即《小资料：〈大自然〉杂志发表过的猛禽文章》刊于该期第8页；并署名为"张劲硕（辑）"。后来，王主编还给了我50元稿费，以感谢我之前的点滴帮忙，以及鼓励我继续写作，这在当时已算极致的高额稿酬了。

要说我真正的"处女作"、第一篇科普文章则是《鼠类趣话》——这是"十二生肖系列"文章的正式发端，刊于1996年2月10日《中国工商报》之"大潮"副刊，第1103期，第4版；该报2018年12月更名为《中国市场监管报》。说起来，我还是因为"走了后门儿"，才有此文之问世。我的二伯父张双林先生时任该报副刊主编，又赶上新春临近，适合刊载"鼠年说鼠"的话题，故二伯父采纳了拙文。

我的二伯父，对我"爱书""读书"方面影响最大。我从小就被您家到处堆积的藏书所震撼和吸引——如今喜好藏书的习惯可能是受您的"遗传"。二伯父受时代和家庭条件所限，未能上大学，但却爱读书，自学成才，成为了一名记者、编辑；后来专攻北京商业史研究，任北京史地民俗学会副会长等诸多学术兼职。您家的藏书也影响我，让我早年学习了不少杂识。而且，二伯父是高产作家，您将发表的北京史方面的文章全部从报刊上剪下来，粘贴在巨大开本的盲文书上，足有四五十册，四五千篇；还出版了多部北京史方面的书，至今在《北京晚报》"五色土"副刊上还常读到您的大作。

从《中国工商报》开始，我撰写"十二生肖系列"一发而不可收；除了"龙"没有写过，其他各类动物已经写了两轮，甚至还要多了。

1996年，我还在《大自然》第四期发表《巨松鼠的自述》；11月29日《中国科学报》（中国科学院机关报）还刊登了我的"读者对本报的意见和建议"。从1996年开始至今，每一年我都在各类报刊发表科普文章或者新闻报道、新闻评论、书评等等。有这些文章之积累，才可能有今日之文集。

分门别类，车马骈阗

《蝙蝠是福 麋鹿是禄》又是怎么回事儿呢？

其实，本来打算仅出一本《蹄兔非兔 象駒非駒》也就够了；但是"天然兴趣难摹写，三日无烟不觉饥"，有了太多文字加以重修，不知不觉中扩充了篇幅，且又在衍辉兄的容忍之下，同意为我扩增成两本书。

近年来，我从事科普工作的最大心得便是"科学与知识之外，还有很多其他更可贵的东西"，这些东西包括而不局限于哲学、人文、历史、艺术、宗教、传统文化，等等。如果只是科学知识的通篇累牍，也就不可能有《新京报》《文艺报》邀请我写专栏。

2013 年 3 月 12 日伊始，受《新京报》副刊主编曲飞先生之邀，特开设专栏"生灵笔记"，从动物的角度谈对生命的感悟、人生的启迪。2020 年 3 月，又受到《文艺报》副总编辑刘颋女士之邀，复启专栏"生灵笔记"（篇幅更大、风格不太一样），续写过去未完之篇章。故我在《蝙蝠是福 麋鹿是禄》一书中选取了发表在《文艺报》上的几篇旧作，也写了新篇，形成该书的第一编"生灵笔记"。《新京报》上的"生灵笔记"大约 30 余篇，均"短小精悍"，故不太适合本书篇幅，也就不再收入（或许将来是另一本书）。

我主张，从事科普创作的年轻人一定要博览群书，不仅要掌握动物学、生物学或相关学科的基础知识，不断了解学术领域的最新科研进展，更要对文史哲，以及传统文化等人文领域有所了解。优秀的科普文章一定不仅仅是"冷知识"，读者更爱看的往往是"温暖的东西"。

我国早年不乏一批科普作家，写的是科学散文、科学美文，或者科学小品文；周建人先生（1888—1984）、刘薰宇先生（1896—1967）、贾祖璋先生（1901—1988）、顾均正先生（1902—1980）、高士其先生（1905—1988）、董纯才先生（1905—1990）、黎先耀先生（1926—2009）、郑文光先生（1929—2003）、叶永烈先生（1940—2020）等。前四位大家是在我国首倡科学小品的杂志《太白》（1934 年 9 月 20 日上海创刊）上最早撰写科学小品的作家。以上这些科普作家的文字有文化，有趣味，有力量，有温度，值得我们温故而知新。

还有一些著名作家、文学家、学者，写起博物学题材，抑或科学散文、科学小品来也是得心应手，仍然值得今人阅读；譬如鲁迅先生（1881—1936）、周作人先生（1885—1967）、陈望道先生（1891—1977）、杨朔先生（1913—1968）、秦牧先生（1919—1992）、汪曾祺先生（1920—1997）等。他们的小品文、散文仍然适合今天的读者们阅读；特别是秦先生（原名林觉夫）、汪先生的散文强烈推荐青少年们多读一读——这些前辈的文章在网络上几乎是看不到完整版的，因此更需要找来他们的书深度阅读。

当然，还有许多科学大师，也是卓尔不群的科普作家；他们均受过传统的国学熏陶，又纷纷出国深造，接受西学教育，谙熟各自科学学科；回国后成为国内各专业领域创始人、奠基人，乃一代宗师，"高山仰止，景行行止"。我们动物所的创始人秉志先生（1886—1965）早在20世纪一二十年代便与任鸿隽先生（1886—1961）、胡明复先生（1891—1927）、赵元任先生（1892—1982）、周仁先生（1892—1973）等人共同发起成立了中国科学社，创办《科学》杂志；并撰写大量科普文章、科普小册子，如《竞存论略》《科学呼声》《生物学与民族复兴》《人类一斑》等，其目的更是为了传播科学思想、科学启蒙社会与人之心智。

还有众多我们从小耳熟能详的科学家——梁希先生（1883—1958）、李四光先生（1889—1971）、竺可桢先生（1890—1974）、茅以昇先生（1896—1989）、杨锺健先生（1897—1979）、朱洗先生（1900—1962）、童第周先生（1902—1979）、袁翰青先生（1905—1994）、郑作新先生（1906—1998）、吴大猷先生（1907—2000）、谈家桢先生（1909—2008）、华罗庚先生（1910—1985）、戴文赛先生（1911—1979）等，他们是大科学家，但也热爱科普事业，特别是科普创作，我们甚至在中小学《语文》课本中就已经与他们邂逅。

这些大家，我只能望其项背，但却是我学习、效仿的榜样。记得小时候，母亲告诉我："天下文章一大抄，看你会抄不会抄。"看得多了，就会受其影响，无形中就会模仿；有了一定的功底，才会萌发出自己的想法和创意，才能形成自己独特的文字。"生灵笔记"这一编的文字大约便是慢慢如此学习而来的。

第二编"野外科考散记"，则主要是我在大学与研究生阶段跑野外的主要经历和故事，以及少许几文乃为国家动物博物馆工作期间带队活动的记述。"读万卷书，行万里路"，是我最喜欢的一句话，能够做到这一点是人生最幸福的事情。如今，我已虚岁四十五，人生的多一半已经走完；书买了数万册，但读得有限；有机会跑野外，大江南北、崇山峻岭，绿水青山让我增长了见识，能够涉足非洲、南美洲、南亚与东南亚更是幸运，令我眼界大开。在生命有限的情况下，拓展生命宽度的最佳途径大概就是"行万里路"了。可惜的是，诸多所见、所闻、所思还未把它们转化成文字记录下来。

该书之第三编，取名为"杂写与杂忆"，则致敬杨绛先生（1911—2016）的《杂忆与杂写》一书，是我这几年为他人撰写的前言、序语，以及我的点滴回忆与演讲稿件。哪怕是已经出版的书里的前言，我在此都作了修订，总期望重写的文字尽可能接近完美。

这两本小书，是对我过往的科普写作的回顾与小结；当然，它们更是激励我继续前进的动力。在这样的新起点上，希冀自己今后能够多写一点儿有价值的文字，以飨各位读者。

致谢

我必须要感谢昔日支持、帮助过我的这些报纸、杂志，以及出版社的领导、编辑们，特别是早年对我写作帮助甚大的《大自然》主编王珏先生、副主编刘贵省女士，以及责任编辑刘莉莉女士、熊瑛女士、罗娅萍女士、刘浩先生——我在儿时都一直称呼他们为大大、阿姨、叔叔；还有后来的苗雨雁主任、曾朝辉主任、罗蓉女士、赵雪女士、李峰先生、刘昭先生等。他们都不厌其烦地修改我的文章，提出宝贵意见。王珏先生之于我的帮助最大，是我人生第一位启蒙恩师！当永记之、感之！

为我编辑稿件的老师甚多，有的人名我已记不清了，且受篇幅限制难以一一列出；然而那些合作过的报刊仍令我记忆犹新，请允许我按照发文先后顺序开列主要报刊，以示由衷地感谢！它们是：《北京晚报》《中国科学报》（《科学时报》）《中华读书报》《森林与人类》《光明日报》《大自然探索》《野生动物》《知识就是力量》《作家文摘》《中国国家地理》《科技潮》《中国科技纵横》《人与生物圈》《人与自然》《北京日报》《北京科技报》《文明》《我们爱科学》《中国儿童报》《生命世界》《绿色中国》《男人装》《中国科技奖励》《博物》《少年科学》《新京报》《绿叶》《中国科学探险》《华夏地理》《新探索》《生活与健康》《科技导报》《北京晨报》《百科知识》《科学世界》《发现》《华夏都市报》《新发现》《学习博览》《学前教育》《艺术世界》《动物大揭秘》《小学生时代》《自然与科技》《旅伴》《漫画科学》《当代学生》《新知》《父母必读》《人民日报》《中国文物报》《中国青年报》《中华环境》《科普时报》《大学生》《地球》《文艺报》《小学生学习报》……

今天，纸媒式微，以上有很多报刊已不复存在；但我仍然感激她们曾经垂爱拙文，更怀念那个报纸、杂志丰富多样的年代，怀念北京街头巷尾到处都是报刊亭、报摊儿的年代。我常感怀自己是幸运儿，小时候这些报刊恩泽于我，长大后我也可以在其上发表拙文，这是何等的荣耀！这两本书的60余篇文章基本都刊发于以上部分报刊，特别是《大自然》《博物》《中国国家地理》《科学世界》《生命世界》等。

但仍然需要说明的是，在这两本书中您所阅读到的所有文字，几乎很难再到以上报刊上寻找，因为我都作了较大规模和不同程度的修订。过去，《博物》等杂志也对吾文作过大刀阔斧的修剪，因此这次收录进来的颇多文章则是我的"原始版本"和"最新修改"的融合，自然呈现给读者的文字均为"新貌"。所以，我也就未在文章最后标注原文出处；更不敢糊弄读者、糊弄自己。

我要再次感谢北京市科协、北京科普发展与研究中心的领导和老师们，如陈维成副主席、尹树国部长、苏国民主任、王立新主任、刘芳副部长、付萌萌副主任；他们之于我的容忍与敦促，让我最终完成了这两本书的出版，更要感谢"北京市科学技术协会科普创作出版资金资助"！我居然拖沓了七年，换他人犹如"三年之痛、七年之痒"，说不定早弃我而去啦！

1999年那会儿，我连续在《大自然》发表了好几篇文章，均将导师张树义研究员、师兄赵辉华博士的名字署上。我自作聪明，觉得署他们的名字，更容易发表。我要感谢张老师和辉华兄对我的包容和宽恕！我从1998年大学一年级便与张树义老师相识，您不仅是优秀的科学家，更是一位勤奋的科普作家，以及周游世界的科学探险家；您是我人生中第二位恩师，使我有机会在中国科学院动物研究所深造，派我去英国、越南作访问学者，并让我走遍几乎所有国内省份考察蝙蝠和其他野生动物。我读研期间，更是"不务正业"，做了很多非科研即科普之事，在我兼任《博物》校对期间，甚至使用笔名"钱进"，怕被导师发现；张老师的知遇与谅解成就了我的人生道路。这些成长和学习的经历也是我科普创作最大的源泉！

2002年以来，我在著名动物学家汪松教授、解焱博士的课题组工作三年，他们为我提供了大量素材、文献，使我有机会在彼时阶段撰写了不少科普文章，介绍"红色名录"、物种新发现，以及自然保护新闻内容，参编或翻译学术专著等等。汪先生耄耋之年，还时常与我微信语音或敲字，对我殷殷嘱托，希望光大动物分类学、哺乳动物学事业，希望我撰写"中国自然保护史"和老科学家的口述史……汪先生廿年来之教诲，让我备受激励，但也感到惭愧和汗颜，距离您的期望与要求还很远。

2010年，我在中科院动物所博士毕业，得到时任党委书记、副所长李志毅先生赏识，将我留所，才得以在国家动物博物馆专职从事科普工作。李书记是我人生重大转折点上的一位贵人。后来，我的主管所领导苗鸿书记、聂常虹书记均给予我足够的信任和支持，尤其要感谢聂书记之于我有"知遇之恩"，对我谆谆教导，在工作上提出更高要求，才有今日点滴成就。

我要感谢研究所和博物馆的诸位领导和同事，他们对我科普工作，特别是科普写作给予了鼎力支持，他们的肯定与鼓励，始终是我前进之动力！时任动物所所长、现为中国科学院副院长的周琪院士是一位具有战略思想、极富个人魅力的科学家，您在科普方面有独到想法，对我有很高期望；但我愚钝不才，距离周院士对我的要求还很远，只待继续努力，不辜负您对我的期望。

动物所还有许多老先生始终鼓励我做好科普工作。早在上大学一年级的时候，我便有幸受教于已故张广学院士、钦俊德院士、李思忠先生、戴爱云先生、刘月英先生、卢汰春先生、冯祚建先生、全国强先生、黄复生先生……这些老先生们永远是我们的精神支柱，值得我们怀念！此外，还有德高望重的王祖望先生、翟启慧先生（秉志先生之女，1927—　）、马勇先生、陈永林先生、王林瑶先生、吴燕如先生、徐延恭先生、何芬奇先生、黄大卫先生、杨星科先生、王蘅女士、侯晓霞女士、沈慧女士、许木启先生、何凤琴女士、蒋志刚先生、顾亦农女士、王德华先生、买国庆先生、陶冶女士、张永文女士、梁冰女士等给予我的各种支持甚多，在此深表谢忱。

魏辅文院士、乔格侠所长也是我 1998 年就认识的老师，他们几乎看着我长大，在我各个阶段都给我莫大的支持和信任。魏先生始终支持国家动物博物馆的科普工作，我们在中国动物学会成立科普演讲团，魏院士欣然应允担任名誉团长，还参加《正大综艺·动物来啦》节目录制，力荐我们的"科普著译书系"并担任荣誉顾问……

乔格侠老师在担任副所长之时便兼任国家动物博物馆首任馆长；2020 年，标本馆与展示馆正式分开，前者晋升为国家动物标本资源库，乔所长继续为主任，而展示馆保留国家动物博物馆之名，我从乔所长手里接过接力棒，忝为负责人。我自2010年入职博物馆至今，乔所长一直领导着我们的科普工作，对我始终信任和鼓励！此外，我还要感谢原展示馆黄乘明馆长、孙忻馆长，原标本馆馆长、现资源库执行主任陈军研究员，他们的帮助赐我力量，支持我不断前进！

此外，我衷心感谢杨俊成书记、詹祥江副所长、刘新建书记，以及原副所长赵勇研究员、所务委员王红梅研究员等老师对我的鼎力支持！动物所在科普方面有传统，有氛围，所以诸多科学家都对博物馆及我个人予以慷慨帮助；所里的各个重点实验室和管理支撑部门领导、工作人员，亦帮助良多，受篇幅限制，恕难一一列举。

我馆全体同事对我的科普工作、科普写作都大力支持，勤勤恳恳地完成各项工作，我由衷地感谢他们（敬称从略）：孙忻、卢春雷、瞿晓娟、陈迟、苏靓、单少杰，以及刘基文、陈颖、孙路阳、侯霄婷、许可欣、王传齐、张雪、孟祥斌、刘岩、吴洪元、林明桦、孙树芳等老师，包括已经离职的王曦、范洪敏、陈曲、熊品贞、孙森、王玉婧等老师——他们现在大都在撰写科普文章或书籍，绘制插画，今后一定奉献给读者朋友们！在此深表谢意！

所外动物学家，我则十分感念中科院昆明动物所已故研究员王应祥先生（1938—2016）。我2002年第一次拜会王先生的时候，悉知我喜欢动物书，便把我拉到昆明动物所的图书仓库，让我随便挑书，我抱了一大摞学术专著出来，喜出望外；

但令我万万没有想到的是，王先生为我支付了全部书款，令我感动不已！在蝙蝠分类研究方面，王应祥先生对我悉心指导，鉴定标本，提供文献，对我鼎力支持；我的博士毕业论文，王先生给我评为"优秀"，我心里明白这是您对我的鼓励，而我自知并非那么优秀；您甚至希望我博士毕业后来昆明动物所工作，继承先生之学术衣钵。王先生逝世前，还在潜心撰写《中国兽类区系纲要》，手头仍有《中国动物志 兽纲》几本卷册的编写任务；我在北京见您最后一面的时候，还在问我能不能协助您完成这些书……随着王先生的离世，这些书的出版可能无望。我辜负了先生对我的期望，最终成为"科研逃兵"，实在对不住先生的嘱托！

另外，中科院昆明动物所荣休研究员赵其昆先生是我非常崇敬的行为生态学家，我与赵先生交流深入，受益匪浅。您曾告诫我："搞学术研究要注重三方面，一方面是英语要好，必须大量参阅英文文献，并且用英文写出来，与世界顶尖同行交流；另一方面是数学，要熟练掌握统计分析方法。这两方面是最基本的工具。最重要的是要有'悟性'，能够触类旁通，善于发现问题，并去灵活、有效地解决问题。"这些话，二十多年过去了，仍然回响在耳畔；今天我也想把赵先生告诉我的话转告给我的读者，特别是有志于研究动物的年轻人。赵其昆先生早在20世纪80年代初，便用英文发表SCI论文，彼时国人大概还没听说过SCI杂志；您发表的少许中文文章竟然是在《无线电》《电子技术》杂志的电子学方面的论文，因为您曾一度在所里当电工。赵先生有深度阅读的习惯，您不仅看最新的专业文献，还大量阅读文史哲方面的书，平时最爱看《读书》杂志。在赵其昆先生的身上我看到了科学家最光辉伟大的一面，严谨治学、一丝不苟，"独立之精神，自由之思想，与天壤而同久，共三光而永光"（陈寅恪先生（1890—1969）语）。

还有很多科学家、专家，包括已故先辈，若要开列名单必然冗长，如政府主管部门、科研院所、学会和协会等团体、自然博物馆和科技馆、高校和中小学校、动物园和植物园、国家公园和自然保护区、自然保护组织、科普或自然教育公司等诸多机构的老师；都对我的科普写作或科普工作帮助良多，让我难以忘怀！

我的众多科普文章还有不少合作者，他们是共同作者、摄影者、编辑者。为这两本书亦有诸位老师或提供讯息，或提供图片，或襄助修改，或提出意见，使我的每一篇文章都变得更加准确、严谨、生动、有趣！感谢张耳先生、乔轶伦先生、赵超先生和阎璐女士、奚志农先生和史立红女士、刘逸夫先生、吴秀山先生、单之蔷主编、徐健先生和黎晓亚女士、王蓓蓓女士、刘承周先生和徐韵女士、许秋汉主编、刘莹主任、刘晶总监、高新宇先生、郭亦城总经理、唐志远先生、张瑜先生、王辰先生、童晓岽女士、席晶哲总监、林语尘女士、董子凡先生、陈辉先生、邢悦女士、王一鸣先生、刘洋先生、周江教授和肖宁女士、刘健昕先生、马杰博士、张俊鹏先生、张礼标研究员、向余劲攻教授、周友兵教授、索建中先生、王歧丰先生、高娅萌女士、蔡文清女士、刘阳教授、范朋飞教授、冯利民教授、王放教授、徐保军教授、郭晶社长、梁子女士、卓强先生（星巴）、刘思伽女士、吴勇先生、顾峰先生、刘甜甜女士、段玉龙先生、段玉佩先生、程瑾教授、姚永嘉先生（土豆）、胡卓佳女士、虞骏先生（Steed）、王冬先生（瘦驼）、顾垒先生（顾有容）和刘旸女士（桔子）、张鹏先生（朋朋哥哥）、刘灿华女士、楼锡祜先生、李建军先生、郑钰主任、高源先生、张旭先生和曹禹先生、肖昶羲先生、鲍家政先生、靳旭先生、田大全先生、常鸣女士、郑洋先生、李维阳先生、黄亚慧女士（丫丫）、何鑫博士、胡运彪博士、朱磊博士、史静耸博士、齐硕先生、刘晔先生、张正先生、陈瑜先生、张率女士、林然女士、桑新华女士、邓海云女士、仲敏女士、应世澄女士、吴琴女士、张昭女士、李秋玥女士，以及刘媛女士、赵耀兄、白冰珂博士、朱光剑博士、韩乃坚博士、王昭兄、何长欢博士、吴海峰兄、李想兄、王传齐兄！

借此机会，我对在我的科普工作中给予帮助的领导、师长深表谢忱！中科院原党组副书记郭传杰先生、中国科协原党组副书记程东红女士对我鼓励颇多；中科院科学传播局周德进局长、徐雁龙书记、马强处长；科技部科技人才与科普司李勇副司长、邱成利主任；国家林草局陈建伟先生、唐小平副院长、郭立新副主任，中国野生动物保护协会宋慧刚先生、尹峰先生；中科院老科学家科普演讲团诸位团长、副团长，如钟琪先生、孙万儒先生、白武明先生、高登义先生、徐文耀先生、徐德诗先生，以及其他全体团员，包括已故钱迎倩先生、李竞先生、张孚允先生等。我还要感谢我的入团介绍人位梦华先生，位先生在科普创作方面可谓著作等身，我小时候看过很多位先生考察南北极的科普书；这次特邀位先生为拙作题签书名，位先生多次婉拒，但在我"软磨硬泡"下终于答应，而愈感到不安，竟又写来一大段文字；故我将其作为"跋"置于书后。

最后，我要衷心地感谢为本书倾情作序的苗德岁教授、苏青书记、史军博士以及吴海峰兄；还有为这两本书撰写推荐语、寄语的程东红书记、周忠和院士、魏辅文院士、周德进局长、乔格侠所长、聂常虹书记、王祖望所长、吕植教授、刘华杰教授、尹传红社长、王雪纯女士、张腾岳先生、张辰亮主任、杨毅先生等。各位名师、大家之序言、荐语、寄语，实在过奖过誉，令我惭愧不已；但确使二书沉博绚丽、锦绣珠玑，不胜荣光！

此外，我对"国家动物博物馆科普著译书系"编委会的全体师长、友朋感激不尽；当我提出欲组建编委会之时，每一位先生、老师都欣然应允，特别要感谢我们的荣誉顾问，以及主任、副主任和其他编委们（见本书编辑委员会名单），他们长期以来支持动物博物馆科普工作，让我馆全体工作人员有了在科普创作方面前行的决心和永续的动力！

特别鸣谢我国著名鸟类学家、朱鹮的再发现者、八十七岁高龄的刘荫曾先生欣然手书"劲硕格物"，令我实在惶恐且感激涕零！我见落款方知，刘先生大号过去常写为"刘荫增"系讹误，户口登记错误便一直沿用至今。刘先生父亲乃我国著名金石学家、篆刻大家、书法家刘博琴先生（1914—1984），刘先生得其名为"曾"而非"增"，其书法亦得父亲真传。此外，网上信息均显示刘博琴先生为1921年生人，也是重大讹传，我问过刘荫曾先生，实为1914年出生。

天津博物学者、博物画家刘东先生惠赐动物肖像佳作，这些兽类头像本将首度"现身"于我们合作的专著《世界哺乳动物名录》，而东兄愿提前用于拙作，使全书大放异彩，感激不尽！著名水下摄影师张帆先生是我最亲密的合作伙伴之一，2014年8月江苏凤凰科学技术出版社出版了我的《动物多样性》《脊索动物》二书，他便提供了几乎所有照片，成为拙作之共同作者；这回帆兄又一次毫无保留地贡献摄影作品，为二书增色添彩、熠熠生辉！

中国林业出版社张衍辉先生、葛宝庆女士，美术编辑团队"林记工作室"为书籍出版呕心沥血，为文字编辑孜孜以求，为装帧设计数易其稿，甚为感佩，无以言表！

再多的致谢、冗长的名单亦会挂一漏万。除了还要感谢我的父母之外，再须多说一句，感谢帮助过我的所有师长、亲朋，以及自始至终爱我、支持我的粉丝们、读者们！

文字即便多次重来，受自身水平所限，仍难免疏忽和错漏。敬请读者诸君批评指正！

张劲硕

2022年12月22日（冬至）初稿

2023年1月21日（大年三十）二稿

2023年2月4日（立春）三稿

于国家动物博物馆

孔乐韩土，川泽訏訏，鲂鱮甫甫，麀鹿噳噳，有熊有罴，有猫有虎。
——《诗经·大雅·韩奕》

鱼游乐深池，鸟栖欲高枝。嗟尔蜉蝣羽，薨薨亦何为。
——唐·张九龄（673 或 678—740）《感遇（其三）》

If you do not know the names of things,

the knowledge of them is lost, too.

不知万物之名，亦无晓于万物之识矣。

——林奈（Carl Linnaeus，1707—1778）（笔者拙译）

The more one thinks,

the more one feels the hopeless immensity of man's ignorance.

人们思考愈多，愈会感到人类之无知竟如此无望无垠。

——达尔文（Charles Darwin，1809—1882）（笔者拙译）

Nothing in biology makes sense except in the light of evolution.

若不基于演化之观点，生物学之一切毫无意义。

——杜布赞斯基（Theodosius Dobzhansky，1900—1975）

（笔者拙译）

茧中有蛹，化蛾能飞。心中有物，即之忽希。

——钱锺书先生（1910—1998）《槐聚诗存·四言》

CONTENTS

目录

苗序：乐之者的博雅

吴序：永远亮着的灯

弁言：有多少文字可以重写

第一编　我们弄错的动物知识

蹄兔非兔 / 3

鼠目是否寸光也？ / 17

遇到熊可以装死吗？ / 25

还原狼的本色——动物学者眼中的狼图腾 / 32

疯狂动物城里的动物学 / 45

"狮子王"里的动物学 / 59

再议"黄鼠狼给鸡拜年" / 78

只为多识一个字 / 94

成语中的动物知识 / 100

马踏的真是飞燕吗? / 118

动物如何"坐月子" / 125

第二编　形形色色的动物世界

动物智商谁最高? / 135

动物冬眠 / 143

动物世界的老毒物 / 155

名不副实的金丝猴家族 / 166

蝙蝠：低调的兽族豪门 / 179

奇特的蝙蝠假乳头 / 203

游走在雪线边缘上的精灵 / 210

"獾"天喜地八仙獾 / 219

"食蚁"兽族大盘点 / 230

揭秘世界上最小的鸟类：蜂鸟 / 247

年年有鱼 / 258

八爪行天下——章鱼哥和它的远亲近邻 / 273

第三编　十二生肖系列

鼠年说鼠——地球上不可或缺的公民 / 283

到底什么动物才是真正的牛? / 290

虎年说虎又说猫 / 306

世界的兔和中国的兔 / 319

马史亦人史 / 334

猴年选"猴代表"——不断壮大的猿猴家族 / 341

改变人类历史的狗 / 358

跋：题字的忧虑

蹄兔非兔
象鼩非鼩

第一编
我们弄错的动物知识

蹄兔非兔

一

我们的"陆地巡洋舰"在东非高原上疾驰，忽高忽低，一会儿爬上一个高坡，一会儿又一下扎到坡下。黑人司机小哥儿轻车熟路地在高地上沿着山腰转来转去，对于小脑特别发达的人来说，一定感觉头特别晕，甚至有些呕吐感。我时不时地嘱咐小哥儿稍微慢点儿，满眼的绿色和花朵的彩色，我们想慢慢欣赏。

虽然这里是东非国家肯尼亚，但路边却满是美洲植物。剑麻（*Agave sisalana*）以及一些其他龙舌兰科（*Agavaceae*）植物，从它们身体的中央矗立起一束高高的花序，很多人误以为这是一棵棵挺拔而纤细的小树。三角梅（*Bougainvillea glabra*，亦称光叶子花）绽放在世界各地的行道两边，这里亦比比皆是，那姹紫嫣红的叶子欺骗了无数人的眼睛，更是有利地欺骗了昆虫们的复眼。而豆科（Fabaceae or Leguminosae）南方决明属（*Senna*）的植物们，其黄色的花朵一片片地看上去特别温馨，在这一带大约有几种，也是路边的常住居民，它们原本来自中国，但或许也是绕道美洲而来的。

就在我们感慨于这个地球村的生活，以及外来物种"入侵"各地的局面时，"陆地巡洋舰"倏然而止，停靠在了一处观景平台。黑人小哥儿让我们在此休息，当我们晃晃悠悠地下了车，站稳脚跟，并把视野全部打开的时候，眼前的汪洋绿色倏地飞到了天际。一马平川的稀树草原就在前方，当地人习惯将这种景观或生态系统叫作"萨瓦纳"（Savannah）；而视野的两边可能就是我们刚刚路过的高地。

这是哪里？两边高地的顶部舒缓平坦，中间则是宽阔的谷地，其上有的地方还突兀出几座死火山。哇！这不就是著名的东非大裂谷嘛！当所有人意识到这里就是大裂谷的时候，大家都急忙举起相机拍照。

二

此时此刻，我则不忘在近处找寻小动物，这是难得的机会！因为我们所在的位置也是高地的顶端或中上部，观景台下仍然是山坡，还有隆起的岩石和丰茂的植被。在远处的树上，我注意到有几只动物在跳动，急忙举起望远镜辨别它们，原来它们是一群白喉长尾猴（*Cercopithecus albogularis*，亦称斯氏长尾猴）。近处的灌丛则有很多鸟儿在一展歌喉，羽色橙红，白色的眉纹非常醒目，它们就是白眉歌鸲（*Cossypha heuglini*）。而小巧的花蜜鸟科（Nectariniidae）种类，不止三四种，则在灌木中快速地窜来窜去，搜索着花朵，吮吸着花蜜。

就在这时，我无意中低了一下头。在我们的脚下，居然有几个棕褐色的、略显肥硕的小动物在岩石以及土堆处跑来跑去。我定神一看，立马喊出声来："蹄兔！快看蹄兔啊！"我实在没有想到，我会如此没有思想准备地与一群蹄兔邂逅。我们的团友们看到这些小动物，已然听不到我在说什么了，大家都惊讶地叫着："大老鼠！大老鼠！"——很多游客，无论是中国人，还是欧美人，大都以为这是一群巨鼠。

蹄兔，您听说过这类动物吗？岩蹄兔（*Procavia capensis*）、树蹄兔（*Dendrohyrax* spp.），它们的名字叫人感到有些陌生。顾名思义，它们会不会是一类兔子？抑或是状如兔，且脚上有蹄子？在我们没有见过它们之前，它们的名字给了我们遐想的空间。

岩蹄兔通常在地面或者岩石上活动

三

不妨琢磨一下动物的中文名字，其实挺好玩的。动物的名称大体可以反映动物的特征或者其他信息——

或是大小，如大菊头蝠、中菊头蝠、小菊头蝠，大杜鹃、中杜鹃、小杜鹃，大天鹅、小天鹅，硕鼠、巨鼠、大鼠、小鼠、巨蜥、倭河马，粗尾狐（hù）、细尾獴（měng）；

或是形状，如扁虫、轮虫、线虫、长颈鹿、短尾兔，高鼻羚羊、矮袋貂，宽鳍鱲（liè）、窄脊江豚，方蟹、圆耳蝠、钝口螈、尖嘴地雀、角菊头蝠，直角长角羚、弯嘴犀鸟、卷尾猴，突眼蝇、凹脸蝠、厚嘴苇莺、扁颅蝠，扇贝、梭子蟹、钳嘴鹳、星鼻鼹（yǎn）、盘羊，叉角羚、捻角羚、旋角羚，剑齿虎（已灭绝）、铲齿象（已灭绝）、锯齿海豹、斜齿鼠、梳齿鼠、楔齿蜥、匙吻鲟；

或是颜色，如赤斑羚、红吼猴、橙翅噪鹛、金猫、黄鼠、绿鬣蜥、青头潜鸭、蓝鲸、靛冠噪鹛、紫啸鸫，黑麂、暗黑狐蝠、白掌长臂猿、苍白洞蝠、银鲛；

或是斑纹，如环尾狐猴、条纹噪鹛、侧纹胡狼、豹纹避役、斑鬣狗、梅花鹿、缟獴、云豹；

或是分布地，如北京宽耳蝠、安吉小鲵、东北兔、海南长臂猿、台湾猴、欧亚猞猁、欧洲鼹、美洲野牛、北极燕鸥，马来貘、中南大羚、婆罗洲猩猩、南非穿山甲、菲律宾眼镜猴、美国鲨，马岛獴、琉球狐蝠、钓鱼岛鼹；

或是毛发羽毛，如裸鼹形鼠、秃猴、秃鹫、毛丝鼠、卷羽鹈鹕、毛腿沙鸡、天鹅绒虫；

或是生境，如土豚、地松鼠、山魈、坡鹿、岩羊、崖燕、石鸡、田鼠、洞螈、穴兔，森莺、林羚、薮猫、草原雕、荒漠猫、沙蟒、树蜥、灌丛唐纳雀、草兔、海豚、江獭、河马、湖沙鼠、湾鳄、泽鹿、潭鼠、池龟、塘鳢（lǐ）、溪蟹、水蛭，海龟、水龟、陆龟；

大英自然博物馆保
存的鼯猴模式标本

新加坡动物园的马
岛獴

或是人名，如戴安娜长尾猴、林氏二趾树懒、周氏闭壳龟、汤氏瞪羚、艾氏隼；

或是音译，如玃㹢狓（huòjiāpí）、儒艮、鸸鹋、几维、鸵鸮（tuǒkōng）；

或是数字、典型的鉴定特征，如单峰驼、双峰驼，一角鲸、二趾树懒、三叶蹄蝠、四眼负鼠、五趾跳鼠、六线风鸟、七星瓢虫、八齿鼠、九带犰狳、十字菊头蝠、十二线极乐鸟、十七年蝉、百灵、千足虫；

或借用其他动物的名字，如狐猴、熊猴、狼獾（貂熊），鹰雕、蛇鹫、鹊鸲（qú）、雀鹛、象龟、鳄蜥、鲸鲨；

或被植物名称使用、或使用植物名称的名字，如杜鹃（杜鹃花）、鸽子（鸽子花，即珙桐）、锦鸡（锦鸡儿）、画眉（画眉草）、孔雀（孔雀草）、水母和雪兔（水母雪兔子）、白头鹎（白头翁）、老虎（老虎须）、骆驼（骆驼刺），花鼠、草鸮、树麻雀、旋木雀、啄木鸟、林姬鼠、森蚺（rán）、椰子狸、柑橘凤蝶、海百合、海葵；

......

或许，我们还可以给出更多的归纳和总结。

四

今天，我们对科学有了更多的了解。就生物的分类学（Taxonomy）而言，我们第一个想到的便是瑞典科学家卡尔·林奈（Carl Linnaeus or Carl von Linné, 1707—1778），他于 1753 年正式创立了"双命制命名法"——使用两个拉丁文词语，构成生物的学名（Scientific name）；第一个为属名，第二个为"种加词"或称为"种本名"，例如我们都是智人，智人的学名是 *Homo sapiens*，*Homo* 是属名，*sapiens* 是种本名，前者为名词，后者为形容词。这一方法被世界上所有博物学家、分类学家沿用至今。

这里多说一句，很多人习惯说"中文学名"，例如"布谷鸟的中文学名是杜鹃"，这话就不专业了。学名只是拉丁文名，不存在所谓的中文学名，"布谷鸟、杜鹃"抑或是"大杜鹃"都是 *Cuculus canorus* 的普通名（Common name）或中文名。从专业角度来讲，应该说"布谷鸟的中文正规名是杜鹃"或"布谷鸟的正规中文名是杜鹃"。

那么，*Procavia capensis* 的中文名或中文正规名就是"岩蹄兔"；*pro* 是向前、之前的意思，*cav* 是洞穴的意思，而 *Cavia* 是豚鼠属，原意是圆滚滚的大老鼠，引申为豚鼠的意思，所以当初命名的时候，命名人可能会以为它们是豚鼠或者是一类肥胖老鼠的祖先；*cape* 原指海角，但一般指代南非或者非洲南部，*ensis* 是动植物学名中常见的词缀，看到它就说明前边一定是地名，通常就是该物种的模式标本产地。

2002 年 12 月，我在云南建水捕捉的南蝠，它是拉丁文学名最短的生物之一

其实，如果把学名分解来看的话，这么冗长的名字并不难理解，看多了，还很有趣！有的学名比中文名、英文名都好使，例如世界上最短的物种学名之一是 *Ia io*，属名和种加词分别只有两个字母构成，它的中文名是"南蝠"。考查物种的学名，不仅可以观察命名者当时的心思或心态，还可以获得不少相关的、好玩的信息。

五

我们继续说一说中文名。

从遇到蹄兔的那一刻开始，我就在想，我们赋予它的中文名为什么是"蹄兔"而不是其他？中国人的祖先创立了几千个，乃至上万个汉字，这些汉字不乏古人对他们见到过的万事万物的命名和分类。在这样一个语言文字体系下，我们似乎也在给各种各样的生物命名和分类，譬如古人创造的部首偏旁，那些"虫""鸟""隹""鱼""鼠""鹿""马"……这不恰恰是祖先们对他们见到的动物的一种命名和分类吗?!

长得似狗者，或将它们归入"犭"或"犬"，因此有了汉字——狼、狗、狐、獒……姑且可对应着今天说的"犬科动物"；长得似猫者，或将它们归入"豸"，因此有了汉字——貓、豹、豺、貔（pí）、貅（xiū）……其中有些姑且可以对应着今天说的"猫科动物"。但是，20世纪50年代，我国大陆地区开始简化汉字，把"貓"变成了"猫"，由猫科动物变成了犬科动物；再如，把"豬"简化成了"猪"，由"豕"（猪科动物）变成了犬科动物，略有些尴尬。

同样的情况，还有鹿科动物中著名的狍（*Capreolus pygargus*，俗称狍子），过去则写作"麅"，著名的獐（*Hydropotes inermis*，俗称獐子），以前写为"麞"。虽然麅、麞两字并不是由"鹿"字头直接简化为"犭"字旁的，而是另外启用了古代已有的汉字——狍、獐；换句话说，狍、獐在古代可能另有所指，那么，作为鹿类的麅、麞演变为狍、獐，便也是一种讹误了。这样的例子，不胜枚举。

至少从这些汉字的变迁中，我们不难考察我国古人对动物或者其他生物的原始而朴素的分类思想——但需要指出的是，我国古代的分类（Classification）、博物（我个人姑且译为Bowu or Understanding for Nature）和西方建立在科学方法论、科学逻辑上的分类学（Taxonomy）、博物学（Natural History），乃至科学（Science）是有本质区别的。

獐，过去写作麞，亦称河麂，现代分类学认为獐和麂的关系较远，故不宜叫河麂

（王传齐　摄）

六

但是，对于蹄兔而言，它们生活在遥远的非洲，我国古人没有见过，自然无法给它们起中文名称。之后的中文名字则一般来源于清代，特别是晚清至民国早期的"洋务运动""西学东渐"时期，由东洋，即日本传过来的名称。而在民国十一年（1922年），商务印书馆出版的《动物学大辞典》，是我国第一次全面归纳、总结了世界上丰富多样的动物种类，给出了这些动物的中文名，以及生物学特征的介绍，收入的词条有1.1万个之多。牵头做这个事情的人，是著名出版家、翻译家杜亚泉先生（1873—1933），此外还有杜就田先生（生卒不详）、吴德亮先生（生卒不详，亦参与了1917年出版的《植物学大辞典》之编纂）、凌昌焕先生（1873—1947）、许家庆先生（生卒不详）等我国翻译领域的前辈。

即使一百年过去了，我们对很多动物仍十分陌生，包括我们眼前的这些蹄兔们。

我第一次听说蹄兔，大约是在奥地利著名博物学家、艺术家、作家乔伊·亚当森（Joy Adamson, 1910—1980）的代表作《野生的爱尔莎》（少年儿童出版社，1980）和《爱尔莎重返自然》（地质出版社，1982）等书中看到的。前者的译者为杨哲三、王晓滨、陆锦林先生，校者为吴元坎、王石安、黄衣青先生；但遗憾的是，这六位老师我都不熟悉，在网上也未能查阅到相关介绍。后一本书的译者，我则非常熟悉，您就是时任《化石》杂志副主编、我国著名科普作家张锋先生（1936—2021）；另一位译者则是史庆礼先生，时任中国科学院古脊椎动物与古人类研究所图书馆馆长。我们上小学的时候有一篇著名的语文课文《狮子与我》就出自亚当森女士之手。此书也是她的《生而自由》三部曲 Born Free、Living Free、Forever Free 中的第二部。书中记述了亚当森的宠物——岩蹄兔帕蒂（Pati-Pati），在她认识狮子爱尔莎（Elsa）之前，帕蒂就已经是她的小伙伴了。

亚当森女士这样记述到：

……帕蒂是一只我喂了六年半的岩狸。它是一种很像猹或豚鼠的动物。动物学家们认为它的骨骼和牙齿，与犀牛和大象非常相似，但实际上它的外形可并不那么庞大臃肿，看上去，它只不过像一只玲珑可爱的小狸猫。（《野生的爱尔莎》第 2 页）

……山梁上，还有裂隙和岩洞，蹄兔和其他小动物在那儿安下了家……（《爱尔莎重返自然》第 57 页）

若干年以后，我才知道"岩狸"即蹄兔，是《动物学大辞典》的译法，应该来自日语，1980 年出版的《野生的爱尔莎》也是根据日语版的《生而自由》翻译而来的；所以当时翻译为岩狸。

　　总之，我早年见到蹄兔或岩狸这样怪异的名称的时候，我是完全不能理解它到底是个什么动物。那时候的书也没有图片，也想象不到它长什么样。

　　后来，我在另外一本书里也见到过蹄兔的名称。这本书就是杰出的动物学家、灵长类学家，著名环保人士珍·古道尔博士（Jane Goodall, 1934—　　，时译珍妮·古多尔）的《黑猩猩在召唤》（科学出版社，1980）。此书为古道尔博士的代表作《在人类阴影下》（*In the Shadow of Man*）在国内的最早译本，译者分别为时任《化石》杂志主编和副主编的刘后一先生（1924—1997）和张锋先生，他们都是我国著名的科普作家、翻译家。

　　我早年便是从这些书中开始听说各类奇特的动物名字的，并把它们记录下来，从而开启了我的"博物学启蒙"。

　　蹄兔没有奢华艳丽的外表，也没有珍稀濒危的级别或保护地位，然而却是在物种演化过程中极为特殊的一类哺乳动物。它们看似一只大老鼠，又有点儿像兔子——然而长耳阙如，它和啮齿目（Rodentia）、兔形目（Lagomorpha）并无亲缘关系；相反，它虽然大小如兔，却是陆地上最大的动物——大象最近的近亲！

　　当然，在漫长的演化过程中，蹄兔与大象之间可能还有若干亲缘关系更近的物种或类群，但保留至今，还健在的所有物种之中，这两类哺乳动物则是最接近的。

　　在现代分类学中，蹄兔隶属于哺乳纲（Mammalia）蹄兔目（Hyracoidea）；其英文名 Hyrax，来自希腊语，是鼩鼱（qújīng）和老鼠的复合词。有人会问，鼩鼱又是什么？很多人误认为是老鼠，其实它们不仅是一个庞杂的类群，也是一类古老的食虫动物，和鼹鼠、刺猬的亲缘关系很近。这恰恰说明，欧洲的古人没有见过非洲的这类动物，也是后人借用其他相似动物来构成的一个新词，去描述祖先们没有见过的物种。

蹄兔的体长30~70厘米，通常只有40厘米左右，体重为2~5千克，体形显得圆滚，外形轮廓酷似野兔或鼠兔，易被混淆。近十几年来，分子或基因的研究把哺乳动物的演化史搞得越来越清晰：蹄兔科（Procaviidae）与象科（Elephantidae）、儒艮科（Dugongidae）、海牛科（Trichechidae）形成一个进化支——近蹄类（Paenungulata），与另一支——非洲食虫类（Afroinsectiphilia，包括土豚科、象駒科、金鼹科和马岛猬科）组成非洲兽总目（Afrotheria）。

蹄兔目的现生种曾被认为多达11种，但后来通过形态解剖和分子生物学研究，确定为3属5种，即南树蹄兔（*Dendrohyrax arboreus*）、西树蹄兔（*Dendrohyrax dorsalis*）、东树蹄兔（*Dendrohyrax validus*）、黄斑蹄兔（*Heterohyrax brucei*）和岩蹄兔（*Procavia capensis*）。科学家承认的亚种甚至多达57个，有的亚种则濒临灭绝。2021年6月，科学家又发现了一个蹄兔的新种——贝宁树蹄兔（*Dendrohyrax interfluvialis*），分布于两条河流之间，位于加纳东南部、多哥南部和贝宁，以及尼日利亚西南部。

圆滚滚的树蹄兔甚为可爱

我们在瞭望台见到的是岩蹄兔，也是最常见的一种蹄兔；之后，我们在肯尼亚的旅行中还见到了另外一种——南树蹄兔。它们喜欢爬树，特别喜爱在榕树、金合欢树上取食嫩叶。树蹄兔善于白天攀援树木取食，与主要在地面活动、偏于夜晚或晨昏活动的岩蹄兔形成了生态位（Niche）的分化——以此避免激烈的种间竞争。树蹄兔一般单独或成对活动，有时也可见到成小群活动。南树蹄兔为植食性，以植物的嫩叶、叶柄、嫩枝、嫩芽、肉质果实和坚硬种子为食；而岩蹄兔的食性虽然也是以植物性食物为主，但是更杂一些，包括游客投喂的乱七八糟的人造食物。

七

最后，我想告诉大家的是，很多动物虽然叫那个名字，但未必是那个或那类物种。如田鸡、龙眼鸡、黑水鸡、骨顶鸡、紫水鸡、水雉……看似都是"鸡"，但却没有一个是真正的"鸡"。因此，概念、定义、含义，特别是一个名称或者概念的内涵与外延，都是值得我们去了解的。

只有通过对它们进行深入的研究和了解，才可以确定它们到底是什么。这其实就是分类学，或者演化生物学（进化生物学）的重要意义——让我们认识和了解生命的存在，以及它们之间的演化关系。

分类是一种特别常用、好用、实用的科学方法；分类学则是生物学之基础。分类的第一步就是命名，即概念或者定义之确定；这也是第一层次，称为"α分类"。对于中小学生而言，在学习数理化、天地生，或者各类科学知识的时候，每一个概念、定理都十分重要，必须要搞懂；对于成人而言，在我们的工作和生活中，也需要弄明白万事万物之含义。

分类的第二步就是要找到变化和分支，关注"种上"和"种下"的关系。"种上"如门、纲、目、科、属；"种下"如亚种、变种、类型、居群；这是第二层次，称为"β分类"。这个层次就像我们每一个个体与群体中其他伙伴之间建立的联系，譬如你上有父辈、祖辈，有领导、师长，你下有子女、孙子女，有部下、学生……

分类的第三步也就是最高层次，称为"γ分类"；就是要知道整个系统的发育关系（Phylogenetics or Phylogeny），关注的是生命的演化关系和整个演化史。对于我们的普通老百姓而言，就是在认识世界之中的每一个物的基础上，认识到更多的物质、能量关系；当然，之于个体，也要建立各种联系，向利于人与人、种族与种族、地区与地区、国家与国家之间的理解、沟通的方向发展。

一言以蔽之，很多问题，科学家仍然在探索中，这里还有诸多谜团等待人们去揭示。我们为理解一个复杂的系统而去努力，我们每个人都是这个系统不可或缺的组成部分。

鼠目是否寸光也？

2020 年是庚子鼠年，但老鼠们好像心情并不愉快，人类貌似已把它们淡忘。因为蝙蝠实在太出名了，绝对盖过了老鼠的风头。或许您说了，蝙蝠和老鼠不都是一回事儿嘛！蝙蝠就是吃盐吃多了的老鼠变来的。那您真是对蝙蝠和老鼠有所误解。

我们人类是哺乳纲灵长目（Primates）之一种，我们的近亲是同属人科的黑猩猩（Pan）、大猩猩（Gorilla）、猩猩（Pongo，亦称红猩猩、黄猩猩、红毛猩猩），若非要说一个最近的近亲，恐怕应该是倭黑猩猩（Pan paniscus）。蝙蝠的近亲，却不是老鼠。以前，我们真的以为它们外形相似，跟谁长得像，跟谁的关系就最近。但科学数据证实，这个认识是错误的。蝙蝠的近亲，其实是食肉类动物，甚至和马、牛、羊等有蹄类曾经拥有共同的祖先。

而老鼠呢？它们的近亲却是灵长类！换句话说，您和老鼠的亲缘关系，比老鼠和蝙蝠的亲缘关系，还要近。所以，医学家用大白鼠、小白鼠做实验，是颇有道理的；不仅它们数量多、易繁殖、大小合适便于实验操作，最重要的一点就是，老鼠们和人类在基因或遗传方面有着天然的、较高的相似性。

2017 年 3 月在肯尼亚马赛马拉见到的某种鼠，但尚难鉴定到具体的种

话又说回来，我们又不是老鼠，何知老鼠之心情也？没有人类的关注，说不定老鼠们活得更开心呢！

一

说起我们对老鼠的认识，假如让您用一个成语形容，您会想到什么？我的第一反应就是鼠目寸光。

乾隆年间，有一位文学家、诗人蒋士铨（1725—1785），他与袁枚（1716—1798）、赵翼（1727—1814）并称"乾嘉三大家"或"江右三大家"，官至翰林院编修。他在《临川梦·隐奸》说道："寻章摘句；别类分门；凑成各样新书；刻板出卖。吓得那一班鼠目寸光的时文朋友，拜倒辕门，盲称瞎赞。"

"鼠目寸光"从此被人们常用来形容目光短浅、没有远见的人。然而，鼠目真的是寸光吗？这就是一个有趣的科学话题了。

瑞士的阿尔卑斯旱
獭，俗称土拨鼠，
站在高处瞭望

老鼠，乃是一个泛称。泛到什么程度呢？全世界已知现生哺乳动物接近7000种，啮齿目近2600种，所有啮齿目的物种都可以泛称为"老鼠"；也就是说，每5种哺乳动物，就有近2种是老鼠。可见老鼠家族之庞大！

但是，《诗经》里说的"硕鼠硕鼠"，陆游（1125—1210）说的"惰偷当自戒，鼠辈安足磔"，黄超然（1236—1296）说的"鸱枭（chīxiāo）狼腐鼠，欢喜同八珍"，王炎（1115—1178）说的"黠鼠穴居工匽形，宵窃吾余频有声"……这些"鼠"总不能把2500多种老鼠都包括了吧？

生活在秘鲁亚马孙
地区的黄冠帚尾
鼠，白天的眼神儿
总是迷离状

　　其实，古今中外，与人类伴生百万年历史的老鼠，就少了很多。什么叫伴生呢？就是您生活在哪里，它们就生活在哪里，特别是人类的房前屋后，以及农田、耕地或者人类主要活动的区域，因此，在这些人为环境下出现的动物，都可以叫伴生动物。

　　欧洲最常见的是黑家鼠（*Rattus rattus*），到了亚洲，是它的近亲褐家鼠（*Rattus norvegicus*），当然由于各种交通之便利，黑家鼠在我国很多地方也都有存在。我国幅员辽阔，东南西北差异很大，老鼠的种类亦有较大差异。譬如，东部地区常见的是东方田鼠（*Microtus fortis*）；北方常见的是黑线仓鼠（*Cricetulus barabensis*）、大仓鼠（*Tscherskia tritonde*）；南方则是黄胸鼠（*Rattus tanezumi*，过去常叫屋顶鼠）、黄毛鼠（*Rattus losea*）、大足鼠（*Rattus nitidus*）、针毛鼠（*Niviventer fulvescens*）比较多；胡焕庸线以东则以黑线姬鼠（*Apodemus agrarius*）、巢鼠（*Micromys minutus*）居多［我国著名地理学家胡焕庸先生（1901—1998）研究人口密度差异的分界线，1935 年提出的时候即"瑷珲—腾冲一线"，后来更名为"黑河—腾冲一线"］；还有全国各地到处是褐家鼠、小家鼠（*Mus musculus*）。

印度花鼠的眼神儿非常好，白天活动视力很重要，很警觉

所以，我国古诗或古籍涉及的"鼠"，要先看看诗人或作者所居何地，再看看他是在江南水乡，还是在竹林隐居；是在山林小住，还是游历荒原，抑或被发配边陲。当我们掌握了那里的生境，大致可以推测出作者说的是哪种鼠。

二

蒋士铨先生，在雍正三年（1725 年）出生于江西南昌，年轻时居铅山县老家，后来 23 岁北上求仕，在北京当官并不顺心，后来又去了南京、扬州；曾因乾隆南巡，才有机会被调回北京作了几年国史馆纂修官，由于身体原因，最终回到南昌病故，终年 60 岁。

在他的一生中见到的老鼠，最有可能是褐家鼠、小家鼠、黑线姬鼠、黄胸鼠等。那么，这些老鼠的眼睛是什么样呢？

绝大多数老鼠都是夜行性动物，所以它们的视杆细胞发达，视锥细胞不发达，甚至会消失。视锥细胞负责分辨颜色，昼行性动物发达。所以，那些夜晚出来活动的动物，通常是色盲，它们看什么都是黑白灰。但有一点可以肯定，到了夜晚，它们的视力比我们人类，或者说比所有白天活动的动物都要强。

这些老鼠的眼睛都很大，这几乎是除所有蝙蝠（不包括狐蝠科 Pteropodidae）以外的夜行性动物的一个基本特征，这有利于吸收更多的光线。因此，"鼠目"是大大的圆睁状！现实中您看迪士尼的米老鼠，眼睛大、耳朵大、头大，由早年写实的老鼠形象，经过动画设计者的精心修饰，逐渐演变为越来越招人喜欢的卡通形象。

　　而这些特征，在心理学层面叫作"稚态效应"。其实小孩子刚出生的时候就是这样，即头大，身子相对短小，我们会意识到这个孩子好可爱，好让人爱怜，因此我要悉心地照顾他。那些哺乳动物，也大致如斯。头大、眼睛大、耳朵大，会引起母亲的注意，会加倍呵护孩子。假如生出来的孩子或幼崽，头小，身子很大，比例失调，那或许真的是"脑残儿"，大脑没有发育好，在自然界很容易被淘汰。所以，这种"稚态"是自然选择的正选择结果，从而，哺乳动物的大脑发育也最为优先和重要。

有水老鼠、水耗子
之称的海狸鼠，亦
称河狸鼠
（王传齐 摄）

　　如果这种"稚态"到了成年以后，还会保留下来，譬如像明星演员古巨基（1972—　）、林志颖（1974—　）——当然现在年轻的读者可能不知道我说的是谁，只能说明代沟的存在是不可避免的；那么，他们仍有一股孩子般的可爱劲儿，您会觉得他们总那么年轻，总长不大，拥有的是娃娃脸吗？在哺乳动物中，这样的例子也很多，如大熊猫的头的比例就显得非常大，虽然没有很大的眼睛，但却有黑眼圈，显得眼睛也是大得不得了。

　　那么，既然如此，当您仔细端详一只老鼠的时候，您一定要多盯住它们的大眼睛好好品味，越看越觉得，老鼠也是如此可爱之至！

三

那么，老鼠真的是"寸光"吗？正如我刚才所说，从眼睛的构造上说，它们吸收的光线相对来讲比人眼还要多，所以按比例来讲可能是一尺光、一丈光，绝对不止是"寸光"。

老鼠的视力到底是好还是坏？这关键是由视网膜分辨影像能力的大小来判定的。眼睛识别远处物体或目标的能力称为远视力，识别近处细小对象或目标的能力称为近视力。虽然老鼠看远处物体的能力不行，但对近处很细小的物体却有较强的判断力。我们也可以注意到老鼠在杂乱的环境下，可以快速奔跑，而不至于乱撞一气，这和它的近视力强有直接关系，因为它毕竟不是像蝙蝠那样靠超声波和回声定位来判断周围物体或障碍物。总之，在同样黑暗的环境下，老鼠的视力肯定比我们的视力好得多！

此外，很多种类的老鼠都具备更为发达的嗅觉、听觉，这些功能在演化上已经极为成功，甚至超过了视觉的能力，使老鼠们可以更为轻松自在地找到食物，寻找同伴和配偶，以及在黑暗的晚上或地下自由地活动。

四

这又让我想到了我在研究蝙蝠、钻山洞的时候遇到的洞穴中的一些老鼠。"硕鼠"不仅在《诗经》里讲的是肥硕的家鼠，其实在哺乳动物分类学中的确有一个属的物种就叫硕鼠

（*Berylmys*），我国有大泡硕鼠（*Berylmys berdmorei*，亦称巨泡灰鼠）、小泡硕鼠（*Berylmys manipulus*，亦称小泡灰鼠）、青毛硕鼠（*Berylmys bowersi*，亦称青毛鼠、青毛巨鼠）、白齿硕鼠（*Berylmys mackenziei*，亦称白齿家鼠），所谓"泡"是指头骨内的一个结构，叫"听泡"或"耳泡"，与听力有关。此外，还有一种白腹巨鼠（*Niviventer coninga*，亦称白腹鼠、刺鼠）。这几种老鼠的体形壮硕，体长一般在 30 厘米左右，若算上尾巴，大多在半米以上的长度，体重可达 500 克，也就是一市斤。

我第一次见到这么大的老鼠着实有些害怕，但有一回见到一只白腹巨鼠妈妈察觉到我们惊扰了它的洞穴之后，它便急忙叼着自己的鼠崽搬家，还一不小心撞上了我们支起来的网竿，它那滑稽、着急的样子，又着实叫我觉得老鼠的可爱，以及体会到当妈妈的辛劳。

这些老鼠的鼠目不仅不"寸光"，而且它们很有可能具有发射超声波的能力，以及使用回声定位的技术，尽管跟蝙蝠比要差很多，但在伸手不见五指的漆黑山洞中已经算是够用的了。

总而言之，蒋士铨先生所言的"鼠目寸光"有些道理，却不科学。

接触动物多了，我的最大的感悟就是，动物都有可爱的一面，更有值得我们学习的一面。它们演化的时间远远长于人类，在今天的生态系统中扮演着不可替代的角色，发挥着不容小觑的作用。它们不仅具有生态服务功能，还具有之于人类精神层面的美学价值和精神价值，在文学艺术方面，我们甚至都离不开动物！

遇到熊可以装死吗？

"遇到熊，该怎么办？"这似乎是一个老生常谈的话题。"装死！"这似乎仍然是一个回答最多的答案。

但每当我反问一句，真的可以装死吗？即使小学生也大多数会喊出来："不能！"但至今，许多公众还是不太清楚，遇到熊，到底应该如何应对。

首先，喜欢质疑的人会说，我们哪有机会遇到熊啊?！我们国家的熊没有多少了，即使到了野外也很难遇到熊。这对城里人来讲确实如此。

全世界现生的熊科动物只有 8 种，由北至南，依次是北极熊（*Ursus maritimus*，亦称白熊）、棕熊（*Ursus arctos*，我国古代称为黑，不同亚种则有不同的称呼，如狗熊、东北棕熊、马熊或藏棕熊、戈壁熊、灰熊等）、美洲黑熊（*Ursus americanus*，亦称北美黑熊，色型不同则有不同的亦称，如白灵熊、冰河熊）、亚洲黑熊（*Ursus thibetanus*，亦称黑熊、月熊、黑瞎子）、大熊猫（*Ailuropoda melanoleuca*，我国古代称为貔貅、貘（mò）或貊（mò）、黑白熊、竹熊，近现代亦称熊猫、猫熊、大猫熊）、懒熊（*Melursus ursinus*，亦称蜜熊，当然并不是那个浣熊科物种）、马来熊（*Helarctos malayanus*，亦称太阳熊、日熊）、眼镜熊（*Tremarctos ornatus*，亦称安第斯熊）。其中，大熊猫是一种最原始的熊，并且主要以竹子等植物性食物为主，其他熊类则为杂食性，对肉类更有偏好；眼镜熊则是唯一生活在南半球的熊。

世界上最小的熊科动物——马来熊
（孙路阳 摄）

国际自然保护联盟（IUCN）《受胁物种红色名录》（*IUCN Red List of Threatened Species*）将北极熊、亚洲黑熊、大熊猫、懒熊、马来熊、眼镜熊评估为易危级（VU）；棕熊、美洲黑熊评估为无危级（LC）。过去，大熊猫一直是濒危级（EN），但于2016年被IUCN降为易危级，直到2020年我国政府正式承认，接受此级别。最主要的理由是大熊猫灭绝风险降低了，尽管大熊猫的野外数量可能只有2000头左右，但是我国政府对于大熊猫的保护所投入的人力、物力和财力是其他任何动物都无法比拟的，也就是说，我们几乎不太可能——至少在较长时间内不会加速大熊猫的灭绝速度，甚至很长时间内大熊猫的灭绝风险较低，所以被降级了。但毫无疑问，大熊猫的绝对数量仍然非常低，它们依旧是世界上最珍贵的熊科动物。

大熊猫是现生熊科动物中最原始的一种

（孙路阳 摄）

在我国分布的熊类则有棕熊、亚洲黑熊、大熊猫、懒熊和马来熊，我国是世界上拥有熊科动物种类最多的国家。其中，大熊猫、马来熊是国家一级重点保护野生动物；棕熊、亚洲黑熊为国家二级重点保护野生动物；目前，懒熊没有保护级别，过去我们很少提及，但是属于我国固有领土的藏南地区的确有懒熊的分布，所以，它们当之无愧地应该在我国野生动物的名录之中。

众所周知，我国人口众多，经济活动频繁，栖息地破坏严重，滥捕乱猎现象时有发生，熊掌、熊胆更是传统使用的食物和药材；所以，我国的熊类在野外数量已经比较稀少，甚至已经大面积退缩、消失，在很多地方已经属于"区域性灭绝"。这些地方，当然也就不可能再遇到熊了。

但如果居住在一些特定的地区，进入有熊分布的区域，甚至有的地方熊的种群密度不低，在这些情况下，我们仍然有很大概率遇到熊。例如，我国东北地区、西北地区、青藏高原比较容易见到棕熊；华中、华南部分地区的森林之中，仍有亚洲黑熊的稳定种群。

近些年，特别是在青海省、西藏自治区等地方，很多牧民家时常被马熊骚扰。马熊（*Ursus arctos pruinosus*）是棕熊在青藏高原的一个亚种，亦称藏棕熊、藏马熊；它们会闯入牧民家中寻找食物，并大肆破坏家里一切引起它们好奇的物件。马熊走过路过，都会一片狼藉，对当地老百姓的生命安全、家庭财产构成很大威胁。

随着我国生态文明建设的不断推进，自然保护地的管理不断加强和升级，野生动物保护深入人心，像过去偷猎熊类的事件越来越少，很多地区的熊类种群数量在逐渐增长，而当地人口若没有及时撤出熊类栖息地的话，那么人们遇到熊的概率就会逐步上升。人熊冲突加剧也将是必然结果。

所以，在野外遇到熊，能够及时应急处理，是能继续活下来的关键。

如果您和熊的距离较远，您首先发现了熊，那么您应该及时撤离，不要好奇，不要跟随——这时快速跑掉是最明智的决定。在非常开阔的环境下，距离远，但是熊也发现了您，撒腿就跑，一般情况下，熊不会紧追不舍，因为它知道距离远也追不上，白白消耗体力犯不上，顶多它会冲过来威胁一下。这种情况下，通常人是安全的。

如果您和熊的距离较近——包括遇到任何野生动物，抑或在城里遇到您害怕的狗，甚至烈性犬，都不要慌张，不要给动物传递您害怕它的信号，诸如撒腿就跑、大声吼叫、身体躲闪、哭哭啼啼……尤其对于大型食肉类动物而言，撒腿就跑，往往会被归入它的猎物名单。更何况，您根本不可能跑得过这些食肉动物。四条腿的动物，或许只有树懒、龟鳖的速度比您慢，我们人类在猪的面前都是跑不过的，否则那些猪科动物早已经被食肉动物吃灭绝了！所以，保持镇定是非常重要的！

近距离遇到比较凶猛的动物，哪怕只是马牛羊一类的食草动物，最重要的就是要"察言观色"！要观察一下动物的状态，是比较放松的状态，还是非常紧张、想攻击您的状态。即使非专业人士遇到凶猛动物，在神智正常的情况下，绝大多数人应该是可以发现动物的表情或者它的一些异常行为表现的。

但是如果距离非常近，甚至已经近在迟尺，当然不要装死，不要趴下，不要躺下。首先，熊看到有人突然躺下，它一定好奇，反而会接近您，查个究竟。其次，您已经很紧张了，心脏砰砰砰地跳，呼吸急促，汗流浃背，甚至吓得尿都出来了；这种情况下，熊也不会认为您死了。最后，熊在饿极了的情况下也会吃腐肉。所以，千万不要装死！装死只可能让您死得更快。

遇到熊我们要采取的措施是站直，慢慢后退，或者举起双手，或者站立抱头。如果真的出现熊攻击人了，比如熊掌拍您、咬您，甚至猛烈开始撕咬，这种情况下，打击熊最脆弱的部位较为有效，例如眼睛和鼻子。这时可以借助随身携带的物件，或者周围锋利的东西，或者直接向面部扬沙。

有人说，我会爬树，但这招对于熊基本没用，因为它们比您还会爬树。

此外，不要把后背对着熊或者其他食肉动物。很多猛兽会从后背攻击猎物，如老虎、狮子、花豹、美洲狮、美洲豹等，都是机会主义捕食者，把自己隐蔽起来，不让猎物发现，食草动物没有发现它们，它们才会伺机出手。若很早被猎物发现了，捕猎成功率会大为降低，索性不去捕杀。因此，近距离遇到熊或其他大型野兽，和它们面对面反而更为安全。

而对于那些经常跑到居民家里叨扰人类的熊们，则只能提前加固房屋，或者设置防熊电网、防熊围栏，将熊与房屋隔离开。

一般情况下，我们无须担心野外的熊类，它们大多数还是怕人的，那些不惧怕人类的个体早已经被人类祖先消灭干净了，剩下的个体基本会远离人类。当熊离老远嗅到人类的存在时，它们通常会主动躲避、退让、离开，不会主动去寻找或跟踪人类。

若您已经知道您将要去的地方有熊或其他凶猛动物出没的时候，一定要与其他人结伴而行，并且准备一些装备——刀枪剑戟斧钺钩叉——开玩笑了，这场景出现在景阳冈的提示牌里。今天，我们肯定无法携带凶器上山或去野外，但携带诸如防熊喷雾，是一种非常有效的工具，可以驱逐熊。

北京野生动物园的
亚洲黑熊

（孙路阳　摄）

野外遇到熊还算"凶少吉多"，但是动物园里遇到熊，可就是凶多吉少了。就在 2020 年 10 月 18 日，一则视频在网上热传。上海野生动物园工作人员遭到熊的袭击致死。我们哀悼逝者的同时，还是应该科普一些知识。

野生动物园的熊和野外的熊不一样。野外，熊独居；家养，熊群居。庞大的熊群就会有等级序位，等级低的可能根本吃不饱，即使等级高的、强势的，也是大肚汉，还是吃不饱的，而且棕熊、黑熊胃口特别好，无时无刻地都在找寻食物，而且从来不浪费一切它们可以吃的东西。在这种情况下，那些弱势的个体反而更容易攻击误入散放区的人。

野生动物园应该加强管理，管熊比管人容易，对于每年频繁出现的凶猛动物在散放区袭击游客、工作人员，并导致受伤、致死的情况一直在发生。问题如此严重，这种人坐在车里、食肉动物在周围的参观模式应及时改进，甚至彻底取消。动物福利要有保障，但是安全的隔离措施必须有，这样才能有效地保障人的安全。因为管理游客更难，所以，应该严禁游客自行开车进入凶猛动物散放区，可由园方提供安全可靠的车辆参观。

曾几何时，熊是远古时代黄帝部落里的图腾。我国古代出土了大量与熊有关的玉器，譬如河南安阳的妇好墓里那些可爱的熊玉器。我们的文化根源与熊密切相关。我们与熊类同域分布，一起生活在同一片蓝天下，享受同样的绿水青山。熊类，是食物链的顶端，是顶级"消费者"，它们的存在暗示着生态系统的健康。希望人与熊可以和谐相处，相安无事！

还原狼的本色
——动物学者眼中的狼图腾

2004 年 4 月，对于我而言，是一个欢欣鼓舞的时刻。我通过了中国科学院动物研究所的研究生考试，接受了即将正式成为我的导师张树义研究员的任务，前往湖北省后河国家级自然保护区研究果子狸。与此同时，对于另一位我从来不认识的作家姜戎先生（原名吕嘉民，1946— ）而言，想必也是兴奋不已。但可能令他始料未及的是——

一本《狼图腾》的出版，几乎成了中国当代小说出版的神话。起初，出版者根本没有看重这部小说，它的首印只有 2 万册。11 年来（当时本文写于 2015 年），这本书每年都在不间断地印刷，我们无法从版权页中获悉它的累积印数；但若加上盗版的印量，2000 万册也许都是低估了。此书后来被翻译成 20 多种语言，在全球 110 多个国家或地区出版发行。直至今年（2015 年）同名电影的问世，这部作品又达到了一个新高潮。

我就是在观看完这部电影，才决定去买书看的。其实，我大约在该书出版的第二年，便知道了这本书的知名度和影响力。我特地买了一本，作为生日礼物，送给我们研究组的一位蒙古族老师——梁冰女士（2007 年，梁老师在《动物学杂志》工作，后任常务副主编）；尽管她告诉我，她从来没听说过蒙古族有狼图腾。我拥有过此书，但没有翻看过它。在我顽固的，甚至偏执的思维中，始终以为作家描写动物，特别是写成一部小说中的动物，一定是不科学的。

然而，让一个动物学专业的人去评述一本与动物有关的小说，这未免太苛刻。专业人士可能是"砖家"，所云未必就完全正确；小说也不是动物学的学术专著，它是语言和文字艺术，可以夸张、想象。

但是动物的真相，应该得到还原。特别是狼这种被人们放大了，甚至无限放大的一种动物，已经失去了它的本来面目。

那么，狼究竟是一种什么动物呢？

首先，我们先从简单的生物学属性去了解狼。如果您家里养狗，那么从动物分类学的物种概念的角度就可以说，您在养一只狼（*Canis lupus*）；因为狗（*Canis lupus familiaris*）是狼的亚种，狗在种的层级上属于狼，从学名中可以直译为"家养的狼"。通过现代的 DNA 或基因研究已经十分明确，狗是由狼驯化而来的，它们与狼这一祖先的分化时间大约在 1.5 万年前。

狼，亦称灰狼，与胡狼、郊狼（丛林狼）、狐、豺、貉、薮犬（丛林犬）、非洲野犬等，构成了食肉目中重要的类群之一——犬科动物。已知全世界现生的犬科动物有 35 种（2022

年统计已升为 38 种）；另有 1 种 1876 年灭绝的福岛狼（*Dusicyon australis*），还有 1 种则是在三四百年前就已经灭绝的阿根廷狼（*Dusicyon avus*，也有人猜测可能其存活到了 1900 年年初）。而狼是所有犬科动物中体形最大、分布最广的种类。

2014 年 7 月 27 日在肯尼亚奥肯耶的黑背胡狼在进食

　　狼曾经的足迹几乎遍布整个北美洲、欧亚大陆，以及非洲北缘，这么广大的地域，养育了不同水土之下的各种各样的狼。因此，它们在体形、毛色、生活习性等方面存在较多差异。不同的地理环境，孕育出了不同的地理亚种。所以，大家可以听到很多狼的亚种名称：欧亚狼、苔原狼、阿拉伯狼、北极狼（雪狼、白狼）、日本狼、墨西哥狼、藏狼、加拿大狼、佛罗里达黑狼、落基山狼、格陵兰狼、印度狼……

　　科学家描述和命名的狼的亚种，或同物异名（Synonym），有近 150 个，后来被承认的、比较靠谱的狼亚种有近 40 个。到了 2022 年，我和刘东先生、王斌先生、何锴教授编著的《世界哺乳动物名录》（中国林业出版社，2023 年即将出版）一书中统计的有效亚种则为 14 个；在过去的亚种中有一些已经彻底灭绝了。有这么多的亚种，在现生的 6800 多种哺乳动物大家庭中，都是十分罕见的。

狼曾经称霸整个北半球，要不是人类的干预和影响，它们不可能退缩，乃至在许多地区灭绝。从狼的历史地理学层面去考察这个物种也足以证明它们的强大，其对环境的适应性，除了一两种老鼠外，几乎没有其他物种可以与之匹敌。

到底有没有蒙古草原狼？

在小说《狼图腾》中，我们看到的名称是"蒙古草原狼"或"草原狼"。很多人也都相信，生活在草原的狼应该叫作"草原狼"，或者生活在内蒙古或蒙古国的狼，应该称作"蒙古狼"。《狼图腾》讲的就是狼、草原、蒙古族、知青以及那段历史的故事，我们很容易把蒙古、草原和狼联系在一起，并创造出了"蒙古草原狼"的名词。

但在狼的分类词典中，根本不存在"蒙古草原狼"。至于"草原狼"倒是有一个亚种（*Canis lupus campestris*），它的英文名是 Steppe Wolf，很多人译作"草原狼"。但这一亚种根本不是我们通常理解的生活在蒙古大草原上的狼。Steppe 一词的概念是干旱的草原，比如北美大草原，以及高加索高山草原等。这种"草原狼"就是分布在高加索地区，以及乌克兰北部、哈萨克斯坦西南部，故其中文名一般唤作"高加索狼"。因为它们分布在里海附近，故亦称"里海狼"。这又很容易让我们联想到，既然新疆曾经有里海虎（新疆虎），那么新疆是否有里海狼呢？答案应该是肯定的，狼曾经在整个新疆（除极度恶劣环境下）都有分布。

我们再说"草原狼"是怎么来的。蒙古草原在英语中并不叫作 Steppe（尽管广义的 Steppe 也包含 Grassland），而是 Mongolian Grassland 或者 Mongolian-Manchurian Grassland（蒙古—

满洲里草原，即中国东北平原），这里面会有星罗棋布的湖泊和河流，相对来讲气候更湿润，所谓"水草丰美"。《狼图腾》故事的发生地，即乌珠穆沁草原或额仑草原，就是属于这样的草原。只不过，中文在面对 Steppe 和 Grassland 的时候，变得有些苍白无力，二者并未能很好地区分。

那么，生活在蒙古草原上的狼是什么亚种呢？其实，根据它们的外部形态特征、头骨和牙齿的结构、DNA 或基因的差异、行为或生活习性等多方面因素综合分析，所谓的"蒙古草原狼"就是欧亚狼（*Canis lupus lupus*），也就是狼的指名亚种（用来命名该物种的亚种），英文名是 Eurasian Wolf。

欧亚狼是分布最广的狼亚种，从欧洲西部、斯堪的纳维亚、高加索、俄罗斯，到中国、蒙古国，甚至喜马拉雅地区都是这一亚种。换句话说，生活在蒙古草原的狼，至少在生物学上，没有什么与众不同的地方，它仍然归属于最常见的狼亚种——欧亚狼。

值得一提的是，从中亚的塔吉克斯坦、新疆天山地区、蒙古西部，延伸到青藏高原的藏狼（*Canis lupus chanco*）倒是一个特别的、值得关注的亚种。它们由于适应高原气候和环境，身体结构和功能已经发生了些许变化，所以它们的演化地位比较特殊。藏狼是被我们忽略的，但是特别值得研究的一个狼亚种。从今天十分活跃的基因组学、功能基因方面研究，亦可想见，藏狼在青藏高原这一低温、缺氧特殊环境下演化到今天，势必在基因层面、适应性变化方面有着过"狼"之处。

狼群究竟有多大？

《狼图腾》中有大量描述狼群的文字，把狼的集体写得绘声绘色。书中主人公陈阵刚到草原的时候，便和蒙古老人毕利格在雪窝中观察狼群，"十几条蹲坐在雪地上的大狼呼地一下全部站立起来"……"整个狼群不下三四十头"。在狼群围攻黄羊群的时候，"陈阵觉得，对于几十条狼为一群的大狼群，这群黄羊仍然太大了。"

这部小说多次提到"大狼群"，动辄三四十头。一个狼群究竟有多大？狼的社会结构到底是什么样的？

我们首先翻看一部最为权威的动物学著作——《中国动物志 兽纲 第八卷 食肉目》（科学出版社，1987 年）。书中这样记载："狼成群或结对生活，亦有单独孤栖生活者。冬季在北方集群较多，但群狼一般不超过 20 头。"

我国资深的动物学家高中信先生（1937—2019），是东北林业大学教授，是我国最早从事狼的生态学研究的科学家，也是国内公认的、最权威的研究狼的专家。1975 年，您和同事李津友先生在《动物学杂志》上发表过一篇论文，题目是《狼的生态和消灭方法》。他们从 1958 年开始调查内蒙古、黑龙江和吉林的狼的种群。调查结果是什么样的呢？大兴安岭针叶林，100 公里调查范围内有 2 头；大兴安岭阔叶林，50 公里的调查范围内有 13 头；沿海拉尔河的草原，50 公里的调查范围内有 7 头；陈巴尔虎旗的草原，50 公里的调查范围内有 3 头；呼兰县的农业区，50 公里的调查范围内只有 1 头。

欧美科学家对狼的研究相当深入：狼在有分布的欧美国家的统计数量比较准确，个别国家相当精准，甚至可以达到对每一个个体的识别、跟踪和记录；每个狼群的数量也比较清楚。综合有关研究，我们可以知道，狼群的平均组成为 5~11 只，由 1~2 只成年狼、3~6 只亚成体或年轻个体，以及 1~3 只幼狼组成。而科学上记录到的最大狼群为 42 只。

事实上，随着这些年栖息地的破坏、食物严重短缺、偷猎和捕杀等因素的影响，就连七八只组成的狼群都极为罕见。只有在寒冷的大雪封山的境遇下，才有可能见到 20～30 头的狼群，而这样的狼群往往也是由若干个小狼群，即几个家庭暂时合并而来的。

《狼图腾》中动辄描写的三四十头的大狼群，在全世界范围内都是极为罕见的。如果作者真的在内蒙古草原见到过如此庞大的狼群，那么还真是动物学研究史上非常重要的观察记录。然而，按照常识、动物学判断，这个可能性非常小。

生活在北京野生动物园的狼

（王传齐 摄）

对于我们常年从事动物野外生态研究的工作者来说，在与老百姓、当地人、目击者打交道的时候都会格外谨慎。很多人在紧张、恐惧的情况下，即使只有几只狼来来回回转圈，都会以为有一大群狼准备向人们发动攻击；他们也会夸大其词地表示遇到了巨大的狼群，再经过几个"中间环节"的信息传递，本来可能只是目击到了三四只狼，最终却传出三四十只的狼群。老百姓对观察动物方面都会表现得像小说家那样善于想象和夸张，也会像艺术家那样擅长浪漫和抒情；其观察、回忆的结果往往"仅作参考"，不足为信。

到底有没有狼王？

包括《狼图腾》在内的各种关于狼的故事中，都会渲染所谓的狼王——它是绝对的领导者，有着至高无上的权力、足智多谋的头脑、勇敢坚韧的性格。甚至，许多"演说家"经常从经管、励志角度出发，让听众学习"狼的精神"——精诚合作、团队精神、团结高效、创新进取……但在狼的现实社会中，有没有狼王呢？是否存在所谓的这些精神呢？

其实，狼的社会群体一般是由具有夫妻关系的一对狼为主导，其子女参与的家庭式组合。很多人一说到狼群，都误以为狼王领导着它的臣子们，包括很多只雄狼，以及它的妻妾、儿女，组成一个庞大的群体。也有人以为，狼是一夫多妻制的婚配制度（Mating system）或一雄多雌的社会结构，狼王带领自己的老婆们打天下。这两种狼的社会结构完全是人们臆想出来的，其实根本不存在。

狼，可以说是忠贞爱情的象征，它们是一夫一妻制。很有意思的是，这种婚配制度在犬科动物中较为普遍，至少在繁殖季节，它们大多数是由夫妻共同哺育幼崽。那么，狼有没有可能出现一夫多妻制呢？只有在豢养的情况下，比如动物园，把一头雄狼硬是和几头雌狼放在一起，雄性才会和几头雌性交配繁殖——这对于公狼来讲的确是一桩美事。但是，通常母狼只会和一头它看得上眼的公狼交配。狼群都是按照"一雄一雌"作为主体存在的，我们在动物行为学上，把这样的雌雄称为"α雄"和"α雌"，亦称"主雄"和"主雌"。这种关系几乎是终身的，除非一方意外身亡，另一方才会找其他配偶再婚。

主雄和主雌同时存在的情况下，也就没有谁是狼王的问题，往往二者都有一定的领导权，因为被领导者通常都是它们的子女，或者侄子、外甥等；有些特殊情况下，没有亲缘关系的年轻个体也会被接纳；甚至有经验的、年龄较大的母狼会担当更大的责任，特别是到了繁殖期，公狼更会认认真真地伺候母狼。这与人们想象的父权、男权、皇权社会是完全不一样的。

另外，需要补充说明的是，如果在动物园或人为环境中，饲养员将一头公狼和几头母狼放在一起饲养，或者多只公狼、多只母狼一起混养，在有限的空间内，食物、休息场地、观望点等诸多资源是有限的；换句话说，本来环境容纳量就有限，而狼又多，超出了本来的容纳量，那么就会产生较大的个体之间的压力，矛盾、冲突会上升，继而会形成等级序位。

一切自杀式行为都不可信

巴图保护军马的场景让人读了很震撼，作者描绘了狼群攻击马群的激烈场面。

在狼王的指挥下，狼群发狠了，发疯了，整个狼群孤注一掷，用蒙古草原狼的最残忍、最血腥、最不可思议的自杀性攻击手段，向马群发起最后的集团总攻。

"自杀性攻击手段"又是小说作者创造出来的一个与动物

学无关的词汇。自杀是什么？它是指个体在复杂心理活动作用下，蓄意或自愿采取各种手段结束自己生命的行为。自杀是人类有意识的行为，是要主动结束自己的性命。在动物界中，真正的自杀是不存在的。

有人会说，鲸和海豚搁浅在沙滩就是一种自杀，北极地区的旅鼠（Lemmini，旅鼠族）也会集体跳崖自尽（实际上，这是当年拍摄时的人为造假）。从表面上看，这很像人类世界的自杀行为，但从本质上讲，这些行为不是动物个体自愿去做的，由于受到外部环境和自身生理条件等复杂因素的影响，这些行为本质上是被动的、无意识的、无特殊目的性的。试想，如果自杀行为真的在动物界中普遍存在，这些物种早就衰败，甚至灭绝了。

动物要繁衍，要散布自己的优良基因，要发展，要进化，都是向利好的、"正能量"的方向发展。简单来说，都是为了好好地活着。这种牺牲自己、保存群体的利他行为是有条件地存在的，比如真社会性昆虫——蜜蜂和蚂蚁，它们的社会结构太特殊了，几乎不可复制。特别是在高等的脊椎动物类群中，这种利他行为更是极少的，在哺乳动物当中也只有非洲的裸鼹形鼠（*Heterocephalus glaber*）有近似真社会性昆虫的社会结构。但这也只能叫作被动地"牺牲自己"，而不是自杀。

按照英国科学家理查德·道金斯（Richard Dawkins，1941— ）的"自私的基因"理论来说，个体都会尽可能地生存下来，并努力扩散自己的基因。那些丧子的母狼完全可以参与下一次繁殖机会，绝对没有必要"挂在马的侧腹下"等待马"发疯地用后蹄蹬踢狼的下半身"。"被杀的马群和自杀的狼群"之间发生的捕食行为让我看得匪夷所思，这在自然界是根本不会存在的。食肉类动物大多是机会主义捕食者，谁也没必要去拼这个命。

在"捕猎策略"方面，我所看到的各种关于狼的文学作品都在高估狼的智商。有许多动物行为研究证实，虽然狼群会合作以及策略性地捕捉猎物，但它们的策略或智商只能说在食肉目动物中属于中等水平，在频繁与有效地运用捕猎策略或技巧方面，狼还不如非洲的母狮子。其实，与狮群不同，狼群很少稳定地维持 2 年以上——年轻的狼在 1.5~2 岁成熟之后便离开父母独立生活，继而很快组建自己的家庭，因此它们学习或践行合作猎捕的时间相对比较短，其合作技能是很平庸的。

说到动物自杀，还让我想起了另一位小说家描绘的"斑羚飞渡"的场景，感人至深，却纯属胡编乱造，违背了动物的基本行为模式。这些都是我们人类自己把动物想象成了人，而不是忠诚地描述动物本身。

人、动物、草原的关系是什么样的？

《狼图腾》作为一部文学作品，很好地传递了人与自然和谐相处重要性的理念，倡导的是保护草原，保护生态。乌力吉说：

我也真怕把这片草原搞成沙地。草原太薄太虚，怕的东西太多：怕踩、怕啃、怕旱、怕山羊、怕马群、怕蝗虫、怕老鼠、怕野兔、怕獭子、怕黄羊、怕农民、怕开垦、怕人多、怕人太贪心、怕草场超载，最怕的是不懂草原的人来管草原……

这段话写得很好，特别是最后一句"最怕的是不懂草原的人来管草原"。保护草原、保护野生动物、保护大自然，归根结底是一个生态管理学问题，不科学地管理就会出现很大的问题。作者列出的这"十六怕"，当然，草原上还是绵羊比山羊多，写"怕羊群"会更好些。

至于"怕蝗虫、怕老鼠、怕野兔、怕獭子、怕黄羊"，我就不敢苟同了。《狼图腾》里多次描写了狼捕杀黄羊的场景，很多人都认为黄羊不好，连毕利格老人也认为"黄羊可是草原的大害，跑得快，食量大，你瞅瞅它们吃下了多少好草。"

这里还需要指出的是，黄羊的中文规范名为"蒙原羚"（*Procapra gutturosa*），现在是国家一级重点保护野生动物（2021 年晋升为国一）。虽然 IUCN 将其评估为无危级（LC），但这只是针对全世界之全部种群现状而定的保护级别；2016年，IUCN 物种生存委员会羚羊专家组（IUCN SSC Antelope Specialist Group）估测其种群为 50 万~150 万头，但研究指出，在过去的 50 年间，蒙原羚的分布范围缩减了 76%！而缩减的区域大部分是我国内蒙古地区，1995—2005 年，我国境内的黄羊种群数量有 40 万~270 万头。2005 年之后，我国蒙原羚的种群骤减到 25 万头。我们中国科学院动物研究所研究员蒋志刚先生等人曾经估计，我国境内不迁移到蒙古国的蒙原羚只有 8万~8.5 万头。2016 年，蒋志刚等科学家发布《中国脊椎动物红色名录》，2021 年出版《中国生物多样性红色名录：脊椎动物》时，均将蒙原羚确定为极危级（CR）。

蒙原羚种群的直线下降，想必与当年的"黄羊大害"的认知不无关系。把草原的退化归咎于这些生活在草原的野生动物真是"栽赃嫁祸"啊！蝗虫、老鼠、野兔、旱獭、黄羊……这些原本就居住在草原的居民经历了千万年，甚至上亿年的演化发展到今天，它们原本就属于草原。草原本来有着健康的食物链、营养金字塔和生态关系，人们只看到了这些动物会吃草、会挖洞，但没有看到草原原本就有许多捕食昆虫的鸟类，捕食鼠类的鹰、雕、隼、鸢，捕食野兔、旱獭或黄羊的狐、狼、棕熊等猛禽、猛兽。草原不怕它们，它们是草原的儿女，是草原将它们孕育出来的。草原怕的是，人类把这些食草动物的天敌斩尽杀绝，让食草动物过度繁衍、过度放牧，反过来威胁草原。归根结底，人是罪魁祸首，"害虫害兽"都是我们自己惹的祸，人类才是草原最大的破坏者。

尽管《狼图腾》的作者呼唤人与自然和谐相处的价值观，呼唤人们尊重、爱护草原和狼，追求像狼一样的自由、独立、顽强、勇敢的精神，讴歌像狼一样永不屈服、决不投降的性格、意志和尊严；但是，作者在某种程度上之于科学的生态理念，以及动物学、生态学、保护生物学知识等的理解与认识仍显不足。

最后，我们希望更多的作家、小说家、文学家写出更科学、更有理有据的动物小说，希望文学艺术与科学能够更好地紧密结合。

疯狂动物城里的动物学

2016 年，有一部特别火的动画电影——美国迪士尼公司（The Walt Disney Company）出品的《疯狂动物城》（*Zootopia*）。我记得，当时周围几乎所有的人，包括家人、同事、朋友、孩子都在热议这部影片，朋友圈、群聊、微博、网站、电台、电视台等媒体也都在谈论这部电影。昨天（2016 年 3 月 9 日）中午，我还在北京人民广播电台（现为北京广播电视台）交通广播主持人吴勇老师的节目《一起午餐吧》中聊了这部电影中的动物，也算被"卷入"这个大潮中。

本来不想凑热闹，因为我不懂电影，更没有写过影评，但看着无数的评论，特别是涉及到影片中动物的种类鉴定方面充斥着很多错误，所以决定以动物学的角度来介绍一下影片中的角色。另外，在网络语言如此丰富的今天，不少年轻人发出来的帖子都很"逗比"，但我还是以正常的中文文字和传统表达习惯来介绍《疯狂动物城》里的动物。希望能给广大观众提供一个比较准确的参考。

关于片名

我们很容易看到对 Zootopia 的解释，很多人说，这个是"动物园"的"Zoo"和"乌托邦"的"Utopia"的混合体，结论大多是正确的，也就是各种动物组成的乌托邦世界，直译为"动物乌托邦"或"动物托邦"。但我并不认为是 Zoo + Utopia 的简单组合，而是 Zoological + Utopia = Zootopia，如果是 Zoo + U-topia，就成了动物园的乌托邦。动物园"Zoo"这个单词，本来是由 Zoological Park 或 Zoological Garden 简化而来的。

最早的现代动物园之一的伦敦动物园，在 1826 年开放时，叫作 Zoological Forest，它的全称更复杂，即"Gardens and Menagerie of the Zoological Society of London"，如果直译，就是"伦敦动物学会公园和小动物园"。确实如此，伦敦动物园虽然被公认为世界十大动物园之一，但它的面积大约只有北京动物园的五分之一，也许五分之一都不到。

1847 年，克林夫顿动物园（Clifton Zoo）第一次使用了 Zoo 这个单词，现在的名字是布里斯托尔动物园（Bristol Zoological Gardens，或简称为 Bristol Zoo，我的英国导师 Gareth Jones 还是这家动物园的科学顾问）。这两个动物园我都去过，非常棒，小巧而别致，值得去看一看。

所以，今天的 Zoo 和 Zoological 已经是两个明确的、独立的单词，Zoological 是"动物的、动物学的"意思，片名 Zootopia，当然就是 Zoological + Utopia 的混合体。

关于主角

3月5日，果壳网的新媒体主编"花落成蚀"陈旻兄（人称"花蚀"）写了一篇文章"《疯狂动物城》里有哪些好玩的动物?"，是我目前看到的关于介绍《疯狂动物城》中动物最靠谱的一篇文章。但作者认为的"主角是只家兔无疑"则判断有误，后来我在朋友圈里转发他的帖子并发表了意见，花蚀看到后，马上在朋友圈、微博里作了更正。

我认为，一部美国电影在角色使用方面明显地需要照顾、考虑使用本土物种作为主要角色，所以影片中出现了很多北美洲的动物。作为主角赤狐（*Vulpes vulpes*），在美国是有的，而且分布很广，从欧亚大陆到日本，包括北非的北部以及北美洲（加拿大和美国的大部）都有，甚至被引入澳大利亚。因为分布广、适应性强，所以赤狐分化成45个地理亚种，当然有些亚种可能未必有效。不同地方的赤狐，其体型大小、外部特征、毛皮颜色、生活习性等方面会存在一定的差异。

从影片模仿纽约城或美国东部发达地区的感觉来看，主角尼克，它的全名是 Nicholas P. "Nick" Wilde——人家电影主人公的名字绝不会起个类似"小明"这样的小名。它应该是一只分布在美国东部的赤狐，这个亚种被称作美洲赤狐（*Vulpes vulpes fulvus*），该亚种的特点是体型较小、鼻吻部更尖而长，且四肢颜色更黑，形态上也很符合尼克的特点，特别是大家可以注意它前肢的特征，颜色更深，这些细节也显示出该片制作的精良程度。此外，赤狐经常被人们叫作狐狸、红狐、火狐狸。

而兔子则另有来头儿，家兔是欧洲穴兔（*Oryctolagus cuniculus*）驯化而来的，是典型的 Rabbit，但仅仅依据影片中的称呼，如 Rabbit、Bunny 来判断是家兔还是不够的，因为美洲有一个种类较多的棉尾兔属（*Sylvilagus*），是美国最常见的一类野兔，且它们的英文也叫 Rabbit，只不过它们有更规范的英文名——Cottontail，即"棉花一样的尾巴"。

而且那个兔子警察朱迪（Judy Hopps）抓抢劫的鼬（有的评论认为是老鼠，是错误的）的时候，那只鼬明显说了一句话："Catch me if you can, Cottontail！（你个棉尾兔，来抓我呀！）"这里出现的 Cottontail，一下子明确了它的物种身份，就是一只棉尾兔，只不过中文翻译公司没有翻译出棉尾兔这个词，如果听英语对话是非常明显的。所以，那个兔子肯定不是家兔，而是美国的棉尾兔。

棉尾兔属（*Sylvilagus*，亦称林兔）有 17 种（当时写此文时为 17 种，2022 年我们编写《世界哺乳动物名录》时为 19 种），朱迪属于哪一种呢？我认为，首先，其一定是常见的物种，且和赤狐是同域分布的；其次，按照上面美国东部地区的判断，它一定是东部的某种棉尾兔。所以，属于分布比较广、比较常见的西部棉尾兔，例如山地棉尾兔（*Sylvilagus nuttallii*，亦称纳氏棉尾兔、西林兔）、荒漠棉尾兔（*Sylvilagus audubonii*，亦称奥杜邦棉尾兔、奥氏棉尾兔、荒漠林兔）的可能性都很小。因此，朱迪应该是美国东部最常见且分布最广的一种棉尾兔，即东部棉尾兔（*Sylvilagus floridanus*，亦称佛罗里达棉尾兔、东林兔）。

另外，还应该注意的是，朱迪爸爸和妈妈的颜色不一样，尤其是爸爸的棕褐色毛皮更像一只典型的东部棉尾兔，但东部棉尾兔同样有类似狐狸毛色的情况，随着地域、季节、性别、年龄的变化，皮毛颜色也有棕褐、灰褐、灰色等颜色的差异。

关于重要的配角

《疯狂动物城》里的角色非常多，重要的和出彩的配角，我们优先来说一说。

最让人难忘和笑点最多的是动物城车管所办事"最快"的工作人员闪电（Flash）。显然，大家都认为它是一只树懒——注意，不是树獭！有人写成树獭，也有人问有没有树獭这种动物，"树獭"是讹误，其实并没有这种动物，就像有人把水獭，叫作水懒一样，总容易搞混。

我在秘鲁的亚马孙上游地区看到的褐喉三趾树懒

如果真的按照电影里闪电的形态特征来鉴定，那么它一定是个新物种！因为它的前肢上居然有 4 个手指。而现生的所有树懒的前肢要么是 3 指，要么是 2 指，并没有 4 指的，后足则都是 3 趾。换言之，所有树懒，无论是三趾树懒科（Bradypodidae）还是二趾树懒科（Megalonychidae，亦称大地懒科），其

实都是 3 趾，注意，不是"指"。按理说，应该称作"三指树
懒科"和"二指树懒科"，因为它们的差别是手指的不同，而
不是脚趾的不同。

通过化石研究，树懒的亲缘种有很多，但大多已经灭绝。
现在仍然存活的有 6 种，隶属于贫齿总目（Xenarthra）、披毛
目（Pilosa）、树懒亚目（Folivora），分为 2 个科，即三趾树懒
科和二趾树懒科。前者包括倭三趾树懒（*Bradypus pygmaeus*）、
褐喉三趾树懒（*Bradypus variegatus*）、白喉三趾树懒（*Bradypus
tridactylus*）和鬃毛三趾树懒（*Bradypus torquatus*）；后者则有霍
氏二趾树懒（*Choloepus hoffmanni*）和林氏二趾树懒（*Choloepus
didactylus*）。

从面部形态特征以及常见物种选角原则来看，闪电应该是
褐喉三趾树懒。可能为了照相、盖章等工作上的便利，导演故
意为它多加了一个指头。此外，大家也可以注意有很多动物的
手形、手指数量都发生了变化，这是拟人化的需要；据说迪士
尼公司很早就有个"规矩"，动画片中动物的手指，甭管是什
么类群的动物，都按照"四指"来处理。

在黑帮中，与北极熊打手们形成强烈反差的是黑帮老大
（Mr. Big），它是一只非常矮小的、在自然界与北极熊有一些
同域分布范围的北极鼩（*Sorex arcticus*）。当然，北极鼩并不
是主要生活在北极圈，更不可能去冰面活动。事实上，它的
主要分布区域在加拿大北部、中部至东部，以及美国北部
地区。

很多人误以为黑帮老大是老鼠，甚至有影评说"它们是鼩
鼱，属于小型的啮齿动物"。鼩鼱是说对了，但归类却错了。
鼩鼱和鼹鼠、刺猬都属于食虫类，传统上有一个目，叫作食虫

目（Insectivora）；但后来的分类学研究显示，原来的食虫目被分为非洲鼩目（Afrosoricida，包括马岛猬科和金毛鼹科）、猬形目（Erinaceomorpha，包括猬科）和鼩形目（Soricomorpha，包括岛鼩科、沟齿鼩科、鼩鼱科和鼹科）；而近些年更新的分子系统发育研究，又将猬形目和鼩形目合并成"真盲缺目"（Eulipotyphla，意为真的没有盲肠），或翻译为劳亚食虫目（劳亚，是指劳亚古陆，即今之北半球大陆）。总之，黑帮老大不是啮齿目（Rodentia）动物，不是老鼠。

另一个印象深刻的是装扮成尼克的儿子、一种体型非常小的狐狸。它在影片中叫作芬尼克（Finnick），很显然是这种狐狸英文名 Fennec Fox 的变体。正规的中文名是聆（guō）狐（*Vulpes zerda*），这个字用电脑或手机打不出来，所以我以前有时经常用【】表示，写作"【耳郭】"，即左"耳"右"郭"。参观《康熙字典》："《玉篇》古霍切。音郭。大耳也。"

查阅《动物学大辞典》（商务印书馆，1922）发现，该物种的中文名为"聆狐"；参观我国台湾地区的《国语辞典》也有此字，台湾地区的动物园至今一直沿用"聆狐"。在我国大陆地区，《拉汉兽类名称》（中国科学院动物研究所，科学出版社，1973）、《哺乳动物学概论》（盛和林等，华东师范大学出版社，1985）等兽类学专著均非常规范地写作"聆狐"。我小时候在北京动物园参观夜行动物馆时，这种狐狸的铭牌上写的就是"聆狐"。这个生僻字的重要传播者，是北京动物园第一任园长（当时称主任）谭邦杰先生（1915—2003），您编著的《哺乳动物分类名录》（中国医药科技出版社，1992）对兽类的名称作了良好的规范，此书在 20 世纪 90 年代在我国动物园系统传播得较为广泛。

在没有电脑打字之前，北京动物园的动物说明牌均为人工手写。这类牌子首先由工作人员写或画于坯子上，然后上釉烧制，经久耐用，我记得象房、狮虎山、熊山等笼舍都有这些大型陶瓷说明牌；目前，仍然可以在水禽湖东边见到早年的益鸟说明牌，至今保留着陶瓷制式。另外，其他说明牌也都是手写的，利用了各种材料，例如木板、三合板、塑料板等。

我第一次见到聊狐应该是在20世纪80年代末，那时可能是北京动物园第一次饲养展出聊狐，它们住在新建的夜行动物馆内。那里的铭牌则是手写到聚酯或聚乙烯一类的塑料薄片上，后边的微弱灯泡一照，就是一个小灯箱，有利于在黑暗环境下看清文字。

但后来计算机普及，动物园没有人再手写说明牌；与此同时，社会公众在电子世界里也打不出这一生僻字。最开始，可能有人还暂时写为"耳郭狐"，指望后边有人可以造字，再修改；但是再往后，动物园要进一步更换说明牌，后来人也不了解情况，看着不对劲儿，觉得"耳郭"不对，应该是"耳廓"吧？再者它们的耳廓那么大，可能是"耳廓"，于是就直接改成了"耳廓狐"。与此同时，随着电脑、网络的使用，这一生僻字打不出来，也就将"耳廓狐"逐渐流行开来。但哪种狐狸没有耳廓呢？这样的物种称谓实在不妥。

在此，我也强烈建议，我们应该恢复"聊"字，也建议国家语言文字工作委员会将一批常使用的动物名称的汉字收入《通用汉字规范字表》；之后有望很快进入《新华字典》《现代汉语词典》之中，继而电脑、手机的输入法软件也会很快得到更新。这将极大地有利于科学传播、知识普及，对社会公众认识自然、了解物种、保护生态大有裨益。

我们继续来说《疯狂动物城》里的动物物种。

从猪商店里偷东西、卖盗版光盘的杜克（Duke Weaselton）是一只鼬。但有的影视介绍说它是老鼠，这太冤枉它了。鼬类是老鼠的天敌，是重要的捕鼠高手。在影片中，字幕翻译为黄鼠狼，这也非常不准确。它的体型非常小，且呈黄棕色，我们很容易锁定生活在北美（当然欧亚大陆北部也有）的两种鼬，即白鼬（*Mustela erminea*）和伶鼬（*Mustela nivalis*）。

白鼬的英文一般叫作 Stoat 或 Ermine，而伶鼬的英文是 Least Weasel，从英文名也可以看出伶鼬比白鼬小，伶鼬是世界上最小的鼬科动物。但是不是杜克就是一只伶鼬了呢？其实不然，我们鉴定物种时，一定要抓住明显的鉴定特征，杜克的尾巴尖儿有明显的黑色，这是白鼬的特征，由此暴露了它的真实身份。

可是，我们会有疑问，影片里管它叫 Weasel，而不是 Stoat或者 Ermine。其实，欧洲人叫它白鼬，但在北美洲，人们还把白鼬称作 Short‐tailed Weasel（短尾鼬）或索性叫 Weasel（鼬），就像欧洲人管驼鹿（*Alces alces*）叫 Elk，而北美人称其Moose 一样，这是不同的称谓习惯。另一个疑问是，既然叫白鼬，为什么不是白色的呢？其实，白鼬和伶鼬在冬季时，皮毛会变为白色，中国人还会把白鼬称为"扫雪"，把伶鼬叫作"银鼠"呢，这都说明了它们冬毛的颜色特点。

动物城警察局（Zootopia Police Department，ZPD）局长是牛局长（Chief Bogo），从牛角形态上很容易判断这是非洲水牛（*Syncerus caffer*），建议不要叫它"非洲野牛"。"水牛"对应的英文单词是 Buffalo、Anoa，对应的属是水牛属（*Bubalus*）和非洲水牛属（*Syncerus*）；"牛"或"野牛"则对应的英文单词为 Cattle、Bison，以及更多的牛属（*Bos*）的牛，例如 Banteng、Gaur、Yak 等，对应的属包括牛属、美洲野牛属（*Bison*）等。非洲水牛是"非洲五霸"之一，实际上也是最凶猛、最容易伤人的非洲大型动物之一，脾气非常大，也符合牛局长的角色设定；而且它的英文名博戈（Bogo）是不是就是英文 Bogon（虚伪的人、装腔作势的人）这个词衍变过来的呢？

狮子市长（Leodore Lionheart）的名字恰好把狮子的拉丁学名（*Panthera leo*）和英文名（Lion）都用上了。实际上，狮子曾经的分布范围非常广，并不局限于非洲，在西亚、阿拉伯半岛、中东，一直到印度、孟加拉国，甚至南欧都有狮子分布，但后来它们的数量急剧下降，除非洲以外，只有印度的吉尔（Gir）国家公园有亚洲狮（*Panthera leo persica*，亦称印度狮、波斯狮）。

2006 年 2 月 18 日，英国布里斯托尔动物园的亚洲狮

羊副市长（Dawn Bellwether），是一只家绵羊，由土耳其盘羊（*Ovis aries*）驯化而来。英文 Bellwether 就是系铃铛的公羊的意思，但这里却是只母羊。总之，它的名字代表领头羊，这

也符合角色身份。

关于其他的配角

影片字幕的翻译公司把那个俱乐部翻译为"自然主义者俱乐部"，似乎也是错误的，影片中是 Naturist Club，不知道译者是把 Naturist 当成了 Naturalist，还是故意避讳，翻译成了"自然主义"或"自然主义者"。直译的话，应该是"裸体主义者俱乐部"，在欧洲，特别是法国有一些这样的俱乐部，所有男女一起裸体游泳、裸体活动，就像影片中看到的很多动物裸体游泳、戏水、练瑜伽一样。而这个俱乐部的头儿是 Yax，显然是 Yak 的变体，即牦牛（*Bos grunniens*），当然也可能是野牦牛（*Bos mutus*），且牦牛等很多大型有蹄类动物都有很多牛虻或其他蝇类围绕在身体周围。

寻找丈夫心切的奥特顿夫人（Mrs. Otterton），其名字是水獭的英文 Otter 的变体，而且这是北美水獭（*Lontra canadensis*），英文是 North American River Otter。我看到有些人在解读动物时就叫作水獭，并且还给出了学名（*Lutra lutra*），看上去很专业的样子，但也搞错了。影片中的水獭，体型较小，脑袋更扁平，但与欧亚水獭（*Lutra lutra*）相比，根本就是两个不同属的种类，不同的"属"的概念怎么理解呢？可以粗略地理解为家猫和猞猁（猫属和猞猁属）、狼和狐狸（犬属和狐属）的关系。

现居西班牙的哥伦比亚著名歌星夏奇拉（Shakira，全名为 Shakira Isabel Mebarak Ripoll, 1977—　）为夏奇羊（Gazelle）配音，并唱主题曲：《尝试一切》（*Try Everything*）。这个角色名字的翻译非常有意思，且很到位。从其英文名 Gazelle 上不难看出，它是一只瞪羚。《疯狂动物城》里并没有明确交代是哪一种瞪羚，我查了国外的一些资料认为是汤氏瞪羚（*Eudorcas thomsonii*，亦称汤姆森瞪羚），英文为 Thomson's Gazelle。但从影片来看，夏奇羊的角更长，向两侧敞开的角度也比汤氏瞪羚要大，而且比较重要的一个鉴别特征是夏奇羊的胁部，注意，不是肋部，并不像汤氏瞪羚那样有明显的黑色条纹；而它反而更像另一种瞪羚，即格氏瞪羚（*Nanger granti*，亦称格兰特瞪羚、葛氏瞪羚），英文为 Grant's Gazelle。夏奇羊更符合格氏瞪羚的角形，以及没有黑色纵纹（不要叫横纹，老虎那样的竖条纹才叫横纹）的特征。

肯尼亚马赛马拉的
格氏瞪羚

警察局前台接待员本杰明（Benjamin Clawhauser）是一只猎豹（*Acinonyx jubatus*），英文名是 Cheetah，而不是花豹或金钱豹（*Panthera pardus*），英文名是 Leopard。我们可以从它黑色的泪痕判断，尽管它非常胖，但自然界的猎豹却是非常瘦的。这可能也是一个讽刺效果，故意调侃很多美国警察体重超标。发疯了的那只豹子，虽然是黑豹，但具体到物种的话，则是美洲豹（*Panthera onca*），英文则是 Jaguar。这几种"豹"容易让大家混淆，我们可以多留意它们的区别：身体轮廓、头颈与躯干比例，以及斑纹。

最后的新闻节目 ZNN，显然是山寨 CNN（Cable News Network，美国有线电视新闻网），其播音员是雪豹（*Panthera uncia*），英文是 Snow Leopard。在不同国家发行的不同版本的电影中，播音员的物种种类也不尽相同，各有特色。比如，中国版本的是大熊猫（*Ailuropoda melanoleuca*），美国、加拿大、法国、俄罗斯、墨西哥的版本是驼鹿（*Alces alces*）——很多人将其翻译为"麋鹿"，其实是错误的，澳大利亚和新西兰的版本是树袋熊（*Phascolarctos cinereus*，亦称考拉），巴西的版本是美洲豹，日本的版本是貉的日本亚种（*Nyctereutes procyonoides viverrinus*，可直接称为日本貉，翻译为日本狸是错误的；我们编写的《世界哺乳动物名录》已收录其为独立种，即日本貉 *Nyctereutes viverrinus*），而英国的版本则是一只柯基犬——因为这部电影显然是要致敬英女王伊丽莎白二世（Her Majesty Queen Elizabeth Ⅱ，1926—2022），她有两只威尔士矮脚狗（柯基犬）。

2017 年 7 月在肯尼亚马赛马拉保护区见到的猎豹

在医院里，和狮子市长交头接耳的那个食肉动物则是蜜獾（*Mellivora capensis*），英文名是 Honey Badger，并不是有的媒体上说的狗獾（*Meles leucurus*）、欧洲獾（*Meles meles*）或者美洲獾（*Taxidea taxus*）。

修路的工人则是美洲河狸（*Castor canadensis*），当然世界上还有一种欧亚河狸（*Castor fiber*）。按照常见美洲动物选取角色的原则，也应该是美洲河狸。

而朱迪租的房间，字幕翻译公司翻译为"穿山甲公寓"，也是错误的，因为那个老太太是九带犰狳（*Dasypus novemcinctus*），英文名是 Nine-banded Armadillo，而穿山甲的英文是 Pangolin。还有个亮点是朱迪的邻居是一对儿同性恋，它们则是两只角很大的羚羊。一只是走在前面的、角长而呈螺旋状的旋角羚（*Addax nasomaculatus*，亦称弓角羚），英文是 Addax；另一只是跟在后面的、角长而略弯的白长角羚（*Oryx dammah*，亦称弯角剑羚、弯角大羚羊、白沙长角羚），英文是 Scimitar Oryx。我见国外资料说两个都是阿拉伯长角羚（*Oryx leucoryx*），但从角型来看，显然不是一个种，而且白长角羚的可能性更大，因为直而长的角在顶端更显弯曲——当然，这是我仅凭印象回忆的。

《疯狂动物城》涉及的动物物种非常庞杂，还包括许多其他啮齿动物，有的很难具体到种，比如可能有大家鼠（黑家鼠或褐家鼠）、小家鼠、原仓鼠、豚鼠、旅鼠。当然，还有很多其他角色，比如非洲象（警察、卖冰激凌的店员）、亚洲象（练瑜伽的裸体者）、虎（警察、伴舞肌肉男）、黑尾角马（一大群过马路的行人）、豪猪（过马路的行人，肯定不是美洲豪猪）、家驴、家山羊、家猪、野猪、疣猪、单峰驼、驯鹿、长颈鹿、黑斑羚、黑犀、白犀、河马、普通斑马、棕熊、巨水獭、狼、黄鼬（据说真有黄鼠狼，但我没看见过）。

总之，这是一部动物种类非常丰富的动画片，希望您在观赏、欢笑的过程中，可以认识和喜爱更多的野生动物。

"狮子王"里的动物学

2019 年 7 月，美国迪士尼"真人版"或叫"真狮版"《狮子王》（*The Lion King*）掀起了暑假电影的一个小高潮，朋友圈已经被刷屏了。

2016 年 3 月，也是迪士尼的电影《疯狂动物城》热映的时候，我曾经写过《疯狂动物城里的动物学》在国家动物博物馆微信公众号上发表，得到了广泛的传播。这也促使我应该再来一篇《"狮子王"里的动物学》。

这个故事到底发生在哪里？

我在观影的整个过程中，一直在思考这个问题，"荣耀王国"（Pride Lands）到底在什么地方？结论是，它归根结底还是一部动画片，很多东西都是混搭的，在现实中是不可能存在这样的地方的。

从地理环境、栖息地、生态景观看，我们不难发现，影片中包含了东非大裂谷、乞力马扎罗山、东非稀树草原、非洲热带雨林、沙漠、火山熔岩地貌、河谷等等。主人公狮子辛巴（Simba）如果从一个生境到另一个生境，它必须要走上百公里，甚至几千公里才可能切换过来。更何况在它还是一头幼狮的时候，更不可能与娜娜（Nala，或译为娜拉），一起走那么远的路。

我们接下来用动物的分布区域来推断一下故事的发生地，即从动物地理学的层面来讨论一下。

狮（*Panthera leo*），俗称狮子、非洲狮。在历史上分布广泛，不仅非洲有狮子，亚洲也有；今天印度西部的吉尔（Gir）国家公园还有亚洲狮（*Panthera leo goojratensis*），亦称印度狮。而在非洲大陆，它们的家园也在不断萎缩，分布区越来越破碎化、岛屿化；目前主要集中在非洲东部、南部、西部的大约25个国家的零星地区。

2017 年 3 月，肯尼亚马赛马拉的一头年轻的雄狮

《狮子王》里的国王木法沙（Mufasa，或译为木法萨）、其弟刀疤（Scar）、其子辛巴，它们的鬃毛比较短而稀疏，特别

是刀疤的鬃毛更短，从这种形态上推断，它们可能是马赛狮（*Panthera leo massaicus*）。当然，刀疤鬃毛的特征，也反映出他的堕落、颓废和某种程度上的邪恶。

所以，从马赛狮上猜测，这个故事应该发生在东非，甚至主要是肯尼亚的马赛马拉（Masai Mara）和坦桑尼亚的塞伦盖蒂（Serengeti）。

再如，以长颈鹿的斑纹来判断。在影片中，长颈鹿的斑纹其实并不是十分显著的，也就是说鉴定种或亚种的特征不是十分明显。我注意到有文章指出影片里的长颈鹿是网纹长颈鹿（*Giraffa reticulata*），这个判断是错误的。网纹长颈鹿的"斑块"颜色较为明亮光鲜，呈红棕色，"线条"的部分白色显著，有"横平竖直"的感觉，不会呈现"弯弯曲曲"的样子。

这是一头马赛长颈鹿的幼崽。长颈鹿走路和跑步的时候通常是顺拐的

依据著名哺乳动物分类学家、澳大利亚国立大学教授科林·格罗夫斯（Colin P. Groves, 1942—2017）和英国哺乳动物学家彼得·格拉布（Peter Grubb, 1942—2006；他们二位在20世纪90年代末，曾来中科院动物所检视兽类标本，与我所

科学家进行合作）的 8 种长颈鹿分类系统（2011），从几个画面来看，我觉得影片中可能混搭了 3 种长颈鹿，即马赛长颈鹿（*Giraffa tippelskirchi*）、罗氏长颈鹿（*Giraffa camelopardalis*）和南非长颈鹿（*Giraffa giraffa*）。

所以，从长颈鹿上猜测，这个故事或许横跨了东非至南非的辽阔地区。

辛巴的朋友丁满（Timon）是一只细尾獴（*Suricata suricatta*），英文名为 Slender-tailed Meerkat 或者直接叫 Meerkat，常被错误地翻译成"猫鼬"；早年也常错误地翻译成"灰沼狸"，其实这种动物属于獴科，而非鼬科，更不是犬科或者灵猫科；有时也被叫作"狐獴"或戏称为"獴哥儿"。细尾獴分布于非洲南部，即南非、纳米比亚、博茨瓦纳等国。

英国伦敦动物园的
细尾獴

所以，从细尾獴上猜测，这个故事也许发生在非洲南部。

此外，影片中有一个和辛巴一起吃虫子的小动物，它叫黑红象鼩（*Rhynchocyon petersi*），亦称黑象鼩、黑褐象鼩、东非象鼩；英文为 Black and Rufous Elephant Shrew 或者 Black and Rufous Sengi。象鼩的外观酷似老鼠，或者鼩鼱，因为有个较长的鼻吻部，似大象鼻子一般，故名象鼩，英文亦如此对应。Shrew 的原意是泼妇、悍妇，而鼩鼱的雌性往往脾气暴躁，尤其是在繁殖期，可能会攻击，甚至咬死它不满意的雄性，甚至有的种类雌性之间经常大打出手，来争夺雄性。因此，后人将 Shrew 给了鼩鼱这类动物，便如是称呼也。

象鼩"自成一家"，是单独的一个类群，名曰象鼩目（Macroscelidea），与非洲鼩目（Afrosoricida）关系最近，甚至与蹄兔目（Hyracoidea）、长鼻目（Proboscidea）、海牛目（Sirenia）有着较近的亲缘关系；该目现生有 20 种。而鼩鼱是鼹鼠、刺猬的近亲，隶属于真盲缺目（Eulipotyphla，亦称劳亚食虫目）；所以，"象鼩非鼩"！

大英自然博物馆保存之黑红象鼩模式标本

黑红象鼩生活在森林、灌丛之中；它们分布在坦桑尼亚的东北部、肯尼亚最东南端，而这个区域几乎是没有狮子的。也就是说，辛巴与黑红象鼩几乎是不可能见面的。

所以，从黑红象鼩上猜测，这个故事应该发生在东非，甚至只能是坦桑尼亚的东北部。

在峡谷中，辛巴路遇大群的角马，他的爸爸木法沙被叔叔刀疤所害，摔下峡谷，并被狂奔的角马群践踏而死。

大英自然博物馆保
存的象鼩模式标本

　　如果按照传统的分类，这种角马是蓝角马（*Connochaetes taurinus*），亦称黑尾角马、斑纹角马、黑尾牛羚等。影片中的场景复原的是东非野生动物大迁徙，百万之众的角马过马拉河时的壮观情景——尽管河谷是干涸的，但奔腾的角马群与实际场景无异。按照 Groves 和 Grubb（2011）的分类，原来的蓝角马被拆分成了 4 种，即蓝角马、西白须角马（*Connochaetes mearnsi*）、东白须角马（*Connochaetes albojubatus*）、约氏角马（*Connochaetes johnstoni*）。因此，我们在影片中看到的是西白须角马，亦称塞伦盖蒂白须角马。

　　所以，从西白须角马上猜测，这个故事应该发生在东非，甚至主要是肯尼亚的马赛马拉和坦桑尼亚的塞伦盖蒂。

　　而鹫珠鸡（*Acryllium vulturinum*）与小辛巴、彭彭、丁满、黑红象鼩、婴猴、犬羚一起吃蠕虫，它的乱入又说明，与著名的塞伦盖蒂没关系。因为鹫珠鸡只生活在东非大裂谷的东部，分布在索马里、埃塞俄比亚东部和南部、肯尼亚东北部和东部，以及坦桑尼亚东北部。

所以，从鹫珠鸡上猜测，这个故事应该发生在东非，却又与马赛马拉、塞伦盖蒂无关。

我们只要看到这些动物，就可以知道它们的分布范围，但当我们把这些动物的分布区叠加在一起的话，您会发现"荣耀王国"简直大得惊人！但如果想锁定具体某一处位置的话，您会发现这里矛盾太多，根本无法作出精准的定位。

辛巴的国度，被称为"荣耀王国"，这里许多岩石被唤作"荣耀岩"——实际上就是火山岩，或者火山喷发之后形成的岩浆岩（火山岩也属于岩浆岩）。我曾有幸去过18次非洲，肯尼亚、南非、坦桑尼亚算是比较熟悉的，这几个国家给我印象最深刻的，"荣耀岩"最多、最典型的是坦桑尼亚。从我个人经验和直觉，以及所看到的动物来说，我大致认为肯尼亚的马赛马拉和坦桑尼亚的塞伦盖蒂是"荣耀王国"的主体部分；摄制组估计来过塞伦盖蒂采风、取景，并且他们融入了一些不在这里自然分布的动物种类，以及周围并不存在的生态系统。

或许未来咱们国家也可以拍一部《熊猫王》，把大熊猫、雪豹、朱鹮、丹顶鹤、扬子鳄、亚洲象、绿孔雀、台湾猴、天行长臂猿、中华穿山甲以及北京宽耳蝠……放在一个王国里讲述它们的故事。

大开场

在电影的开场画面中，着实令人震撼！风光旖旎的景色、丰富多彩的野生动物不断地映入眼帘，让我们目不暇接。拉菲奇（Rafiki，又作拉飞奇）是一只山魈（*Mandrillus sphinx*），他把辛巴高高举过头顶，最终形成了王国所有动物臣民向未来国王大朝拜的画面。这样的画面太有仪式感和震撼力！

大开场中的动物种类很多，我大约记得，包括前边提到的长颈鹿、角马、鹭珠鸡；以及非洲草原象（*Loxodonta africana*）、黑犀（*Diceros bicornis*）、猎豹（*Acinonyx jubatus*）、普通斑马（*Equus quagga*）、西汤氏瞪羚（*Eudorcas nasalis*）、肯尼亚绿猴（*Chlorocebus pygerythrus*）、非洲秃鹳（*Leptoptilos crumeniferus*）、小红鹳（*Phoeniconaias minor*）、牛背鹭（*Bubulcus ibis*）、非洲灰鹦鹉（*Psittacus erithacus*）、灰冠鹤（*Balearica regulorum*）等等。

其中，作为濒危级（EN）的非洲灰鹦鹉在这里就是乱入的，它们生活在中非、西非的热带雨林或者棕榈林、靠近湿地的树林间，是不可能来到东非稀树草原的。

非洲的火烈鸟主要是小红鹳和大红鹳（*Phoenicopterus ruber*），从快速的镜头但又可以看得到的喙来鉴定，应该是小红鹳。它的喙整体上呈暗红色，而大红鹳喙的前端是黑色的，其余部分很淡。

开场的时候，还有成群的长角羚，但现在长角羚分类变化也比较大。在东非，特别是肯尼亚、坦桑尼亚就有3种长角羚——东非长角羚（*Oryx beisa*），英文为Beisa Oryx，亦称东非剑羚；肯尼亚长角羚（*Oryx gallarum*），英文为Galla Oryx，亦称肯尼亚剑羚；穗耳长角羚（*Oryx callotis*），英文为Fringe-eared Oryx，亦称毛耳长角羚、穗耳剑羚。这3种长角羚都曾经是南非长角羚（*Oryx gazella*）的亚种，后来Grubb（2005）先把东非长角羚提升为独立种，再后来Groves和Grubb（2011）

又把东非的肯尼亚长角羚和穗耳长角羚再次提升为独立种。如果不仔细观察细节，是很难判断具体是哪一个物种的，因此，影片中的长角羚，实在不好说具体是哪一种。实际上，长角羚非常适应干旱的短草原及灌丛地带，在马赛马拉和塞伦盖蒂并没有长角羚。

这里再多说一句，南非长角羚，也叫南非剑羚、直角长角羚，它的英文是 Gemsbok。我上中学那会儿，记得在北京新街口的丁字路口的西南角有一家服装专卖店，叫"金犀宝"，英文拼作 Gemsboh，其 logo 就是一头奔跑的长角羚。

大开场之中还有一类是捻角羚，原来隶属于林羚属（*Tragelaphus*），这个属也已经被拆分。《狮子王》中出现的可能是大捻角羚属（*Strepsiceros*）或小捻角羚属（*Ammelaphus*）的种类，前者有 4 种，后者有 2 种。生活在塞伦盖蒂的主要是南小捻角羚（*Ammelaphus australis*），英文为 Southern Lesser Kudu。

不起眼儿的小老鼠

影片开始的时候，引出刀疤出场的是一只小老鼠，给它镜头的时间还挺长——一旦镜头长，导演必有用意。它出现过两次，第一次它自由自在地窜来窜去，但误入洞穴之中，差点儿成了刀疤的小点心；第二次，刀疤死掉之后，万物复苏，小老鼠又可以自由地生活。小老鼠似乎不起眼儿，但这种前后呼应的效果很有用意。

这只老鼠刚一出现的时候，我一眼认出了它，因为在东非、西非地区，它是一种比较常见的啮齿动物。它的名字是斑草鼠（*Lemniscomys striatus*），英文为 Typical Striped Grass Mouse。这种小老鼠背部棕灰色，有黑色的纵纹，背部中央的黑纹特别明显，而且比较喜欢白天活动。

如果您有机会去东非看野生动物的话，说不定在公路中途的休息站停留的时候就可以碰到它们。

羚羊不都是 Antelope

在我听《狮子王》的英文对白中，多次出现 Antelope 这个词，翻译为羚羊，当然是没有问题的。但是当画面在我们眼前的时候，那些羚羊并不是 Antelope，主要的却是 Gazelle。所以，我猜英语世界的人，可能也傻傻分不清。

广义、笼统地，可以叫作 Antelope，泛指所有羚羊；但在动物学专业领域里，叫 Antelope 的羚羊其实并不多。一共只有 6 种，它们是四角羚（*Tetracerus quadricornis*），英文为 Four-horned Antelope；倭新小羚（*Neotragus pygmaeus*），亦称小岛羚、王羚，英文为 Royal Antelope；贝氏新小羚（*Neotragus batesi*），亦称贝氏岛羚、矮羚，英文为 Dwarf Antelope 或 Bates' Pygmy Antelope；马羚（*Hippotragus equinus*），英文为 Roan Antelope；南貂羚（*Hippotragus niger*），英文为 Southern Sable Antelope；罗氏貂羚（*Hippotragus roosevelti*），英文为 Roosevelt's Sable Antelope。

原来，我国的藏羚（*Pantholops hodgsonii*，俗称藏羚羊）曾叫作 Tibetan Antelope，但现在英文名为 Chiru。

电影中多次出现的羚羊是瞪羚，英文为 Gazelle。原来我们常说的汤氏瞪羚或汤姆逊瞪羚，现在分为西汤氏瞪羚和东汤氏瞪羚（*Eudorcas thomsoni*）。西汤氏瞪羚亦称塞伦盖蒂瞪羚，英文为 Serengeti Thomson's Gazelle；东汤氏瞪羚的英文则为 Eastern Thomson's Gazelle，乞力马扎罗山下，即安博塞利（Amboseli）国家公园见到的瞪羚就是它。"东汤"比"西汤"体型更大，羚角也更长。这些物种的分化，都与东非大裂谷有关，巨大的鸿沟使物种之间减少了基因的交流，直至彻底没有交流，使物种向不同方向发展，进而演化成新的物种。

角马、斑马和瞪羚，是东非野生动物大迁徙的三类明星物种，只要您有机会去东非稀树草原，都有机会见到它们。

和辛巴有过一次对话，说他是"假狮子"的是塞伦盖蒂黑面狷羚（*Damaliscus jimela*）。黑面狷羚是一类神经质的动物，在影片中也是如此，通常比较怕人；当您在东非看动物的时候，越野车一般很少可以接近它们。

小狮子与其他小动物

辛巴小时候与其他小动物快乐地生活玩耍，他与小猎豹一起奔跑，在水边与小象戏水，还有小河马、小黑犀、小长颈鹿。他为了躲避犀鸟沙祖（Zazu）的监护，混进了幼年的普通鸵鸟（*Struthio camelus*）的群体中，成群的缟獴（*Mungos mungo*，亦称条纹獴、非洲獴）也簇拥着辛巴。还有一大群织雀（*Ploceus*，亦称织布鸟、织布雀），把沙祖带跑偏了；织布雀飞得太快，无法鉴定是什么种。

辛巴在吃昆虫长大期间，他有了一批"饭友"。前边提到了黑红象鼩、鹭珠鸡；此外还有土豚（*Orycteropus afer*），字幕居然写成了"土猪"（难道是台湾或者香港翻译的?）；若按照塞伦盖蒂分布区算的话，那只婴猴应该是东非比较常见的塞内加尔婴猴（*Galago senegalensis*，亦称小婴猴），不过它只在夜晚活动，白天则躲在树洞里睡大觉。

蝠耳狐（*Otocyon megalotis*，亦称大耳狐），它们的牙齿简单，是一种以白蚁为主要食物的狐狸。不过，据研究，非洲东部的蝠耳狐 85% 的时间为夜行性，非洲南部的蝠耳狐只有在夏季才夜行性，冬季则昼行性。我去过多次非洲，见到蝠耳狐却只有两次，那还是太阳已经落山的时候。

犬羚也属于乱入，居然也一起吃起了昆虫的幼虫。它们是一类小型羚羊，生活在稀树草原的灌丛地带。在东非可以见到汤氏犬羚（*Madoqua thomasi*）、卡氏犬羚（*Madoqua cavendish*）、史氏犬羚（*Madoqua smithii*）等。

智慧、胆识、勇敢、忠诚

我非常喜欢的配角是山魈拉菲奇和黄嘴弯嘴犀鸟沙祖。拉菲奇是充满智慧的老者，并且在最关键的时刻开导辛巴，给予他很大的启迪和帮助。在辛巴和娜娜被斑鬣狗围困的时候，在娜娜准备逃出去寻找外援的时候，沙祖都义无反顾地勇敢站出来，为他们解围，掩护他们逃跑。这些行动足以体现沙祖的勇敢与忠诚。

山魈是世界上最大的猴科动物，但拉菲奇可能年纪比较大了，所以故意将他的形象弄得比较瘦弱。在自然界一头雄性山魈的体重可达 25 千克，其面部鲜艳的蓝色和红色，证明了它体格健硕和基因优良；发达的犬齿一旦龇出来，又看上去面貌狰狞，故有"魈"（鬼怪之意）之称。灵长类动物都非常聪明，拉菲奇的智慧和胆识在影片中有了很好的体现。最后他拿出自己多年的"打狗棍"，痛打鬣狗们，也叫人称快！

犀鸟也是一类聪明的鸟类，主要分布在亚洲和非洲的热带地区。非洲的一个重要分支就是弯嘴犀鸟，它们的体型普遍较小，嘴的弯曲程度比亚洲近亲们要更明显。沙祖是一只黄嘴弯嘴犀鸟，现在分为 2 种，分布于非洲东部和东北部的是东黄嘴弯嘴犀鸟（*Tockus flavirostris*），分布于非洲南部的是南黄嘴弯嘴犀鸟（*Tockus leucomelas*）。

丁满和彭彭

细尾獴丁满和疣猪彭彭（Pumbaa）是最有喜感的两个角色。他们与辛巴相识，正是一群非洲白背兀鹫（*Gyps africanus*）或黑白兀鹫（*Gyps rueppellii*）准备把辛巴当尸体吃掉的时候。这里说的兀鹫，就是老百姓常说的"秃鹫"；这两种兀鹫现在都被 IUCN 评估为极危级（CR）。

吃饱喝足的非洲白背兀鹫在休息，它们也会张开翅膀进行日光浴

丁满和彭彭从此与辛巴成为了好朋友，可以说，在辛巴最失落、最无助的时候，他们出手相助，为"王子复仇"起到了很大的助力作用——《狮子王》的主要故事情节，其实就是改编自英国戏剧家威廉·莎士比亚（William Shakespeare, 1564—1616）的"四大悲剧"之一的《哈姆雷特》（*Hamlet*，亦称《王子复仇记》）。

细尾獴在前边已有介绍，作为一种集群的社会性动物，成天跟疣猪混在一起，也是颇有个性的。

彭彭是一头普通疣猪（*Phacochoerus africanus*），除了北非撒哈拉沙漠、西非和中非的热带雨林之外，它几乎在非洲大陆到处都有分布，足见其适应性很强。雄性疣猪上下颌均有外露的发达的犬齿，即獠牙，它们力量很大，一旦愤怒，其爆发力、攻击力绝对让狮子、花豹"望猪兴叹"！我有一次亲眼见到一头花豹（*Panthera pardus*）被一头疯狂的雄性疣猪顶翻在地，真是领教了疣猪的力量！所以电影中，彭彭背着丁满将一个个鬣狗掀翻在地，这算是他正常发挥啦！

丁满的原型是生活在非洲南部的细尾獴

彭彭的原型为非洲
的普通疣猪

还有一种沙漠疣猪（*Phacochoerus aethiopicus*，亦称荒漠疣猪）生活在索马里、埃塞俄比亚、肯尼亚的沙漠或半沙漠干旱地区。

鬣狗其实很可爱

《狮子王》里的反派人物除了刀疤，就是那群鬣狗了。他们的头头儿是一只雌性斑鬣狗（*Crocuta crocuta*），名字叫桑琪（Shenzi）。早年的翻译，经常把鬣狗统一称作土狼（鲁迅先生曾音译为海乙那），但其实在鬣狗科中有一个物种确实叫土狼（*Proteles cristatus*），但它非常温顺，几乎没有攻击力，主要以白蚁、蚂蚁为食。

土狼和其他鬣狗均隶属于食肉目猫形亚目鬣狗科，换句话说，鬣狗虽然叫狗，但其实它们更接近于猫；因此，遵照本书书名之主旨，也在此强调"鬣狗非狗"也！

除土狼和斑鬣狗之外，还有两位成员：褐鬣狗（*Parahyaena brunnea*，亦称棕鬣狗）和缟鬣狗（*Hyaena hyaena*，亦称条纹鬣狗）。它们其实都没有我们想象的那么邪恶和可怕。相反地，很多人到了非洲见到鬣狗的时候，都会说它们看上去还是很可爱的，尤其是幼年鬣狗，大头、大耳、大眼、大鼻头，更加"萌萌哒"！

斑鬣狗的社会结构是典型的母系社会，群体中地位最高的是一头雌性，也就是桑琪那样的女王，而且这头雌性首领的体型也是最健壮的。

很多人觉得鬣狗不劳而获、贪得无厌，其实这些都是误解。研究发现，斑鬣狗并不主要以腐肉为食，相反，它们食物中近80%的组成都是自己捕捉而来。我在肯尼亚见过一次一大群斑鬣狗围攻普通大羚羊（*Tragelaphus oryx*）的情况，那是在清晨；但一般在白天的时候，很难见到成大群的鬣狗，基本都分散开来，各自为营。

非洲常见的斑鬣狗，白天常见它们独自活动

还有一些提及的动物

在这次"真狮版"《狮子王》电影中，还出现了蓝胸佛法僧（*Coracias garrulus*，亦称欧洲佛法僧）。一只雄鸟带回辛巴的毛发作为巢材，然而马上被雌鸟满脸嫌弃地扔了出来。肯尼亚还有一种国鸟叫紫胸佛法僧（*Coracias caudatus*），它们羽毛的结构反射、折射出来的光线，使它们呈现了异常靓丽的青、蓝、紫等颜色。

丁满第一次见到沙祖的时候，误认为他是 Puffin，我看电影字幕里翻译为"海鸟"，其实这个指的是海鹦属（*Fratercula*）鸟类。

辛巴和爸爸提到的 Impala 是黑斑羚（*Aepyceros melampus*），但在电影画面中好像并不多，然而在非洲它们却是一种广泛分布的羚羊。

小辛巴还见过变色龙捕捉蜻蜓。变色龙的正规名称叫作避役，全世界 150 多种避役，仅马达加斯加就占了三分之二；东非也有四五十种。或许影片中的是一只约氏三角避役（*Trioceros johnstoni*），俗称杰克森变色龙；不过，我已经忘了这只变色龙长什么样了，鉴定可能有误。

有些昆虫就纯属乱入了。非洲没有切叶蚁亚科（*Myrmicinae*）的种类，它们只分布在拉丁美洲，但画面中多次出现过切叶蚁的镜头。我似乎还见到了小辛巴追逐的大甲虫，可能是一头双叉犀金龟（*Trypoxylus dichotomus*），俗称独角仙，这也是中国、日本以及一些南亚、东南亚国家的种类。

最后聊主角狮子

在西方世界，狮子一直以来被尊为"百兽之王"；但是在东方，则将老虎尊为"百兽之王"。即使国人说起狮子，我们似乎也很了解，但《狮子王》里的狮子们却不符合自然界中的真实所在。

一个狮群，一雄多雌。辛巴和娜娜，明明就是亲兄妹，后来坠入爱河，违背常理；如果娜娜不是辛巴的亲妹妹的话，木法沙早就会把娜娜杀死了，这是在狮子中经常发生的弑婴行为，杀的不是自己的亲骨肉，而是上一个狮王留下的后代。

非洲狮仨兄弟的关系非常亲昵

辛巴战胜刀疤，重新成为国王，但这事儿也很尴尬。狮群中的雌性通常会留在群体内，而雄性都要离开原来的家庭，重新寻找其他狮群，并去争夺王位。

《狮子王》的故事来源于莎士比亚的名剧《哈姆雷特》，也被称作《王子复仇记》。故事在人的世界中很正常，当完全成为狮子的世界的时候，就会有各种违背自然的情况出现。

在观影的同时，我们来了解一下野生动物的本身，会让我们对大自然有更深刻的认识。

斯瓦西里语小知识

山魈拉菲奇经常说科萨语（Xhosa），这种语言是南非的主要语言之一，也是官方语言之一。而山魈仅分布在中非的喀麦隆、刚果、赤道几内亚和加蓬；一个生活在中非的山魈会说南非的话，就足见其十分了得！

凡是去过肯尼亚的朋友，我相信对《狮子王》中的斯瓦西里语（Kiswahili or Swahili）一定特别有共鸣和感觉。影片中充斥着斯瓦西里语，因为几乎所有角色的名字其实都是斯瓦西里语。

歌曲中的"Hakuna Matata"就是"没有问题""不必担心"的意思。辛巴（Simba）是"狮子"；妈妈沙拉碧（Sarabi）是"幻影"；拉菲奇（Rafiki）是"朋友"；彭彭（Pumbaa）是"傻瓜"；桑琪（Shenzi）是"野蛮"……

最后，有两点小建议：一定要去欣赏当年特别火的乐队——Beyond 的斯瓦西里语歌曲"Amani"，歌词 Amani，Nakupenda，Nakupenda Wewe，Tunataka Wewe，就是和平，我爱你，我爱你们，需要你们。另一点，大家若对非洲野生动物有兴趣，特别是在观影的同时，欲鉴定其中各物种的话，建议参考阅读《东非野生动物手册》——吴海峰和我合著之书（中国大百科全书出版社，2021）。

再议"黄鼠狼给鸡拜年"

黄鼬

Mustela sibirica

2017年，十二年一遇的农历鸡年又到了，但有两种动物的风头却盖过了新年的主人公——鸡。这个鸡年，火了的不是鸡形目鸟类，而是食肉目兽类。一个是老虎，另一个是黄鼠狼。关于宁波老虎的事件，我在新浪微博（用户名：国家动物博物馆员工）上发的一条微博的阅读量780多万；而关于黄鼠狼的也有220多万。可见，这两种动物确实受到了不小的关注。

老虎的事情暂且不说，但是黄鼠狼的事情，和鸡更密切，且很多问题没有谈透，仍然有不少网友或公众对"黄鼠狼给鸡拜年"这个歇后语在科学上有一定误解。那么，我和时为北京林业大学自然保护区学院（现为生态与自然保护学院）的硕士研究生吴海峰（现就职于《中国国家地理》杂志社博物品牌运营中心）共同为大家搜集一些资料，来进一步介绍黄鼠狼的那些事儿。

缘起

大年三十这一天，我们和大家一样在群里给亲朋好友祝福，同时也看到各种微信群、朋友圈中陆陆续续转发的一张图片，并配有不同版本的文字，大致是："终于等到鸡年了。哈哈哈 给大家拜个早年"。人们普遍认为这只小动物是黄鼠狼，并且用"黄鼠狼"来拜年，预示鸡年的临近。可以看出，始作俑者，有些幽默和智慧；于是乎，得到众人的共鸣和喜爱而快速传开。

但只要是见过黄鼠狼的人都会觉得这张照片中的"黄鼠狼"有些奇怪。它的身体并不很"黄"，而是棕色或褐色；腹部也不是黄色，而是白色。这显然不是真正的"黄鼠狼"，而是它的近亲——伶鼬（*Mustela nivalis*）。

到了正月初一早上的时候，我发现转的人更多了。因此，就在当日上午十点半，我发了微博和朋友圈："大家不要再转这张照片了！这个不是黄鼠狼，图片拍摄于英国，是伶鼬（*Mustela nivalis*），虽然中国也有，但并不是真正的黄鼠狼。黄鼠狼指的是黄鼬（*Mustela sibirica*）。"由此，得到了网友的关注。

黄鼠狼指的是什么？

我们通常说的"黄鼠狼"到底应该是什么动物？是谁开始使用"黄鼠狼"这个名字，并把它传播开来的呢？

这个就需要做一些考证的工作。还好，中国科学院动物研究所研究员黄复生先生（1932—2021）主编的《中国古代动物名称考》刚出版不久（科学出版社，2016），为我们提供了便于检索的工具和一些有价值的线索。

查"黄鼬 *Mustela sibirica*"物种，有如下古代名称——鼪（shēng）、黄鼠狼、鼠狼、地猴、艾猴。

两晋时期的著名学者郭璞（276—324），曾为《尔雅》《方言》《山海经》等多部书籍作注，他那个时候所提及的"鼪"，即指鼬或鼬鼠，通常就是我们今天说的黄鼬。南朝梁·顾野王（519—581）《玉篇》、北宋·邢昺（932—1010）《尔雅注疏》中也提到了"鼪"。

而对"鼪"有怎样的解释呢？郭璞注到："江东呼鼬鼠为鼪，能啖鼠，俗呼鼠狼。"也就是说，它是因为吃老鼠，而被叫作"鼠狼"的。那么，还要反推"鼬"是什么？回过头来，我们还得查我国第一部辞书——《尔雅》。

《尔雅·释兽》中有一个"寓属"，归纳了几种有鼠字部首的动物。很多后来的训诂学者，貌似大多认为"寓属"指的是猕猴、猴类或者灵长类，所谓"寄寓木上，故曰寓"。寄寓就是寄居、居住、栖息的意思。当然，这样解释也不算错，但对古人定义的这个概念，还是有些狭隘了。实际上，我认为，寓属，就是一类善于攀援或者树栖的哺乳动物，按照今天的说法，就是依据生态类型或生活习性给动物分类，相当于游禽、涉禽、陆禽的概念。

《尔雅·释兽》中说得很清楚："今鼬，似貂（diāo），赤黄色，大尾，啖鼠。江东呼为鼪。音牲。"从简单的形态描述，不难想象，这里解释的物种，确实应为黄鼬。

那么，有人会问"貂"又是什么东西？这个"貂"字，同貂，就是我们今天说的貂属（*Martes*）物种。从这里也可以看出，古人是把鼬和貂（貂）加以区分的，但是今人能把这两个属的物种仔细区分开来的恐怕少之又少了；譬如，分明是林鼬（*Mustela putorius*）的人工驯化的品种，大家都喜欢叫作"宠物貂"或"雪貂""安格鲁貂"。

宋代的一批古籍，则沿用了前人的说法，把鼬或黄鼬称之为"鼠狼"；可参观北宋·陆佃（1042—1102，陆游之祖父）《埤雅》、南宋·罗愿（1136—1184）《新安志》、南宋·陈耆卿（1180—1236）《赤城志》等。

清代称之为"地猴""艾猴"的也有不少，例如陈大章（1659—1727）《诗传名物集览》，刘于义（1675—1748）等监修、沈青崖（1691—？）等编纂的《陕西通志》等。

而"黄鼠狼"这个名字的出现可能最早见于成书于东汉时期的《神农本草经》，书中解释到："鼬，一名黄鼠狼。又名鼪鼠。又名□鼠。又名地猴。"

让黄鼠狼这个名字更广泛地传播的，恐怕是明·李时珍（1518—1593）的《本草纲目》，可以说这是中国影响力最大的一部"博物学"著作了。《中国古代动物名称考》中称《本草纲目》卷五一下（兽部），使用了"黄鼠狼"。

《本草纲目》对黄鼬还有很多介绍："按《广雅》，鼠狼即鼬也。此物健于搏鼠及离畜，又能制蛇虺（huǐ，毒蛇）。""鼬，处处有之，状似鼠而身长尾大，黄色带亦，其气极臊奥。""鼬鼠心肝，气味臭，微毒，治心腹痛，杀虫。"

从古籍中不难发现，我们的古人对黄鼬这个物种很早便认识得非常清楚。黄鼠狼，就是黄鼬。

好友张旭（张小蜂）
救护的一只幼年
黄鼬
（张旭　摄）

但是今天，广义的"黄鼠狼"似乎被更多的人接受。这让我想起了电影《疯狂动物城》，把小偷杜克（Duke Weaselton）翻译成"黄鼠狼"的问题。有不少译者，几乎见到 Weasel 就都翻译成黄鼠狼。由此，"黄鼠狼"又成了所有鼬属，甚至鼬科动物中的部分种类在新时期下的代名词。

白鼬和伶鼬

写到这里，我又情不自禁地想把我曾经写的《疯狂动物城里的动物学》，介绍白鼬和伶鼬的文字摘抄如下，或许大家可以加深对鼬类动物的了解——

从猪商店里偷东西、卖盗版盘的杜克（Duke Weaselton）是一只鼬。但有的介绍说他是老鼠，那就太冤枉他了。鼬类是老鼠的天敌，是重要的捕鼠高手。在片子中，字幕翻译为黄鼠狼，也非常不准确。他的体型非常小，且呈黄棕色，我们很容易锁定生活在北美洲（当然欧亚大陆北部也有）的两种鼬，即白鼬（*Mustela erminea*）和伶鼬（*Mustela nivalis*）。

白鼬的英文一般叫作 Stoat 和 Ermine，而伶鼬的英文是 Least Weasel，从英文名也可以看出伶鼬比白鼬还小。但是不是杜克就是一只伶鼬了呢？其实不然，我们鉴定物种的时候，一定要抓住显著的鉴定特征！杜克的尾巴尖儿有明显的黑色，这个是白鼬的特征，由此暴露了他的真实身份。

可是，您会有疑问，影片里管他叫 Weasel 啊，不是 Stoat 或者 Ermine。其实，欧洲人管白鼬是这么叫，但在北美洲，人们还把白鼬称作 Short-tailed Weasel 或索性叫 Weasel，就像欧洲人管驼鹿叫 Elk，而北美人叫 Moose 一样，是不同的称谓习惯。另一个疑问是，既然叫白鼬，为什么不是白色的呢？原来，白鼬和伶鼬在冬季的时候，皮毛都会变为白色，而白鼬尾尖端为黑色，伶鼬尾尖端仍为白色；我们中国人还会把白鼬称为"扫雪"，把伶鼬叫作"银鼠"呢，这都说明了它们冬毛的颜色特点。

黄鼬的身世

黄鼬的拉丁学名中的种本名或种加词是 *sibirica*，暗示了它的发现地（模式标本产地）可能在西伯利亚。1773 年，德国著名生物分类学家彼得·西蒙·帕拉斯（Peter Simon Pallas, 1741—1811）将采自阿尔泰西部的标本命名为 *Mustela sibirica*，实际上这里并不是严格的西伯利亚。而分布于我国新疆北部和内蒙古东北部的黄鼬，均归为指名亚种。

但其实，黄鼬的主要分布区要比西伯利亚更靠南：欧亚大陆中东部的北纬45°~60°之间，以及中国中东部和南部地区都是它们的分布区。

黄鼬利用的生境也极为复杂、多样，几乎除了我国新疆的沙漠地区以及青藏高原的贫瘠荒凉地区之外，它们可以生活在祖国的各个角落，包括原始森林、次生林、森林草原、平原和山地地区，当然还少不了村庄、耕地附近，乃至城市的角落。但数量最多的地区，也是我国最为富庶的地方，例如长江中下游平原、华北平原和东北平原等；其次，是秦岭、四川盆地和东南沿海丘陵地区；而其他省区的数量则明显较少。

黄鼬一般属于夜行性，特别是冬季喜欢在晨昏活动，但其他时候也会在白天活动，如果没有人类的干扰的话，白天活动也很频繁。据《中国动物志 兽纲 第八卷 食肉目》记载，5—6月间，哺育幼鼬期，母鼬白天活动更频繁。6—7月间，幼鼬出巢，由母鼬带领，昼夜活动。

黄鼬每年2—4月发情，雄性可与数只雌性交配。妊娠期因不同地区，而时间各有长短；例如，在原苏联为28~30天，在我国辽宁为33~40天，在江苏则为40天左右。长江下游地区多在5月产仔，每年5~6只，少则2~3只，多则11~13只。

我们身边的黄鼬

通过这些科学文献，我们不难看出，黄鼬是一种善于在城市环境中生活的食肉类动物。或许，很多人都与黄鼬有过各种邂逅和缘分。

张小蜂将这只黄鼬饲养大后将其放归野外
（曹禹 摄）

我和海峰从小都在北京长大，即使在市中心的胡同，还是楼房小区的环境，黄鼠狼总能与我们不期而遇。

记得上初中的时候，我在一楼院子里养了两只白兔。一天中午，我在床上躺着休息，并正对着阳台门。眼瞅着，一只小白兔飞速地蹿出，后面紧跟着一只黄鼠狼。我急忙起身，大吼大叫，吓走了黄鼠狼。还有一次，我眼看着一只黄鼠狼从窗户根儿的棚子上探出脑袋，与我对视了几秒钟。

即使今天，在北京的许多公园、大学校园或者小区，例如北海公园、奥林匹克森林公园、北京师范大学和北京林业大学校园中都可时常见到黄鼬的身影。它们或光天化日之下，觅食于枯枝落叶之中；或月黑风高之夜，穿梭于大街小巷之间。

就在去年（2016 年），吴海峰也有这样的经历：“一个夏日的傍晚，我竟然亲眼看到一只黄鼠狼在树上，我发现它的时候它也正盯着我，对视一秒之后它便纵身一跃跳进了高高的草丛中消失不见了。"看似平日里只在地面活动的黄鼠狼其实也会爬树！那么它爬到树上是去做什么呢？是去树上寻找食物了吗？

黄鼠狼岂止给鸡拜年

或许您没听说过黄鼠狼爬树，但一定听说过"东方宝石"——朱鹮（*Nipponia nippon*）。它们的老家位于秦岭南麓的陕西省洋县。之所以说洋县是朱鹮的老家，是因为它们曾在北京动物园人工繁育，后又重引入到洋县之外的陕西省其他地方，以及河南、浙江等地，还有日本、韩国等国家。如今，朱鹮的种群数量已为 7000 余只（2017 年写本文时为 2600 余只），它们都是中科院动物所鸟类学家刘荫曾先生（常写为"增"）带领的考察队于 1981 年在洋县发现的那 7 只朱鹮的后代。

这 7 只朱鹮在刚被发现时生存所面临的重大挑战之一，便是来自天敌的威胁，这其中就包括黄鼬。因此，保护区工作人员及当地老百姓会在朱鹮筑巢的树干上裹上滑滑的塑料布、铁皮或涂上黄油，戴上伞形罩，甚至挂上层层刀片，树周围洒上硫黄……防止蛇或黄鼠狼爬上树取食朱鹮的雏鸟或卵。由此可见，黄鼠狼会对在树上筑巢的鸟类的雏鸟，以及鸟卵的安全造成威胁。

黄鼠狼能爬树取食雏鸟或鸟卵，那么在条件允许的情况下，取食在地面筑巢鸟类的雏鸟及卵就更不是问题了。

在甘肃莲花山国家级自然保护区中，生活着一种仅分布于我国甘肃、青海及四川的珍稀濒危鸟类——斑尾榛鸡（*Bonasa sewerzowi*）。斑尾榛鸡与朱鹮同为国家一级重点保护野生动物，体型大小与家鸽近似；但与朱鹮不同的是，斑尾榛鸡在大树底部的凹坑中筑巢繁殖。在莲花山保护区，中科院动物所孙悦华研究员、方昀老师等科研人员使用红外摄像设备至少记录了两起黄鼠狼袭击斑尾榛鸡成鸟的案例。聪明的黄鼠狼不但能独自猎杀斑尾榛鸡，甚至为了安全地享用猎物，它们还会将斑尾榛鸡拖到洞中。连成鸟都能捕杀，就更不用说几乎没有反抗能力的雏鸟和鸟卵了，只要能发现并悄无声息地接近猎物，猎物几乎没有还手之力。

"黄鼠狼给鸡拜年"，正常而非常态

但黄鼠狼并非只生活在远离城市、乡村的人口稀少的区域，正如前文所说，在人口高度密集的北京城市中，以及其他很多城市里，我们甚至也能见到黄鼠狼的身影；在几十年前这些地区尚处于未开发阶段时存在的黄鼬种群可能更大，甚至会时常"闯入"人类的势力范围，并与家养动物发生"亲密接触"。

与黄鼠狼关系最密切的笼养动物莫过于家鸡了。我们时常能听到谁家一年有多少只鸡被黄鼠狼吃掉的传闻，有时还会抓住黄鼠狼给鸡"拜年"的现行：黄鼠狼会咬住鸡脖子喝血，还能咬住鸡头部的某个部位操控鸡的行走方向，甚至能魅惑意志不坚定的人。也正是由于这种与人类"亲近的"关系，加之一些与黄鼠狼有关的"封建迷信"或神话传说的存在，因此在许多地区，人们将黄鼠狼尊为"黄大仙"。

无论封建迷信的传闻是否真实，但黄鼠狼能杀死、吃掉包括家鸡、家鸽、鹦鹉在内的家养鸟类却是不争的事实，而且在全国各地都广泛存在。勤劳智慧的中华民族也总结出了一系列办法来减小黄鼠狼对家鸡的伤害：半夜里听到鸡叫很有可能是黄鼠狼来了，就要到鸡舍中去巡视检查；严防死堵尽可能多的漏洞；在黄鼠狼经常出没的地方下铁夹子；而被人们认可最多的办法似乎是养狗和家鹅，因为狗和家鹅具有很强的领域性，对闯入领地的动物具有很强的驱逐性。

黄鼠狼对笼养动物的侵害不但发生在鸡舍、鸽舍中，在动物园、繁育中心等单位也时有出现。

曾几何时，在北京动物园，黄鼠狼给鸡拜年的事情就经常发生。除了性情剽悍的几种马鸡（马鸡性情有多剽悍？可参观我和吴海峰之前写的"五德之禽"一文），其他几种雉鸡类基本都曾有过个体被黄鼠狼侵犯案例，尤其是它们的卵。黄鼠狼还经常偷吃喂给其他动物的鸡蛋。在北京市野生动物救护中心也曾有过黄鼠狼吃掉黄腹角雉雏鸟的情况。而在北京猛禽救助中心，曾经也发生过疑似黄鼠狼捕食体型较小、体质较弱的受助猛禽的案例。当然，随着人们采用主动堵漏的办法，这些现象现在已大为好转。

那么，为什么黄鼠狼会经常出没于鸡舍和动物园等地呢？要知道在野外遇到野生的朱鹮、斑尾榛鸡，并成功抓住可以自由活动、且活动能力较强的成体是多么的困难（但也不是不可能，例如生病或体质较差的个体），但抓住活动能力较差的雏鸟或卵就相对容易多了；而在笼养条件下，笼舍位置相对固定，鸟类密度较野外更大，且大多从小被束缚在相对封闭的环境中，活动范围较小、活动能力较差，因此如果不是自己有能力反抗甚至反攻的话，恐怕难以躲过黄鼠狼的尖牙厉爪。

家鸡不但是人类的食物，更是生活在鸡舍周遭的黄鼠狼的重要食物。成群的肥美多汁的家鸡中总有一两只相对弱小，它们在人类的庇护之下几乎丧失了野外生存必备的技能，加之笼舍空间有限，更使得它们没有太多的反抗余地，限制了家鸡的逃窜。因此，如果没有人、狗或鹅的及时出现，鸡群中死伤一两只几乎是必然的结果。

所以说，"黄鼠狼给鸡拜年"是一种正常的现象。

黄鼠狼的主要食物不是家鸡

作为一种演化了千百万年的鼬科动物，它的演化史、自然史，它的生物学、生态学上的属性，决定了：黄鼬的主要食物是啮齿动物，而不是家鸡。

这方面，早已耄耋之年的华东师范大学生命科学学院教授、著名兽类学家盛和林先生（1930—　）早在 20 世纪六七十年代，就做了大量工作研究黄鼬。

我们今天比较容易检索到的是盛先生在 1983 年第 3 期《大自然》杂志撰写的一篇科普文章——《黄鼬功大过小》。您写到：

我们曾在江苏、上海、浙江、安徽、湖北、河南、吉林、黑龙江、内蒙、山西、河北等主要产区解剖过 4978 只黄鼬的胃，发现它们主要吃老鼠、蛙类和昆虫，也吃些蛇、蜥蜴、小杂鱼，甚至蜗牛、蚂蟥、蚯蚓等无脊椎动物。在食物严重缺乏时，个别的也以带甜味的芦苇根和薯块充饥。在解剖中，仅发现两个胃有家禽，一个胃内有幼家兔。

为什么盛和林先生对 4978 只黄鼬的解剖研究中却"仅发现两个胃有家禽"呢？该研究取得的样品虽然来自我国从南到北的很多省份，但在文章中并没有说明样品具体的采集地，是

89

城市？农村？还是未被人类开发，甚至人类不曾涉足的生境？是在距离鸡舍多远的距离内？鸡舍是简陋的，还是牢固的？要知道，在这些地区，家鸡的密度存在很大差异，这也许将对研究结果产生直接影响。

北京师范大学生命科学学院教授董路博士（时为副教授）在看到我的朋友圈之后，也留言，表达自己的观点。他表示："黄鼠狼一般不偷鸡，是因为想偷而偷不到，如果给它机会，它很可能会偷鸡吃。"另一方面，人类的活动，如耕种和储存粮食会促进鼠类密度的增加，从而为黄鼬提供了更多、更易获得的食物，而使得黄鼠狼更愿意接近人类。鸡舍的破绽与否也决定了黄鼠狼是会经常去"拜年"，还是很难去"拜年"。所以，这些数据是否可以说明黄鼠狼就不偷鸡呢？

我通过上海自然博物馆何鑫博士，与盛和林教授取得了联系。盛先生表示：研究的黄鼬样本大多来自当时广泛存在于全国各地的毛皮收购站，而这些黄鼠狼则由各地的猎人从多种生境中、通过各种办法猎捕、猎杀得到；而在 4978 个样本中，只有 2 个能通过形态明显鉴别出胃容物中存在家鸡的羽毛或喙，但这并不代表其他的黄鼠狼没有捕杀过家鸡等其他家禽，或胃中没有家鸡的残留物。但限于当时技术条件有限，能够进行如此大规模的调查研究，也不得不令人钦佩！

另外，且不论样本来自全国各地，即使是生活在同一个鸡舍周围的黄鼠狼，也很有可能会因为个体差异（包括个性、体质等）而导致对闯入鸡舍捕食家鸡这一行为的表现有所不同，用一句俗语来说，就是"撑死胆儿大的，饿死胆儿小的"；更何况，虽然我们经常能听到黄鼠狼进入鸡舍捕杀家鸡的案例，但我们并不知道在周围环境中究竟存在多少只黄鼠狼，更不知道在黄鼠狼的整个分布区分布着多少只黄鼠狼，因此很难给整个黄鼠狼家族的所有个体扣上一顶相同的帽子——黄鼠狼以家鸡为主食。更何况黄鼠狼分布范围广大，不同的环境中食物差别明显，甚至也会随季节的变化有所不同；因此，黄鼠狼对食物的选择或许也存在差异。

总之，高密度的家鸡群为生活在鸡舍周围的黄鼠狼提供了唾手可得的食物，虽然这对人类经济生产造成了一定损失，但毕竟黄鼠狼同人类一样也是这片土地的土著居民，它们只不过是顺手享用了人类通过自己的劳动富集的食物——家鸡。

类似黄鼠狼捕食高密度的人类食物的案例还有很多，例如以褐家鼠（大家鼠）为代表的老鼠，它们在人类聚集区附近也大量存在，并以粮仓中取之不尽的粮食等人类的食物为食；在粮食收割存入粮仓之前，人们似乎还要小心以蝗灾为代表的昆虫灾害对粮食的危害。如果人类"防守"不当，那么在粮食丰收的年份蝗虫或老鼠似乎也可能大量出现，随之而来的是，它们的天敌，包括各种鸮形目鸟类（猫头鹰），甚至包括黄鼬也会大量繁殖。这就是食物链的神奇之处。当然，奇伟的大自然也会通过更加复杂的食物链、食物网来保证这些捕食者与被捕食者关系的动态稳定。

但似乎从源头打破这一平衡的，还是我们人类，只不过我们同时也为这些野生动物创造了同样有利于它们生存的环境罢了。而同样是人类劳动生产的粮食蔬菜，我们愿意给鸡、鸭、鹅享用，却不愿意和老鼠、蝗虫分享；同样是家鸡，我们愿意远道而去喂给野生动物园的老虎狮子，却不愿意和鸡舍周围的黄鼠狼分享。这并不奇怪，毕竟粮食和家鸡都是我们辛勤劳动的产物。

黄鼠狼是人类的朋友，而非敌人

盛和林教授负责撰写了《中国动物志 兽纲 第八卷 食肉目》中的"黄鼬"部分，先生用较长的篇幅分析黄鼬的食性。毫无疑问，就这个物种而言，黄鼬的主要食物是啮齿动物，而不是家鸡。但同时，盛先生也指出："某些黄鼬可能经常盗食家鸡，甚至一次咬死多只，成为特殊的有害个体。"

关于为什么黄鼬即使不吃也要咬死大量的鸡的问题，我个人有些思考——包括有时候我们可以从新闻中获悉，雪豹、狼把羊圈的很多只绵羊咬死，但也不吃就走掉了，是一回事儿。虽然这方面未见翔实的论据或相关科研论文，但是我推测，这是食肉动物在发挥着控制食草动物的生态功能，但食肉类并不会有目的地或刻意地"为了杀死多余的鸡或羊"而发生这样的行为，那就成了"目的论"而非"进化论"了。

而当捕食者进入一个空间相对封闭或狭小的环境内，被捕食者之种群密度极高，可能会为捕食者带来神经系统的兴奋，或是某些激素分泌过旺，甚至内分泌紊乱而大开杀戮之心；从而控制被捕食者的种群密度。对于食肉动物来说，这样做的好处或许就是"吃饱了撑的"而想"搞点儿事情"？抑或在"娱乐"？在精神享受？还是释放自己的压力？总之，在演化上，食肉类这样做肯定会对生态、种群有很多好处——控制食草类的种群数量，减少种群密度，从而减少病原微生物的传播，保障食草类的健康水平；而且在一定"环境容纳量"范围内，密度过高毕竟会过度地消耗草本、禾本等食物资源，从而导致草场或栖息地退化。

　　一言以蔽之，食肉动物控制食草动物的种群数量，最终最大的好处还是食肉动物自身可以获得长期、持续的食草动物，也就是保证它们的"食品安全"。捕食者与猎物的动态关系是动物生态学研究领域的经典课题；以上"黄鼠狼多咬死鸡"的问题之答案，也仅为我的"假说"或推断而已。基于不同方法和层面的研究必将会给出更科学、更严谨的结论。

　　我们切记，不要因为黄鼠狼"给鸡拜年"，就彻底否定黄鼠狼的"功劳"。对动物的评价，万万不可强加入人们的主观态度。之于自然界，每一个物种都是有益的，都在发挥它们各自的作用，更没有所谓的益虫害虫、益鸟害鸟、益兽害兽之分。

　　致谢：在文章写作过程中，我和吴海峰得到了有关机构相关老师、同仁的帮助，他们是：华东师范大学盛和林教授、陕西汉中朱鹮国家级自然保护区段文斌先生、中国科学院动物研究所方昀先生、北京师范大学董路教授、北京动物园王曦女士、北京市野生动物救护中心陈月龙先生（现在南京市红山森林动物园工作）、北京猛禽救助中心张率女士、上海自然博物馆何鑫博士等。

只为多识一个字

我们在动物园或网上各种渠道，经常会邂逅这样一种小动物：它的身躯矮小，体色淡黄，有一对超大的竖直的耳朵，看上去萌萌哒；它是一种小型狐狸，人们都叫它"耳廓狐"。但这个名字是近一二十年来被误传的、不准确不规范的中文名称。其实，这种狐狸的中文正规名应该是聊狐，读音同"郭"。这个字在电脑里打不出来，所以，很多人写为"耳郭狐"或"耳廓狐"。

2016 年，美国迪士尼动画片《疯狂动物城》热映，当时这只小狐狸特别火爆！它是该片中的一个配角，叫作芬尼克（Finnick，由该物种的英文名演绎而来），他装扮成主人公尼克的儿子，一起去骗购冰棍。特别是芬尼克的小飞象造型，为本尊再次赢得了无数萌点。

我后来写了一篇文章《疯狂动物城里的动物学》，发表在国家动物博物馆微信公众号里（本书亦收录进来），其中介绍过这种狐狸。无独有偶，当年果壳网的新媒体主编陈旻兄，网名"花落成蚀"，人称"花蚀"，也在果壳网的微信公众号里发了一篇文章《〈疯狂动物城〉里有哪些好玩的动物?》（2016年3月5日）。而就在花蚀的文章里，也专门强调，这种狐狸应该叫作聊狐。

花蚀在文章中说："当年搞动物学的老先生都喜欢用生僻字，有时生僻字不够逼格还会自己造出复杂的字来。"这句话，其实说得并不准确。

首先，今天之所以很多人认为有许多生僻字，是因为我们受到的语文教育，为我们简化掉了、省略掉了很多汉字。《新华字典》《现代汉语词典》，以及《通用规范汉字表》或《通用规范汉字字典》等工具书或国家颁布的汉字标准之中，有大量的汉字没有收入，包括今天普遍使用的众多动物名称——也造成了今天科学普及、科学传播方面的诸多不便（比如电脑或手机上根本打不出字来）。若在民国时期，那些字都是要学习或者是经常要使用的，例如我国台湾和香港地区的动物园、水族馆，甚至新加坡的动物园或水族馆都延续着传统名称，例如聊狐、棉顶狷（xū）、玃狙狓、短尾鱊（bó）、鸡鸰、鶆䴈(lái'ǎo)、大麻鳽（yán，旧作"鳱"）等。这使我想起了一件事，当年有人问钱锺书先生为什么不招研究生，钱先生回答得很干脆，现在的学生连字都认不全呢！从另一个角度也是在批评，我们把太多的汉字变成了"生僻字"，反而不让学生去学习了。

其次，老先生也不是说偏好于生僻字，非要喜欢用它们。应该说，这是一种科学、文化的继承和延续，遵循着一种学术传统。我们现在能够看到的最早的一部关于动物名称的工具书应该就是《动物学大辞典》了。该书由商务印书馆出版，官方给出的初版时间是民国十二年十月，即 1923 年；但是，北京动物园首任园长（当时称主任）谭邦杰先生多次在《哺乳动物分类名录》提到的该书的出版时间则为 1922 年。书的英文名写得非常清楚——*Zoological Nomenclature：A Complete Dictionary of Zoological Terms*。亲爱的读者们！大家看看 100 年前，编写字典的那些人的英文水平——没有直译书名，却把这本书的英文名称翻译得准确到位！我们不妨把这几位编著者姓名照抄如下，以示对他们的敬意，版权页是按姓氏笔画为序，他们是：杜亚泉、杜就田、吴德亮、凌昌焕、许家庆等诸位先贤。其中，凌昌焕和许家庆二位先生在 1918 年编译出版过《新撰动物学教科书》。

在《动物学大辞典》中，聊狐的名字就写得很明白，并对这个物种解释如下：

> 形似狐。产于北非洲及埃及等处。体长不及一尺。尾蓬松。耳极大。毛色概淡黄褐，有时殆为乳白色。穴砂而居，日伏，夜出索食，嗜鸟卵与昆虫。

短短的几行字，把该物种的体形、分布范围、体型大小、外部形态特征、生活习性等各方面都介绍到了。鉴于当时的分类认识，拉丁学名为 *Canis zerda*，隶属于犬属。

即使到了 1973 年，我们中国科学院动物研究所编写的《拉汉兽类名称》（科学出版社），也写得很清楚——聊狐，拉丁学名 *Vulpes zerda*，英文名 Fennec Fox。1992 年，谭邦杰先生在《哺乳动物分类名录》中用的也是聊狐。

而且我们要感谢谭先生之于科学普及的贡献，因为这部工具书是在动物园系统普遍使用的，所以 20 世纪 90 年代，国内动物园凡是饲养过这种狐狸的，都使用聊狐这一名称。在我小时候，去北京动物园夜行动物馆参观，我记得清清楚楚，说明牌上的名称就是聊狐。又观《北京动物园志》，记载聊狐的首展时间为1989年11月12日，1990年11月22日"聊狐一胎产4仔，为首次繁殖成功。"2002年，中国林业出版社出版的这部志书还在叫聊狐。那后来为什么就变成"耳廓狐"了呢？

我想，最主要的原因是电脑打不出字，导致以讹传讹。以前动物园的铭牌，多用手工书写，写在不同材料上，有的甚至还要烧在瓷砖上。后来动物园逐渐对铭牌进行更新，不再手写，改为机打，聊字打不出来，就将"耳"和"郭"拆成了两个字，打字为"耳郭狐"。再后来，其他工作人员不了解情况，看上去不对劲儿啊，以为是之前的同事写错别字了，就把郭字加了广字头，成了"廓"。随着动物园叫法的兴起、网络的快速传播，就演变成了今天的"耳廓狐"。

当初改名者考虑不周。为什么不想一想所有狐狸都有耳廓啊？干嘛叫它耳廓狐呢？哪怕叫"耳阔狐"也算合理嘛，至少代表耳朵大啊！此外，按照今天的词语规范新要求，"耳廓"也应改为"耳郭"了，后者为规范词语［参观《现代汉语词典》（第7版），商务印书馆，2016年］。

再有，搞动物学的老先生们从来没有自己随便造字的——我仅知一例，就是李四光先生（1889—1971）研究的一类有孔虫化石，造了一个"𰕔"字，但李先生并不算动物学家。无论是编兽名的谭邦杰（1915—2003）、汪松（1933—　）先生，还是编鸟名的郑作新（1906—1998）、郑光美（1932—　）先生，或是编两爬名的胡淑琴（1914—1992）、赵尔宓（1930—2016）、费梁（1936—2022）先生，抑或编鱼名的成庆泰

（1914—1994）、郑葆珊（1921—1985）先生……我们所见到他们编写的"拉汉英名称"基本是在20世纪五六十年代和90年代出版的，但很多是《动物学大辞典》名称的沿用，有的则作了补充修改，对于确实极为偏僻、不易理解的名称作了替换。

2011年11月6日，我去看望郑作新先生夫人郑陈嘉坚先生、儿子郑怀杰先生。郑夫人继续修订了《世界鸟类名称》以规范鸟类名称

今天我们看到的动物名称最起码是可以在《康熙字典》中查到那些汉字的，并不是老先生们后造的，例如狨的近亲"猯"、巨嘴鸟的规范叫法"䴙䴘"、美洲鸵的规范叫法"鹅鹋"［已被收入《现代汉语词典》（第7版）］、金刚鹦鹉的规范叫法鹈鹕（màigāo）……特别是这些鸟类的名称都是音译的，但《康熙字典》中都有汉字，且都解释为鸟名。这些工作也不得不佩服那些近现代的翻译家或生物学家！

就聊狐来说，《康熙字典》对聊字的解释为："《玉篇》古霍切。音郭。大耳也。"

正是因为它们世世代代生活在北非撒哈拉沙漠地区，适应了高温干旱的环境，大耳利于散热，这是阿伦规律（Allen's

rule）的胜利！

大耳意味着大头，使这种狐狸成为了又一萌物，特别是《疯狂动物城》播出之后，聊狐的非法贸易明显上升。鉴于聊狐被列入《濒危野生动植物种国际贸易公约》（CITES）附录Ⅱ，按照国家二级重点保护野生动物管理，任何个人未经野生动物主管部门批准，所有交易都属于违法行为。

任何动物"萌"的背后，也都有"凶"的一面。切记，不要随便购买和饲养野生动物。还是学知识、学文化最快乐！

最后，希望国家语言文字工作委员会或者字典、词典的编著者可以考虑将一批动物名称的汉字收入《通用规范汉字表》或相关的字典、词典之中，希望更多的动物名称不再成为"生僻字"。

成语中的动物知识

自 2012 年 12 月始，我曾经为人民教育出版社之《漫画科学》杂志写过一个短暂的专栏，共计 6 篇关于成语的文章，均涉及"成语中的动物知识"；分别发表于该刊 2013 年第 1～6 期，后来由于种种原因，就没有续写；再往后，据说这本杂志停刊了。我对这 6 篇小文做了一些修订，重新刊于本书，以飨读者。

管中窥豹

在人民教育出版社小学《语文》二年级上册，有一个成语叫"管中窥豹"，同学们对此一定印象深刻。

这个成语是怎么来的呢？原来，在大约 1500 年前的我国南北朝时期，有一位叫作刘义庆（403—444）的人写了本书——《世说新语》，书中记载："王子敬数岁时，尝看诸门生樗

（chū）蒲（pú），见有胜负，因曰'南风不竞'，门生毕轻其小儿，乃曰：'此郎亦管中窥豹，时见一斑。'"

王子敬（344—386）是东晋书法家王羲之（303—361）第七个儿子，本名王献之，子敬是他的字。当他只有几岁的时候，围观几个玩樗蒲的人。樗和蒲都是植物，樗指臭椿（*Ailanthus altissima*），蒲指香蒲（*Typha orientalis*）或菖蒲（*Acorus calamus*）；樗蒲则是古代的一种游戏，有点儿类似我们今天玩的掷色子（shǎi zi）或骰子（tóu zi）。但当时王献之还年幼，对这个游戏并不精通，在一旁指手画脚地对人家说："你要输了。"这位门生当然不高兴，便对他说："在竹管里看豹子，只能见到一个斑点而已。"以此告诫王子敬，你只能看到事物的局部，不能看到它的全部，也就不能预测未来发展的结果。

从这个成语中我们也不难发现豹子斑纹的特点，在古代也是家喻户晓的。今天，我们时常把时装界流行的一种纹饰称作"豹纹"。然而，管中窥豹的"豹"到底是指哪一种豹子呢？

豹、豹子、花豹、金钱豹、雪豹、云豹、猎豹、美洲豹、黑豹，甚至豹猫，它们的名字中都有"豹"字，但这些"豹"却各有千秋，与众不同。"豹子"可以泛指各种叫作"豹"的猫科动物，有时也用来专指"豹"（*Panthera pardus*）这一物种。

豹、金钱豹和花豹则是一回事，我们通常简称为"豹"，英文是 Leopard，学名是 *Panthera pardus*；因为它的斑纹酷似古代的铜钱，因而一般唤作"金钱豹"。在非洲，很多人则习惯叫它"花豹"。

雪豹（*Panthera uncia*）的英文名是 Snow Leopard，它的皮毛厚而蓬松，保暖性能非常好，生活在高山之巅；其斑点较大，中空。

云豹，英文名为 Clouded Leopard，顾名思义，它的斑纹似云朵，每个斑块都很大。因为有人认为其斑纹也像龟甲或者荷叶，所以还有很多别名，诸如乌云豹、龟纹豹、荷叶豹、樟豹等。现生有 2 种：云豹（*Neofelis nebulosa*）和巽他云豹（*Neofelis diardi*）。巽他云豹是 2006 年被确定的新种。

猎豹（*Acinonyx jubatus*）的英文名是 Cheetah，身体上的斑纹是实心的黑点。它也是动物界最负盛名的短跑冠军，最高速度可以达到每小时 120 公里，但一般追逐猎物时的奔跑时速在 80~100 公里；在 3 秒之内，它可以把速度从 0 提升到 100 公里每小时！

美洲豹（*Panthera onca*）又叫美洲虎，英文是 Jaguar。它的体形比较"矬"，斑块较大，而且黑色圆圈之内也有黑点。

黑豹不是一个具体的物种，而是泛指黑化的豹。黑化是一种变异，或者说，是一种色型，是黑色素分泌过多导致的黑色素沉着。金钱豹和美洲豹都有黑化的个体，均可以称作黑豹。

至于豹猫，只是拥有貌似金钱豹的斑纹的猫而已。以豹命名的动物还有很多，例如豹纹变色龙（*Furcifer pardalis*，亦称豹纹避役）、豹纹睑虎（*Eublepharis macularius*，亦称豹纹守宫）等。

然而，我们进一步考证发现，猎豹生活在非洲和西亚，美洲豹生活在美国南部至南美洲，这些都是我国古人几乎不会去的地方，也就不可能见到这两种豹。雪豹生活于中亚、青藏高原，南北朝人乃至大部分中国古人也都没有见过雪豹。云豹虽然生活在我国南方，但一般居住在密林深处的树层之上，不喜欢下地，也不爱接近人类。

只有金钱豹的分布范围最广，从非洲到亚洲，有 9 个亚种之多。自古以来，在我国也是最常见的一种豹子。它们甚至经常闯入人家，捕杀家畜。所以，我们有理由相信，"管中窥豹"的豹正是指金钱豹。众所周知，金钱豹是国家一级重点保护野生动物，但在我国的数量已经非常稀少。现在，如果读者们想用管子窥看豹纹的话，恐怕只能去动物园或博物馆啦！

此外，我们若再较个真儿的话，"管中窥豹"真的就不好吗？如果我们用"管""窥"每一只豹的同一个位置的豹纹，那么这也是动物个体识别的一个标准做法呢！正如世界上没有完全一样的两片叶子，也没有完全一样的斑马纹，那么世界上也没有完全一样的两个豹纹。所以，同一个部位的豹纹，可以作为识别不同个体的依据，便于科学家统计种群数量，观察它们的行为，了解它们的社会关系。

画蛇添足

蛇年说到关于蛇的成语，大家最为耳熟能详的恐怕就是"画蛇添足"了。

在春秋战国时期，南方有一个诸侯国——楚国。相传，楚国的一个祭祀者办完祭祀典礼后准备把祭酒赏给前来帮忙的客人，这些门客发现酒水有限，几个人喝的话不够，一个人喝的话又多，于是有人建议说："数人饮之不足，一人饮之有余。请画地为蛇，先成者饮酒。"于是，大家一起画起蛇来。其中有一人，笔头儿迅速，先行画完，拿到了酒壶。但他并没有喝，看到别人还在画，他就想"吾能为之足。"便开始给蛇添起足来。想必这人添的不是四足，画作"龙样"，而是添了若干只足，画作"蜈蚣样"了，否则不可能耽误很长时间呀！

就在他添足的时候，另外一位画蛇者画完了，抢过了酒壶，说："蛇固无足，子安能为之足？"遂饮其酒。后来演变为成语"画蛇添足"，比喻有些人自作聪明，常做些多余且错误、荒谬的事儿，反而把好事儿变成了糗事儿。

这个故事出自西汉末年著名经学家、文学家刘向（前77—前6）撰写的《战国策》，主要记述战国时期军事家的战略思想，以及各诸侯国的社会现状、风土人情等。

在秦始皇一统天下之前，诸侯割据，出现了齐、楚、燕、韩、赵、魏、秦七个国家，即"战国七雄"。其中，楚国的面积是最大的，包括今天的湖北、湖南、重庆、河南、安徽、江苏、江西、浙江、贵州、广东等省份。"画蛇添足"的故事发生在今天的哪个省哪个县很难考证了，但当时人们画的是哪种或哪类蛇却是一个有意思的"科学问题"。

上一个蛇年，也就是12年前，我写过一篇文章，那时候记载我国有蛇209种（刊于2001年1月22日《北京晚报》）。而12年过去了，现在（2013年）中国蛇类的种类增加到了246种，包括盲蛇科6种、筒蛇科1种、闪鳞蛇科2种、蟒科1种、蚺科1种、瘰鳞蛇科1种、蝰科34种、游蛇科173种、眼镜蛇科27种。（注：本书出版之前，又查阅资料；根据2020年统计，我国蛇类，即有鳞目蛇亚目为18科73属265种；参观：王剀、任金龙、陈宏满、吕植桐、郭宪光、蒋珂、陈进民、李家堂、郭鹏、王英永、车静，2020，中国两栖、爬行动物更新名录，生物多样性，28：189－218。DOI：10.17520/

biods. 2019238.；具体更新如下：盲蛇科 5 种、蚓科 2 种、筒蛇科 1 种、闪鳞蛇科 2 种、蟒科 1 种、瘰鳞蛇科 1 种、闪皮蛇科 9 种、钝头蛇科 11 种、蝰科 47 种、水蛇科 4 种、屋蛇科 2 种、眼镜蛇科 28 种、游蛇科 70 种、两头蛇科 4 种、食螺蛇科 4 种、水游蛇科 65 种、斜鳞蛇科 7 种、剑蛇科 2 种。我本来想直接用更新的数据，但是从 2001 年的 209 种，到 2013 年的 246 种，再到 2020 年的 265 种，把这几个数字放在这里，可见我国包括蛇类在内的两栖爬行动物分类学有了很大变化，这是令人激动的事情！）

由于楚国囊括华中、华东、华南、西南等多个省份，这些地方也是我国蛇类多样性最丰富的地区。我们稍作统计便发现，楚国拥有 150 多种蛇类，约占中国蛇类种数的一半以上。

那么如此众多的种类，楚国人画的蛇究竟是哪一种呢？按照常理，老百姓对蛇的印象就是那些常见的种类。其实，蛇的种类庞杂，但常见的种类却是有限的。楚国常见蛇种，估计有：尖吻蝮（*Deinagkistrodon acutus*）、短尾蝮（*Gloydius brevicaudus*）、菜花原矛头蝮（*Protobothrops jerdonii*，俗称菜花烙铁头）、福建竹叶青蛇（*Trimeresurus stejnegeri*，属名现为 *Viridovipera*，俗称竹叶青）、黑脊蛇（*Achalinus spinalis*）、翠青蛇（*Cyclophiops major*）、赤链蛇（*Dinodon rufozonatum*，现为 *Lycodon rufozonatus*）、双斑锦蛇（*Elaphe bimaculata*）、王锦蛇（*Elaphe carinata*）、黑眉锦蛇（*Elaphe taeniura*，曾一度为 *Orthriophis taeniurus*，曾称黑眉曙蛇、黑眉晨蛇）、乌华游蛇（*Sinonatrix percarinata*，现为 *Trimerodytes percarinatus*）、灰鼠蛇（*Ptyas korros*）、滑鼠蛇（*Ptyas mucosa*）、乌梢鼠蛇（*Ptyas dhumnades*，简称乌梢蛇）、银环蛇（*Bungarus multicinctus*）、舟

山眼镜蛇（*Naja atra*，简称眼镜蛇）等。

如果从楚国的发祥地、始都丹阳（今在何处，有不同说法，如湖北省丹江口市、河南省淅川县等）以及楚国后来的都城、政治经济文化中心郢（yǐng）都（今湖北荆州市）的地理位置来看，以上种类的可能性也最大。但按照老百姓把常见蛇种通称为"草蛇"的习惯，在这些常见蛇种之中，身体颜色为棕褐色或黑褐色的种类主要是黑眉锦蛇、滑鼠蛇、乌梢蛇、短尾蝮等，这四种差不多也是在乡间地头或老百姓家的周围最常见的种类。

另外，老百姓一般不喜欢毒蛇，据此猜测，"画蛇添足"中的蛇，最有可能的是黑眉锦蛇、滑鼠蛇或乌梢蛇。

鹤立鸡群

众所周知，"鹤立鸡群"是形容一个人的才华、外表、能力与周围的人明显不同、十分突出、特别显赫的意思；其同义词有"出类拔萃"。

早在近 1700 年前的东晋，出现了一位绘画大师、雕塑家、音乐家，叫作戴逵（326—396）。他的著作《竹林七贤论》第一次使用"野鹤之在鸡群"，从而成了该成语最早的出处。

原来，在魏晋时期有七位杰出的文人，被唤作"竹林七贤"，其中"带头大哥""精神领袖"是思想家、音乐家嵇康（224—263）。他的儿子嵇绍（253—304）遗传了父亲的优良基因，天资聪慧，英俊潇洒。

有一天，有人告诉嵇康的好友、"竹林七贤"之一的王戎（234—305）："昨于稠人中始见嵇绍，昂昂然若野鹤之在鸡群。"后来晋惠帝时，嵇绍官至侍中，相当于宰相之位。嵇绍对惠帝无比效忠，在多次战乱中，他都一直保护惠帝，直到最终被乱箭穿心，战死沙场。

后来，在南朝·宋·刘义庆（403—444）撰写的《世说新语·容止》之中也有记载："有人语王戎曰：'嵇延祖（嵇绍）卓卓如野鹤之在鸡群。'""鹤立鸡群"这一成语由此流传开来。

鸡群很好理解，在有钱人家或老百姓家中，家鸡随处可见，屋前房后成群结队，用现在的流行语"矮矬穷"恰可形容之。而鹤，正是"高富帅"或"白富美"的写照。

东晋的首都建康，其实就是今天位于我国江苏省的南京市。在古代，江浙一带常见的鹤类还是比较多的，例如著名的"仙鹤"——丹顶鹤（*Grus japonensis*），以及白鹤（*Leucogeranus leucogeranus*）、白头鹤（*Grus monacha*）、白枕鹤（*Grus vipio*）、灰鹤（*Grus grus*）、蓑羽鹤（*Anthropoides virgo*）。

直到今天，在江苏省盐城市，还有一个专门保护丹顶鹤等候鸟的珍禽国家级自然保护区。在魏晋南北朝时期，无论是嵇康、嵇绍父子，还是戴逵，肯定是可以直接观察到"野鹤"的。而这野鹤就有可能是以上6种鹤类，特别为人耳熟能详的非丹顶鹤莫属。众所周知，丹顶鹤频繁地出现在文人墨客的诗词歌赋、绘画音乐、雕刻雕塑之中，尽管"松鹤延年"是文人们的想象，而非事实——鹤类生活在沼泽、湿地环境，不会栖息在松树林中，它们也不具备可以站立在树枝上的脚趾结构。

无论是中原文人，还是江南才子，他们所说的"鹤立鸡群"几乎不可能是黑颈鹤（*Grus nigricollis*）和赤颈鹤（*Grus antigone*）；因为这两种鹤，前者生活在青藏高原和云贵高原；后者生活在云南东部和南部，现已在我国地区性灭绝，而它的主要分布区在印度和印支半岛的部分地区；所以，这两种分布于我国的鹤类，很少在我国古代文人、学者的视野里，除非如藏族诗人仓央嘉措（1683—1706）那样，经常讴歌的是黑颈鹤。

赤颈鹤是世界上最大的鹤，我国云南曾有分布，现已在国内绝迹

而我国还有一种沙丘鹤（*Grus canadensis*，亦称加拿大鹤），更是一种很难被发现的"野鹤"，因为它在我国自古以来就没有常住户口的户籍，至今只是偶见的迷鸟。

以上所说的9种鹤就是我国所有的鹤类种类。世界上还有另外6种鹤类，生活在非洲、澳洲、北美洲等地。它们是美洲鹤（*Grus americana*）、澳洲鹤（*Grus rubicunda*）、黑冠鹤（*Balearica pavonina*，亦称西非冠鹤、戴冕鹤、黑冕鹤、西非冕鹤）、灰冠鹤（*Balearica regulorum*，亦称东非冠鹤、戴冕鹤、灰冕鹤、东非冕鹤）、肉垂鹤（*Bugeranus carunculatus*）、蓝鹤（*Anthropoides paradiseus*，亦称大蓑羽鹤）。这些鹤类也肯定不会出现在我国的成语之中。

由此可见，成语"鹤立鸡群"最适合于我国本土的"鹤代表"是丹顶鹤，"鸡代表"是家鸡（*Gallus gallus domesticus*）。二者搭配才能真正体现这个成语的意境。但是，有的读者会问，我想见到差异极其显著的例子。例如，只要把世界上15种鹤类中体型最大的赤颈鹤请出来，与世界上300多种鸡形目鸟类中最小的种类——鹌鹑（*Coturnix japonica*）放在一起，它们便是个头差异极显著的代表了。倘若把体型最小的鹤——蓑羽鹤，与体型最大的鸡——蓝孔雀（*Pavo cristatus*）放在一起，它俩的个头儿几乎差不了太多，那么，成语"鹤立鸡群"就完全失去了它所要表达的效果了。

飞黄腾达

"张老师，您今天怎么不讲动物的成语啦?"有的同学看到这个成语一定会这样问。老师被小编"整得够呛"，小编说《漫画科学》登了讲植物颜色的成语，要老师给同学们讲一讲有颜色的动物成语。

这可难坏了老师。植物的颜色五彩缤纷，形容花朵的成语比比皆是，但动物界中虽然不乏五颜六色的种类，但乍一想，还真是想不出什么。以前听说过云中白鹤、杳如黄鹤，但是我们已经介绍过鹤类了。翻遍《成语大词典》，果然找出了一些与颜色有关的动物成语：空谷白驹、白云苍狗、白璧青蝇、青蝇吊客、蝶粉蜂黄……这些成语看上去就知道是在说动物，没什么深度，老师今天要讲个"深邃地"——

"唐宋八大家"的首席是韩愈（768—824），被后世称为"文章巨公""百代文宗"。晚年官至吏部侍郎，相当于现在的国家人事部门，比如人力资源和社会保障部的副部长，但是古代吏部是管理高官的，所以也相当于中央组织部、中央纪委等部门。

他的儿子韩符当然属于官二代，少年时特别贪玩，不愿读书。韩愈作《符读书城南》诗以示教诲："两家各生子，孩提巧相如。少长聚嬉戏，不殊同队鱼……三十骨骼成，乃一龙一猪。飞黄腾踏去，不能顾蟾蜍。"韩愈希望爱子今后可以像"飞黄"般快速地腾飞、前进。"飞黄"正是一种动物，不是会飞的黄蜂（正规名应为胡蜂），而是人类臆想的一种"神马"。

古人爱马，为马赋予了很多美名，按照不同年龄、性别、身高、颜色、用途等划分得十分细致，从汉字中可见其传统的分类，诸如驹、驳、骁、骅、骊、骏、骝、骅、骢……毫不夸张地说，两百多个有"马"部首的汉字都跟各类马有关。

西方人的想象力不如中国人厉害，他们的天马、人马还要插上翅膀，而中国的"飞黄"没有翅膀也能飞。那么，它的原型是什么动物呢？现在，马科动物有 10 种：非洲野驴（*Equus africanus*）、蒙古野驴（*Equus hemionus*，亦称亚洲野驴）、印度野驴（*Equus khur*）、藏野驴（*Equus kiang*）、欧洲野马（*Equus ferus*）、普氏野马（*Equus przewalskii*，亦称蒙古野马）、细纹斑马（*Equus grevyi*，亦称格氏斑马、狭纹斑马）、哈氏斑马（*Equus hartmannae*）、普通斑马（*Equus quagga*，亦称草原斑马、平原斑马）、山斑马（*Equus zebra*）。

首先，驴肯定被排除了。非洲的斑马也不可能与我国的文化沾边儿。那么，只剩下欧洲野马和普氏野马，而这两种马曾经广泛生活在欧亚大陆和北美大陆。科学家利用 DNA 分子生物学技术还原了马的历史，从而知道现在的家马是欧洲野马的一个分支（*Equus ferus caballus*），而真正的欧洲野马（*Equus ferus ferus*）已经于 1909 年灭绝。如今，生活在世界各地的家马都是这个分支的后代，并经过人类近 1 万年的精心培育，产生了四五百个品种或不同的品系。

普通斑马经常两头在一起将头搭在对方的背上，既可休息，又可警惕不同方向的天敌

而普氏野马一直生活在中亚地区，那里人迹罕至，尽管我国大漠西北也曾繁华一时，无论是丝绸之路还是楼兰古城，彼时彼人肯定见到过不少普氏野马。这种野马性机警，不爱接近人，也很少接近家马，所以它的血统纯正，甚至染色体数目也和家马不一样（2n＝66，家马则是 64）。在以中原文化为主导的唐宋时期，韩愈等文人骚客几乎不可能见过，甚至都没听说过普氏野马。

野马生活在草原，以及水草较为肥美的荒漠、半荒漠和戈壁环境中，所以它们的体色与周围环境浑然一体，包括野驴在内，很多种类的颜色都以黄色、褐色、棕色为主。即使众多家马品种，主色调仍然是黄褐色。

所有马科动物都善于奔跑，平均时速为五六十公里，最快的马奔跑起来时速甚至可达七八十公里。古人没有见过猎豹之类的奔跑健将，那时能够见到的动物有限，所以在中外文化中，都把马视作"疾如迅风、快如闪电"的神奇动物。

韩愈的《符读书城南》问世后，逐渐演变为成语"飞黄腾达"，用以比喻事业快速发展，人生早日成功。

狐假虎威

"狐假虎威"可能是读者最熟悉的一个有关动物的成语。因为这个成语太出名了，所以历史上演绎出很多版本来记述这个故事，并且得到后世的广泛使用，甚至被翻译成多国语言。

最早记述这个故事的是距今 2000 多年前西汉的经学家、文学家刘向，他是汉高祖刘邦（前 256—前 195）同父异母的弟弟、楚元王刘交（？—前 179）的四世孙，属于皇室宗亲。刘向不仅在国别体史书《战国策》中讲述了"狐假虎威"的故事，还为屈原（前 340—前 278）、宋玉（前 298—前 222）等善于写"屈赋"的人编辑了《楚辞》一书，使楚辞这种诗体得以发扬光大。

刘向记述到，楚宣王问大臣们："听说中原地区的诸侯都害怕昭奚恤，这是真的吗？"昭奚恤是楚国的令尹，是政府和军队的最高领导。而另一位大臣江乙就编了一个"狐假虎威"的故事来讽刺昭奚恤。

江乙对楚宣王说："虎求百兽而食之，得狐。狐曰：'子无敢食我也！天帝使我长百兽。今子食我，是逆天帝命也！子以我为不信，吾为子先行，子随我后，观百兽之见我而敢不走乎？'"于是，老虎还真的相信了狐狸的话，"故遂与之行"。"兽见之皆走。虎不知兽畏己而走也，以为畏狐也。"最后，江乙表示，"北方之畏昭奚恤也，其实畏王之兵甲也，犹百兽之畏虎也。"

对于江乙编的这个故事是否靠谱，我们不如分析一下。

在古代中国的南方，华南虎是最常见的一个虎亚种。楚国人能够见到的老虎也只可能是华南虎。我们知道，世界上只有一种虎，但按照地理差异，分为了 9 个亚种，即东北虎（*Panthera tigris altaica*，亦称西伯利亚虎、阿穆尔虎）、华南虎（*Panthera tigris amoyensis*，亦称中国虎）、孟加拉虎（*Panthera tigris tigris*，亦称印度虎）、印支虎（*Panthera tigris corbetti*，亦称东南亚虎）、马来虎（*Panthera tigris jacksoni*，亦称马来亚虎）、苏门答腊虎（*Panthera tigris sumatrae*，亦称苏门虎）、爪哇虎（*Panthera tigris sondaica*）、巴厘虎（*Panthera tigris balica*）、里海虎（*Panthera tigris virgata*，亦称新疆虎），其中最后 3 个亚种已经灭绝了。

我国是老虎亚种最多的国家，即东北虎、华南虎、孟加拉虎、印支虎、里海虎 5 个亚种。

而最常见的狐狸，是赤狐（*Vulpes vulpes*），广泛分布在我国各地，与老虎有着相同的分布区域。也就是说，华南虎是有机会碰到赤狐的。那么，老虎真的会尾随狐狸吗？

在自然界中，食肉动物之间都是尽可能避免见面或者发生冲突的。因为大家都吃肉，意味着彼此互为竞争对手，特别是体型相近的食肉动物更是会避让。而那些像狐狸、野猫之类的中小型食肉动物更会在老虎面前退避三舍。

但是，老虎如果与狐狸打了个正着，它会捕杀狐狸吗？一般来说，只要狐狸不侵犯老虎，老虎是不会刻意杀死狐狸的，除非老虎意识到狐狸对自己有威胁，比如突然出现，惊扰了老虎，或者老虎认为狐狸威胁到了它所携带的幼崽的时候，才会攻击并杀死狐狸。但多数情况下，老虎只会吓唬一下狐狸而已，很少追杀狐狸。

食肉动物之间捕食的情况也很少，除了肌肉的味道不佳、适口性差之外，最主要的原因是食肉动物是动物界演化的产物，它们作为食物链的高级消费者，承担的任务都是控制那些初级或次级消费者，比如各种食草动物。就老虎和狐狸而言，个头硕大的老虎捕食体型大的食草类，中体型的狐狸只会捕食中小型的兔子、老鼠等。这样的结果，使它们各自的生存都更加有效，也符合投入—收益的经济学原理。从根本上避免了同一大类之间的激烈竞争，实现了营养生态位的分化。

换句话说，大自然既需要虎、狮、豹一类的大型食肉动物，也需要狼、狐、貉、鼬、貂等中小型食肉动物。因此，狐狸没必要假借老虎的威严来吓退其他动物，老虎更不会受狐狸的牵制而当狐狸的"跟屁虫"。"狐假虎威"也就只能存在于成语之中，作为贬义词而去讽刺那些倚仗权势、欺压他人、作威作福的人。

狡兔三窟

"狡兔三窟"和我们上面说到的"狐假虎威"都出自《战国策》（似乎很多有名的成语都出自此书）。在《齐策四·冯谖客孟尝君》一篇中，冯谖（xuān）对孟尝君（？—前279）说："狡兔三窟，仅得免其死耳。今有一窟，未得高枕而卧也。"这就是"狡兔三窟"和"高枕无忧"的出处。

孟尝君，本名田文，战国时齐国贵族，是战国四公子之一，官至相国（宰相）。他平时乐善好施，供养了不少食客或门客，其中冯谖就是最有名的一位。冯谖原本非常落魄，后被孟尝君收留，并替孟尝君办事，还经常给孟尝君出主意。冯谖用"狡兔三窟"作比喻，是告诫孟尝君要多有几个藏身之所或安身之处，才能免于危险。

冯谖来自"草根"，对生活和自然一定有不少体会和观察。他说的"狡猾的兔子有三个洞穴"就是对兔子的观察所得出的结论。

然而，兔子真的有三个洞穴吗？按照今天我们对兔子的生物学和演化的了解，这个成语值得好好研究一番。

兔子是哺乳纲兔形目（Lagomorpha）的通称，现有两大类群——鼠兔科（Ochotonidae）和兔科（Leporidae），前者是一类长得像老鼠的小型兔子，世界上现生约有 36 种，我国有 28 种，但均分布于我国西部和北部的山地与草原。齐国主要在今山东一带，所以冯谖等齐国人是不可能见到鼠兔的；即使见过，估计也会当作老鼠看待，不会认为是兔子。

后者是"两只耳朵竖起来、蹦蹦跳跳真可爱"的大型兔子，世界上现生约有 65 种，我国有 11 种，其中粗毛兔（*Caprolagus hispidus*）、云南兔（*Lepus comus*）、高丽兔（*Lepus coreanus*）、海南兔（*Lepus hainanus*）、东北兔（*Lepus mandshuricus*）、高原兔（*Lepus oiostolus*）、藏兔（*Lepus tibetanus*）、雪兔（*Lepus timidus*）和塔里木兔（*Lepus yarkandensis*）也是几乎不可能被齐国人看到的，因为这些兔子从它们的中文名称中就可判断出其主要产地。

而另外两种是草兔（*Lepus tolai*，分类上有变化，但中文名建议仍然叫"草兔"，曾一度被称作托氏兔、蒙古兔）和华南兔（*Lepus sinensis*）。按照今天的分布范围来看，华南兔仅分布在长江以南，在 2400 多年前的齐国也不大可能有。所以，最终我们把目标锁定到唯一一种中国本土的野生兔子——草兔。这也是广泛分布在中国大部分地区的野兔。

但是，一个疑问马上出来了。野兔其实根本不会打洞，哪里来的"三窟"呢？野兔生活在旷野，平时它们隐蔽在草丛或灌木丛中，生产的时候也不会打洞，而是直接将"兔崽子"产在草丛或隐蔽的地方，甚至直接暴露在旷野之中，因此，野兔又有"旷兔"（Hare）之称。这些幼崽生下来就有毛，眼睛睁开，过一段时间就可以活动了。

而我们饲养的家兔才会打洞，它们的祖先是欧洲的穴兔（*Oryctolagus cuniculus*，亦称欧洲穴兔，英文为 Rabbit），平时就生活在自己挖掘的洞穴中。生出来的幼崽浑身无毛，闭眼，什么都看不见，也几乎什么都听不到，要经过一段时间的哺乳才能慢慢长大。

有的读者会说，那"狡兔三窟"的兔子就是家兔了呗！目前，从家兔的驯化史来看，最古老的记载于公元前 1100 年，当时的腓尼基人到达西班牙发现了野生穴兔，并开始捕捉和饲养。后来，穴兔从西班牙被散布到南欧和北非，到了中世纪，随着航海的发展，穴兔被引入其他大洲。

而真正规模化地驯化穴兔的时间却是在 16 世纪，是由法国修道院的修士们完成的；至 17 世纪末才出现了稳定的"大白兔"等各种不同的品种或品系。如果按照欧洲穴兔，即家兔经过西汉的丝绸之路传入我国的说法，那么战国时期可能根本没有会打洞的穴兔。但是某些日本学者认为，在我国先秦时期就已经有欧洲的家兔传入中国；如果这种说法成立，那么毫无疑问，该成语在出现的时候，还是有穴兔在我国已经存在。

所以，冯谖所看到的狡猾的兔子可能是穴兔，也可能是草兔；而所谓的三窟，要么是他或当时的人见过家兔挖洞，要么可能是草兔在不同草丛中趴卧时留下的凹槽或土坑，但并不是真正挖掘的地洞。我翻阅罗泽珣先生的学术专著《中国野兔》[中国林业出版社，1988年；罗先生是我们动物所研究员，其父为著名语言学家罗常培先生（1899—1958）]，记述了有些猎人的说法，草兔也会借助其他动物的地洞或自然形成的土洞暂时隐蔽，所以，真正的野兔在"窟"里也是完全有可能的。

这种本身不会挖洞，但借用现成的洞穴用作栖息或者繁殖的情况，在北美洲的杰克兔（Jackrabbit）身上更为常见。它们仍属于兔属（*Lepus*），但当地人习惯叫它们 Rabbit，这说明很多人以为它们会挖洞，或者至少会使用洞穴。

达尔文曾在家兔起源的文章中提及孔子将兔子视为祭品，并推测出中国可能在更早的时期就驯化兔子了。除《战国策》外，我国很多古书史料对兔子也有记载和详细的描述，一些学者甚至认为中国应早于欧洲驯化兔子。

中国是否曾在更早的时期（如新石器时代）有野生穴兔，被人驯化成家兔之后，而野生种灭绝？或者中国曾驯化过旷兔，而其家养品种随着欧洲家兔的引入也彻底消失？诸如此类的问题，只待以后有兴趣的读者朋友们深入研究吧！

马踏的真是飞燕吗？

东汉青铜器"马踏飞燕"是国内最知名的文物之一。它的出名不仅仅是因为这件文物具有考古价值和历史故事，还在于国家把它确定为中国旅游业的形象标识，从而被广泛传播，蜚声内外。

"不望祁连山顶雪，错将甘州当江南"，古称甘州的张掖若无那皑皑雪山，谁会相信身处荒凉贫瘠的大西北？一边大漠淘沙，一边水乡绿稻；一侧荒滩盐碱，一侧柳绿花红。甘宁一带素有"塞上江南"之称，殊不知，在几千年前，这里是实打实的"江南"——自然环境、气候水土、野生生物远远优于当下。此乃千里河西走廊的腹地，丝绸之路和居延古道的枢纽，正所谓"张国臂掖，以通西域"，交通地理的特殊性，又使其成为兵家必争之地。

1800多年前的东汉时期，这里有一位镇守张掖的长官张先生。当时，东汉仍延续了汉武帝遗留下来的行政区划"列四郡

（酒泉、武威、敦煌、张掖），据两关（阳关、玉门关）"，张先生的官职为"守张掖长"兼"武威太守"，也就是全面主持张掖和武威的行政与军队工作的最高长官。

有关专家考证过，这位张将军名叫张江，本名析宰，封南阳（析）侯。但也有人表示反对，称另有其人。但不管怎样，这位守张掖长卒后，却被殉葬得极具"高端、大气、上档次"。

这是一座大型砖室墓，分前、中、后三室，前室附有左右耳室，中室附右耳室。即使此墓被历年盗毁多次，但在它的最后一次发现中，在长度不足 20 米的墓穴中还是挖掘出了大量珍贵文物——金、银、铜、铁、玉、骨、石、陶器等两百余件；铸造极为精致的铜车马武士仪仗俑多达 99 件，此阵势足可想见张将军出征或巡视时壮观的场面。

就在车马仪仗队的最前列，有一匹器宇轩昂、急速飞驰的骏马，其前肢两蹄和后肢左蹄呈腾空状，后肢右蹄踩在一只飞鸟之上。可见，这是张将军最为得意的一匹领头马，快速奔跑在队伍的最前列。

此马刚刚出土时并未受到足够多的重视。这个故事需追溯到 1969 年，彼时正是"文化大革命"如火如荼的时候，广大民众为了响应毛泽东主席"深挖洞、广积粮"的号召，全国各地都在挖防空洞。甘肃省武威县的老百姓也在斗志昂扬地"挖呀挖"，明代这里曾有一座雷祖观，更早的时候叫作雷台，是古人们祭祀雷神的地方。就在它的下方，村里的第十三小队的社员用锄头居然刨到了坚硬的砖头，换个位置再刨，又是砖头。他们逐渐把土刨开，一堵青砖墙显现出来。此墓室被打开以后，什么想法的人都有，甚至有的社员想将其中的随葬品当废铜烂铁变卖掉来买牲口。很快，挖坟掘墓的事情不胫而走，传到了武威县文物局一位刚从"牛棚"出来的领导干部那里，他急忙地去找公社大队长，并努力做群众工作，这批文物才由文物局保管下来，并最终移交给甘肃省博物馆收藏。

而真正认识到这件铜奔马文物价值的，则是著名考古学家郭沫若先生（1892—1978）。1971 年 9 月，郭沫若以全国人大常委会副委员长的身份陪同柬埔寨王国民族团结政府首相宾努亲王（Penn Nouth, 1906—1985）率领的代表团访问甘肃；您在外宾休息期间抽空前往甘肃省博物馆，参观历史文物陈列。当郭沫若先生看到这组铜车马仪仗队，特别是在队伍最前面身长45 厘米、高 34.5 厘米的领头马时，您眼前突然一亮，并叫工作人员拿出来让您仔细端详。郭沫若认为，这匹铜奔马考古和艺术价值非同小可，并欣然将其命名为"马踏飞燕"。

然而，郭沫若先生当时为什么认定那是"飞燕"，而不是其他鸟类呢？据有关资料记载，郭沫若当时联想到了李白的诗词《天马歌》中说的"回头笑紫燕"，从而想到了疾驰如燕的骏马。自古以来，很多人都爱马，这里说的紫燕也指古时家马的一个品种；相传，汉文帝（刘恒，前 203—前 157）有良马九匹，其一名为紫燕骝。南朝·梁·简文帝（司马昱，320—372）也说过："紫燕跃武，赤兔越空。"

很多古人将奔跑急速的马比喻为燕，或与燕扯上各种联系，包括这件"马踏飞燕"的文物。然而，似乎古人见到疾飞的这种鸟，并不是我们现在最常见的燕子——家燕（*Hirundo rustica*）。首先，说起燕子的尾巴，大家一定不陌生，譬如燕尾服，即后面有两条叉开的"燕尾"。但是，马蹄下的鸟尾呈楔形，而家燕的尾羽是典型的叉形，并且是深叉形，也就是经典的"燕尾"；如果家燕的 12 枚尾羽全部像扇子一样展开，最外侧的 2 枚比其他尾羽都要长很多，家燕在快速飞行中尾巴会打开，即为叉状或貌似剪刀状；而"飞燕"并未呈现出家燕尾巴的形态。

其次，家燕虽然在飞行中看上去比麻雀、喜鹊、乌鸦等常见鸟类的速度快，但它的飞行速度只能说"一般般"，其平均时速为 35~38 公里，最高时速可达 75 公里。这与飞行速度最快的鸟类相比相去甚远。通常，家马奔跑的时速只有六七十公里，最快时速可达 90 公里。如果说一匹马的奔跑速度还没有燕子快，甚至只是超过了家燕的速度，而这匹被张大将军尊为千里马、天马的领头马只是踏着家燕，那么这匹马与一般的家马又有何区别呢？所以，"马踏飞燕"的"燕"显然不是家燕。

那么，会不会是另一类叫作"燕"且飞行速度更快的鸟呢？除雀形目燕科的家燕、河燕（*Pseudochelidon* spp.）、崖燕（*Progne* spp.）、岩燕（*Hirundo rupestris*）、沙燕（*Riparia* spp.）、树燕（*Hirundo nigricans*）、林燕（*Hirundo fuliginosa*）、南美燕（*Notiochelidon* spp.）、毛翅燕（*Stelgidopteryx*，亦称粗腿燕）、锯翅燕（*Psalidoprocne* spp.）、毛脚燕（*Delichon* spp.）等 90 种之外，还有一类也叫作"燕"，但并不是真正的燕子，它们是——雨燕，隶属于雨燕目（Apodiformes）、雨燕科（Apodidae），全世界约有 100 种。雨燕的翅膀为尖长形且后拢，脚趾为前趾型，即 4 个脚趾全部向前，适合抓握岩壁，而不能站立在树枝或电线上，它们与蜂鸟是近亲。

雨燕的飞行速度很快，在整个鸟类世界中名列前茅。其中，飞行速度最快的雨燕是白喉针尾雨燕（*Hirundapus caudacutus*），它的水平飞行时速达 169 公里。我们平时最常见的普通雨燕（*Apus apus*，亦称楼燕），就是北京奥运会福娃妮妮的原型，在北京也被称为北京雨燕。它的水平飞行时速达112公里，俯冲最大时速可达171公里。直至今天，在甘宁一带仍然可以见到这两种雨燕疾驰在天际，捕食各种空中飞虫。

虽然雨燕的速度符合"飞燕"的要求，然而从铜奔马脚下这只鸟的头型、翅型、尾型来看，它不一定是雨燕。白喉针尾雨燕的尾巴短而钝圆，飞行时并不像"飞燕"那样呈楔形或像小扇子那样展开；普通雨燕的尾巴也像家燕，呈叉形，但不如家燕的深，其尾型也不与之相符。东汉时期的大西北还可以见到另外一种飞行速度较快的雨燕——白腰雨燕（*Apus pacificus*），但它的尾巴也是叉形的。

考证到这里，我们可以知道，郭沫若先生起的名字显然不够科学或严谨，无论雀形目燕科，还是雨燕目的鸟类都不符合铜奔马蹄下飞鸟的形态特征。那么，哪种鸟既符合形态特征，也符合速度标准呢？

世界上飞行速度最快的鸟类，恐怕非游隼（*Falco peregrinus*）莫属。它的水平飞行时速一般为65~90公里，水平飞行的最大时速为105~110公里，俯冲时速通常为180公里，而俯冲时的最大时速可达389公里；是世界上公认的动物飞行冠军！处在亚军位置的是金雕（*Aquila chrysaetos*），其一般时速为45~51公里，水平最大时速为129公里，俯冲时速达241公里，最大俯冲时速达320公里。季军则是矛隼（*Falco rusticolus*，亦称白隼、俗称海东青），俯冲时速为187~209公里。

金雕是一种大型猛禽，可以捕食小羊、小牛、小马等体型较大的食草动物。古人所谓的"大鹏展翅"，通常指的就是金雕等大型猛禽，其成鸟的翼展超过 2 米。如果东汉时期的能工巧匠把奔马放在一只金雕的背上，虽然能在一定程度上体现奔马的速度和力量，但一定非常难看，不符合审美要求。而矛隼生活在寒冷的苔原地区，东汉西北的气候宜人，并不适合矛隼的生活。今天，矛隼也只见于我国东北地区的最北端。

而游隼是一种自古被人们熟知、最为常见、飞行最快、体型也最符合"马踏飞燕"标准的鸟类了。古人爱隼，或称猎鹰，特别是驯化猎隼（*Falco cherrug*）、游隼、燕隼（*Falco sub-buteo*）等鸟类是北方游牧民族的一种传统文化。即使到了当代，仍然有像王世襄先生（1914—2009）的"大玩家"善于驾驭隼、鹞、鹰、雕等猛禽。我小时候听姥姥讲，我的姥爷钱彭寿先生（字鹤龄，1888—1974）年轻时也经常玩隼、熬鹰、驾鹞，青年时在您的老家河北乐亭，中年时在您做生意的地方哈尔滨，再后来定居北京，这个习惯持续一直到晚年，尤其是困难时期，"老鹰"帮忙猎捕的野兔等，是家中重要的动物蛋白来源；当然，只是在冬季使用它们，春天进入繁殖季，就会把它们放归野外。

猎隼体型较大，是古人很喜欢的一种隼，今天仍有人为此而盗猎
（张帆 摄）

在我国广泛分布且
十分常见的一种
隼，即红隼

（张帆 摄）

汉代也是一个极为尊崇野生动物的年代，那时候的人们对隼、雕等猛禽，褐马鸡（*Crossoptilon mantchuricum*）等勇猛的雉鸡，以及各种各样的战马、骏马喜爱倍加。从遗留下来的大量文物、文献中可以佐证。这就说明，从形态特征和速度标准，乃至文化含义上最与之相符的鸟类就是隼，即使古人不一定完全准确地识别游隼、猎隼、燕隼，但能够确定奔马脚下的是隼而不是燕，大体上是没问题的。

所以，甘肃武威出土的铜奔马不应叫作"马踏飞燕"，应更科学地称为"马踏飞隼"。

动物如何"坐月子"

作者按：此文写于 2010 年，后入选科学松鼠会编著之《冷浪漫》（中国书店出版社，2011），并荣膺 2012 年第七届文津图书奖。在此，我又作了修订，以飨读者。

我虽然早已步入生育年龄，且已结婚近两年，但尚未有要孩子的意愿。从经验而论，我从未见识过女人坐月子，也毫无伺候"月子"的经历。但是，我自认为了解动物，比了解女人更多一点儿。那么，动物会不会坐月子呢？回答此问题，首先应该明确概念。此处，有两个名词，一曰动物，二曰坐月子。

广义而言，动物是多细胞真核有机体的一大类群，一般以有机物为食料；人也是动物界之一种，隶属于灵长目（Primates）人科（Hominidae）人属（*Homo*）。再说坐月子的概念。在妇产科学或护理学领域，所谓坐月子，是指一段产后时期，称为"产褥期"。有些医学教科书这样解释：产褥期是指胎儿、胎盘娩出后的产妇身体、生殖器官和心理方面调适复原的一段时间，需 6~8 周，也就是 42~56 天。在这段坐月子的 6~8 周时间内，产妇应该以休息为主，尤其是产后 15 天内应以卧床休息为主，调养好身体，促进全身器官各系统尤其是生殖器官的尽快恢复。

好了，概念大致如此。但是，我的疑惑随之而来。我的表姐在美国加州生活快 20 年了，她育有两子，但是她产后在医院待了不到 24 小时就出院了，出院后并没有像国内产妇那样，要"坐月子"——我国民众对"坐月子"还有一套"新概念"，比如要在被窝里待着，不能下地，不能招风，不能洗澡，甚至不能触摸铁器，连剪刀、指甲刀都不成。表姐不仅没有卧床不起，而且没过两天就操劳起家务来，再过两天就去上班了。我再询问那些在美国生过孩子或者了解美国产妇的人，他们都表示，在那里没有"坐月子"一说。不光是美国人，很多外国人，包括一些东半球的人并不像国人这么讲究坐月子。

为此，我查阅了维基百科（Wikipedia），实在不知道哪个英文单词可以与国内的坐月子这一名词对应。譬如，在英语里有 Puerperium 一词，一般译为产后期、产褥期。但是，我查阅了著名的工具书——*Webster's New World-Medical Dictionary*（韦氏医学辞典），这一单词被释义为：The time immediately after the delivery of a baby（婴儿出生后的立即时刻），显然 immediately 一词不会是国内医学教科书的"产后 15 天"，更不可能是 6~8 周了。因此，国内有的人将产褥期等同于 Puerperium 是不合适的。

事实上，Puerperium 所关注的是一种产后热（Puerperal fever）的疾病，因为在生产后不久，例如 1~3 天内，子宫（通常胎盘位置）可能遭到感染，所以出现了出热症状。按此逻辑，Puerperium 限定的时间一般不超过 3 天，甚至应该局限在产后几个小时之内。但是国内许多妇科书籍所云之"产褥热"或"产褥感染"，对应英文为 Puerperal fever 和 Puerperal infection，这是把"产后"和"产褥"混淆了。

另观一些英汉词典，把 Childbed 翻译为"产褥""分娩"，但是很显然，如果产褥等于分娩的话，那么产褥期即俗称为坐月子，怎么可能是分娩呢？所谓分娩，应该是准备生产到婴儿脱离子宫、出生的这段过程。但是在国外（我国亦如此），生产之后有休假则是非常普遍的，通常也纳入法律之中，就是说产妇休假，工资照发；此外，丈夫也有几天的假期。产假一般时间从几周到几十周不等，诸如福利待遇甚好的北欧国家，丹麦给 52 周的产假，挪威给 56 周，瑞典多达 480 天（约 68 周，但并不是全给工资的）。但是，在美国是没有产假的，如果想要 12 周的产假，则是没薪水的。虽然全世界多数国家都给产假，并且还照发工资，但是这些国家的产妇们很少像中国人这样坐月子的。

我似乎扯远了，这本来和动物是否坐月子的问题不太着边。但是，无非我是想弄清楚坐月子的概念，至于上边的妇产科学中一些概念的定义，妇科专家来解释最合适了。我的"考证"不足以为凭。不过，我大致认为，坐月子是中国的一种传统文化，没有太实际的生物学意义。在后边谈到动物方面，更可以印证此观点。

那么，既然坐月子强调的是一种休养的话，动物在产后的时间内休养吗？

先说说野生动物罢。无脊椎动物说起来就没意思了，譬如那些六足的昆虫，它们把卵产在各种适宜孵化的地方，雌虫产卵之后便振翅一飞，不知去哪里活跃去了。该吃吃，该喝喝；或者繁殖后不过多久，该死，就死了……

脊椎动物的情况则复杂些。很多人都听说过，或在电视上看过大麻哈鱼，即鲑鱼，逆流而上产卵，中途又遭棕熊的毒手，成为腹中餐。到达产卵地的鲑鱼在产完卵之后，大多一命呜呼。命都没了，还谈什么坐月子啊！这是为生命延续所付出的高昂代价。

但大多数鱼类还是会继续生存下去。鱼类产卵之后的行为，大致有3种类型：无亲体护卫型，产之后这类鱼便拍屁股走了，它们不管不顾自己的卵，产后便去觅食；亲体护卫型，这类鱼通常会筑巢产卵，产后要照顾幼体；亲体携带型，将鱼卵随身携带，或置于口腔内，或放在额头上，甚至像海龙、海马有专门的孵化囊（育儿袋），产后亲体还要照顾幼体。从这三类来看，似乎无亲体护卫型的鱼类最注重产后休整，根本不顾儿女的死活。而后两者最辛苦，产后甚至不吃不喝、无微不至地照顾幼鱼，无暇坐月子了。

两栖爬行动物方面，大概多数也是产后溜之大吉的主儿。许多蛙、蟾蜍、蝾螈等把卵产在有水或潮湿的环境后，其一般规律是一走了之。有些种类则会照顾卵或幼体，例如负子蟾就是背着卵生活。通常，产后不操心自己孩子的种类，都会很快恢复到正常生活状态；而付出更大心血的种类则会消耗更长的时间、更多的体力，月子没坐成，反而搭进了自己的身体。而海龟家族，奉行的是周游列国式的生活，它们在海水中自由游弋几十年，性成熟后在一个宁静的夜晚回到它们的出生地——某处沙滩。母海龟上岸，挖掘一个大坑，产下上百枚乒乓球似的卵，继而覆盖之，慢吞吞地划回大海。产后的生活依然照旧。

　　鸟类则有些不同，它们颇有些"坐月子"的范儿。多数鸟类产完卵后，需要孵化。民间可称为"趴窝"。孵卵的行为貌似坐月子。有些鸟类是单亲孵化，有些则是双亲共同轮流孵化。母鸟把鸟蛋产在窝中，然后开始卧在里边，靠体温孵化幼雏。孵化的过程，也是一种变相的产后修养。犀鸟是一类大型鸟类，生活在亚非的热带地区。雄犀鸟把雌犀鸟用淤泥封闭在树洞内，雌鸟生产之后就不出家门了，全靠雄鸟一人"端茶送水""喂食喂饭"。这看上去，真有点像坐月子呢。巢穴一旦被封住，只留一个小开口，供雌雄犀鸟两个嘴对嘴地衔接食物即可。被封闭在产房内的雌犀鸟趴窝不起，不下树，不招风，整个"坐月子"时间长达40天，这些日子就是孵化期。犀鸟大概是鸟类世界中最会享受坐月子之福的鸟了。难道它们的"养生之道"就是它们长寿的秘诀吗？

双角犀鸟是一夫一妻制，雌性会封闭在巢里"坐月子"
（王传齐　摄）

　　如上所述，坐月子是人的行为，特别是中国人的习俗。那么，与人类最亲近的哺乳动物，甚至灵长类有没有坐月子的习惯呢？这是，我们应当加以考察的。

哺乳动物类群也甚多。天上飞的，地上跑的，水里游的，无所不包。篇幅所限，难以一一赘述。我曾见过一篇高原鼢鼠的繁殖行为的论文，挺有意思。高原鼢鼠生活在青藏高原东部，其学名现为 *Eospalax fontanierii baileyi*，它现在是虎骨最理想的替代品。

研究者描述了这种鼢鼠的产仔行为链，产后是这样的：用嘴咬断脐带，拱舔幼崽，使其干燥洁净；舔咬外阴部，清除血污，促使胎盘产出，食胎盘；产间休整，或静止休息，或清洁自身，或照顾幼崽，或取食。产仔结束后，母子同居于产前搭建的产巢，巢穴中有很多草料。母鼠在巢中取食，只有排泄和拖取食物时才离开幼崽。哺乳期最长可达 50 天。看来，高原鼢鼠的主要目的也在于照顾孩子，而非坐月子，保养自己的身体。

我再来说一说与人类最亲近的灵长类罢。我在野外只研究过蝙蝠，此外，捡了一些果子狸和长臂猿的粪便——只是协助师兄、师弟做些野外工作，谈不上"研究"，也并没有机会长期观察猴子或者类人猿生产之后的情景。

于是，我特意请教我们动物研究所的一位研究者，梁冰老师，她早年曾在北京大兴的北京濒危动物驯养繁殖中心饲养过川金丝猴和猕猴（后在我的导师张树义研究员的研究组工作，现为《动物学杂志》常务副主编）。梁老师告诉我，金丝猴通常晚上生产，产后，它们大多会舔舐自己的孩子。有的母猴吃掉自己的胎盘，有的则弃之不食。并且，吃胎盘者每次生产之后都会这样做，不吃胎盘者每次生产之后均不吃。

以往，许多动物研究者都认为，很多哺乳动物为了恢复体力，会吃掉自己的胎盘，包括那些食草类。但是，在豢养条件下的野生动物更容易被人类观察到，通过这些观察，我们发现，并不像之前人们臆想的那样，它们都为了身体健康而吃掉胎盘，不食者所占比例至少在一半左右。而生产、护理完幼崽后，通常母猴子就睡觉了。第二天，除了继续喂奶以外，母猴子并没有特殊的行为表现出"坐月子"的迹象。它们仍然像平时一样活动、取食，食物的质与量也没有显著性差异或变化。在猕猴方面的观察，也大致如此。就是说，这些猴子们除了因为多了个"累赘"，略显步态稳重外，并没有其他迹象以示那是在"坐月子"。

事实上，野外比在圈养下的条件要差得多，那些野生动物们风餐露宿，风吹雨打，绝大多数的兽类的雄性也不会伺候产后的雌性。从另一方面分析，野生动物，特别是那些被捕食者就更不会坐月子了。试想，非洲草原的羚羊、角马、斑马……青藏高原的藏羚、藏原羚、野驴等等食草动物，它们在生产幼崽之后，如果想坐月子，哪怕是在地上卧着休息会儿，都是一种危险的奢侈。因为，周围虎视眈眈的狮子、猎豹、鬣狗，或者狼、猞猁都在等待着美味上桌，垂涎三尺地盯着它们呢。连刚出生的幼兽都要在最短的时间内站起来，并和妈妈一起奔跑才能保住小命儿。

当然，食肉动物稍微好些，它们可能存在一个短暂的"月子"期，因为许多食肉类，诸如虎、豹、熊，甚至大熊猫等，在繁殖期会有一个产仔的巢穴，母兽会待在巢穴内哺乳幼崽，直至幼崽断乳。这样一来，母兽由平时的漫游式生活，转而更多的时间在巢穴内度日。当然这个主要目的在于喂养孩子，间接地恢复自己的体力吧，但实际上由于照顾后代需要耗费更大的精力和时间，一般来说哺乳期的野生兽类能量消耗更大，所承担面临天敌的风险更大。但这种生存策略进化的好处，就是后代存活率大大提高了，物种得以高效地延续。

下边再略谈下牲畜和宠物的问题。关于牲畜，我们以猪为例。大家知道，家猪体型很大、很笨拙，产仔数量又多，所以在猪的饲养管理方面，需要人类的助产。由于助产卫生搞得不好，或如猪圈不干净，消毒不力，猪就会得病，正是前边说的产褥热（兽医学的称谓，与人的医学的称谓相同，呵呵了）。得了这个病之后，不坐月子都不成了。此时，人们要给母猪打针消炎，时刻观察症状，并采取治疗措施。看上去，相当于照顾月子了。

由于宠物受主人的宠爱，如今很多宠物狗、宠物猫们在生产完之后，也得到优待。好心的主人会无微不至地照顾自己的宠物，给它们吃最有营养的猫粮狗粮，甚至给它们做好小棉被盖着小狗狗小猫猫的。现在，有很多宠物医院甚至推出坐月子服务。宠物们可以享受住院坐月子的服务，它们的产房不仅干净整洁，而且宠物的孩子们还住在保温箱或育幼箱内，由专人护理幼崽和产妇。它们的口粮也由动物营养师特别搭配，保证月子期间营养丰富而均衡，使之体力恢复且更加健康活泼。这套坐月子服务，据说在一般的宠物医院，服务一周就要两三千元，颇为豪华奢侈。

看来，坐月子大概是一种"文化"，或者文化意义高于生物学意义，且更具中国特色。我国传统文化相信坐月子有众多养生功效，并延续几千年。如今，还荫及到宠物身上，真是被发扬光大了。

蹄兔非兔
象鼩非鼩

第二编
形形色色的动物世界

动物智商谁最高？

聪明、聪颖、聪慧、聪敏……这些词语通常是形容那些机智、头脑灵活、反应机敏，或记忆力和理解力超强的人；而智力、智商、智慧、智能、智谋……也多是反映以上能力的名词。那么在动物界中，是否也可以形容某某动物聪明？抑或说动物有智商呢？

其实，这一问题早在古希腊时期就被那些大哲们津津乐道，柏拉图（Plato，前427—前347）说："理性的德性是智慧"；亚里士多德（Aristotle，前384—前322）说："智慧就是那些对人类有益的事或有害的事采取行动"，他的人性论更指出"人是有理性的动物""人是政治动物"；希腊人用智慧女神雅典娜的名字命名他们的城邦，以对人类智慧的尊崇。

马克思（Karl Heinrich Marx, 1818—1883）更说："动物没有自己的主观世界"，而这位伟人最经典的一句话就是"人类是唯一能够制造和使用工具的动物"。东方世界也是如此，自中国古代诸子百家以降，人们普遍认为"智慧是人类特有的象征和骄傲"。在人类哲学中，人和动物的对立貌似是一个根本性的原则。但随着人类对动物世界的深入了解，这些古老而新鲜的哲学命题不断受到挑战，早在 20 世纪 60 年代，珍·古道尔博士（Jane Goodall, 1934—　）对黑猩猩的研究就发现，它们善于挑选恰当的树枝，并将其简单修饰后用来钓白蚁吃。动物学家越来越多的发现和研究告诉我们，动物是有智商的；从某种意义上说，智慧是有道德、有伦理的智力或智商，因此我们姑且不谈动物有智慧。

脑容量的玄机

谈到动物的智商，在学术界普遍使用"认知"（Cognition）来替代 Intelligence（智力、智能或智商），即对动物智力能力的研究，这是一个多学科交叉的领域，涉及动物行为学、行为生态学、社会生物学、比较心理学、实验心理学和神经科学等，而涉及的问题更是具体而多样，诸如注意力、分辨和识别、记忆力、空间认知、工具和武器的使用、推理和解决问题、语言、意识、情绪、数学能力……看到这些名词，您是不是感叹动物几乎和人没什么两样呢？其实，这些是科研方面的概貌，足以想见该领域是十分活跃的。

如果请您说出心目中最聪明的动物，会有哪些呢？黑猩猩、倭黑猩猩、大猩猩、海豚、大象、猴子、乌鸦、鹦鹉，甚至是猪？是的，您说得没错。在动物界，它们的确堪称最聪明的动物。黑猩猩不仅可以将树杈塞到蚁冢内，把蚂蚁或白蚁钓出来，它们还会使用不同大小的石块敲击坚果的外壳。最让人惊讶的是，有的黑猩猩很会选择石块的大小、形态，它们会在手中掂量石头的重量，然后判断这个石块是否可以把坚果敲开。这项技术并不是每个个体都能熟练掌握的，而且一般都是上了年纪、有丰富生活经验的"老黑猩猩"。

猕猴是老百姓最熟悉的灵长类动物，我们常用"猴精"形容一个人聪明机灵

（王传齐　摄）

2005 年，国际野生生物保护学会（WCS）专家托马斯·布鲁尔（Thomas Breuer）等人正式发表学术文章，公布了他们的一个重大发现：刚果北部丛林中的一头成年雌性西部大猩猩（*Gorilla gorilla*）使用一个树枝试探一处水塘的深浅，然后把树杈当作拐杖，拄着树枝穿过了池塘。这是科学家第一次在野生大猩猩中发现它们也会使用工具。[①]

在黑猩猩的社会中，更有惊人的发现，当两个族群相遇时，为了争夺领地，它们之间会使用石块和棍棒来打架；2007年在塞内加尔的研究中发现，由于雄性黑猩猩（西非亚种，*Pan troglodytes verus*）经常拉帮结伙地捕捉绿猴，但雌性黑猩猩

① Breuer T., Ndoundou-Hockemba M., Fishlock V. (2005) First observation of tool use in wild gorillas. *PLoS Biology*, 3 (11): e380. https://doi.org/10.1371/journal.pbio.0030380.

却分不到肉吃，于是它们使用牙齿将树枝打磨尖锐，当作矛或渔叉，去捕捉一种非洲丛林中生活的娇小的塞内加尔婴猴（*Galago senegalensis*）。[1]

除了高等的类人猿会使用工具外，中南美洲的悬猴（*Sapajus*）、卷尾猴（*Cebus*）也很聪明，它们跨在较粗的树枝上，双手捧着硕大的坚果使劲地向下砸，把坚实的外壳砸碎后，就可以美美享用其中的果肉了。当然它们也有失手的时候，当地土著人甚至看到，一个兴冲冲的"男子汉"卖力砸坚果，殊不知，它一不留神，将坚硬的果壳砸到了自己的私处，一命呜呼了。

在鸟类中也有很多会使用工具的例子，都可暗示它们的智力超群。最经典的是乌鸦喝水的例子，它们将石子投掷瓶内，然后喝到水，或者够到瓶子中的食物。身体白色、脸面裸露无毛而呈黄色的埃及兀鹫（*Neophron percnopterus*，亦称白兀鹫）是鸟类世界的"类人鸟"，它们用喙捡起大小适中的石子，高昂着头把石子砸向卵壳甚厚的鸵鸟蛋，它们的智力难道懂得势能转化为动能的道理？而最会玩这一手的是生活在青藏高原和喜马拉雅地区的胡兀鹫（*Gypaetus barbatus*），它们力量很大，叼起一大块牦牛的大腿骨便朝天上飞去，速度越来越快，然后见到下方是岩石的时候，它们把嘴一张，掷下牛骨，随即碎骨遍地，胡兀鹫便可以轻松地吃到营养丰富的骨髓了。

这些行为告诉我们，动物的确存在智商。为何有的动物想到绝妙的方法解决生活中的困难，而其他动物，即使是亲缘关系紧密的种类却不会呢？这当然要归结到生理学基础——脑和

---

[1]　Pruetz J. D., Bertolani P（2007）Savanna chimpanzees, *Pan troglodytes verus*, hunt with tools. *Current Biology*, 17（5）：412-417.

神经。脑容量的相对大小，一直是界定动物智商高低的物质（生理）基础指标。成人的大脑质量约为 1.5 千克，按照 70 千克体重计算，大脑占体重约 2.1%，即脑容比、脑比重；黑猩猩脑的质量不到 0.5 千克，约占体重的 0.7%；而海豚的脑为 1.6 千克，占体重的 1.17%，在这 3 种生物中，海豚的绝对脑容量位居第一，相对脑容量位居第二，而且无论是绝对脑容量还是相对脑容量都超过了黑猩猩。海豚大脑的宽度超过长度，也是与其他动物不同的地方。其脑部体积大，且沟回多，像核桃仁一样，特别复杂，因此有较好的记忆力，能学会复杂的表演动作。此外，海豚的两个大脑半球可以轮流休息，当左侧的大脑半球处于抑制状态时，右侧的大脑半球却处于兴奋状态，每隔 10 余分钟交替一次，这样就可以一边睡觉一边游泳，终日搏击风浪而不感到疲倦。

智商很高的宽吻海豚

低等动物的非凡智慧

晚上，您关灯睡觉，不一会儿，耳边传来嗡嗡的蚊子振翅声，此时您一定烦死了。开灯打蚊子吧，不想看到蚊子落在眼前，刚要凑前去拍，蚊子突然就飞掉了。我们也少不了和苍蝇、蟑螂等小虫子们较量。您有没有咬牙切齿地说："这该死的蚊子真贼!"潜意识里,我们大多承认,蚊蝇这些小动物是很聪明的,它们非常善于逃避敌害,保全自身。同样是捕捉昆虫,一些甲虫,甚至蝴蝶、蜻蜓就没那么机灵了。蜘蛛善于结网,它们谙熟在哪里张网可以捕捉到猎物,而且懂得空气流动、光线方向对它捕食成功率的影响。

昆虫虽小,智力却不可小觑。蜜蜂的舞蹈就是让人叹为观止的案例。当侦察蜂见到蜜源后,会飞回巢穴,用舞蹈告诉工蜂或采集蜂蜜源的方向和距离。随后,工蜂以同样的方式一传十、十传百地告诉其他工蜂。当蜜源距蜂房距离较近时(少于50米),采集蜂跳圆舞(环绕舞)若干遍,但这种舞蹈只能告诉同伴蜜源很近,但不能指明方向。当距离在150米以外时,它们则跳摇摆舞(摇臀舞),即"8"字形舞。当跳"8"字舞的直线时,蜜蜂身体来回摇摆,并发出250~300Hz的蜂鸣。摇摆时间越长,意味着距离越远,二者为正比例函数关系。例如摇摆2.5秒,距离约为2625米。而这段直线与地心引力的方向之夹角,代表着蜜源方向与太阳方向的夹角。蜜蜂会根据太阳位置的相对移动而修正直线的角度。在50~150米的距离时,蜜蜂跳镰刀形的舞,这种舞姿介于前两者。

除了真社会性昆虫蜜蜂以外,蚂蚁的聪明才智也让我们打小领教过。它们善于互相协作,完成"大事业"——筑巢、繁殖、集结队伍、搬运食物、捕捉比自身庞大千万倍的食物等。普遍地来看,社交性越高的动物,智力水平相对越高,因为它们彼此更需要交流信息,这样就有利于促进动物的智力发展。

换个角度看"智商"

如果您说身边的某个人聪明,那么他会有哪些特点呢?他往往是个成功人士，遇到各种复杂的问题知道该如何处理，他善于学习，记忆力超群……

从低等的动物类群中，我们不难发现很多令人啧啧赞叹的智慧出现。如果从传统的脑容量来衡量智力的高低，那么它们显然混不到一名座次。因此，我们必须换个角度去审视动物的智商。一些神经科学家也试图找到智商产生的生理学机制。2007 年，中国科学院上海生命科学研究院神经科学研究所（现为中国科学院脑科学与智能技术卓越创新中心）郭爱克院士（1940—　；其夫人为我们动物所研究员丰美福先生）领导的团队研究发现，果蝇中央脑的蘑菇体结构和多巴胺系统共同掌控果蝇的基于价值的抉择，没有二者共同参与的抉择是简单的、"犹豫不决"的线性抉择过程，而二者的协同运作才使两难抉择成为"当机立断"的、"胜者独享"的非线性抉择。此外科学家还证明，果蝇脑中的蘑菇体可能起到类似的"门控"作用，它和多巴胺系统共同实现抉择过程中的"门控""聚焦"和"放大"机制。这项研究给我们对动物智商的理解注入了新鲜血液。

从成功学角度，我们可以对动物智商有更原本的理解。成功是达到预期的目标，其过程和手段需要发挥人的聪明才智。每种动物存在的价值和意义，即成功的目标是能够长期繁衍的，种群得到扩展，基因得到遗传。那些适应性强的动物在演化的历史舞台上得到充分展现，自然选择使它们走到了今天。它们要么在进化层次上处于较高等动物的位置，例如类人猿、海豚；要么进化出与众不同的生存本能，如家鼠、麻雀、乌鸦、喜鹊等。

德国哲学家黑格尔（G. W. F. Hegel, 1770—1831）说过

"存在就是合理的""任何存在的事物都有其存在的原因，存在的一切事物都可以找到其存在的理由。"经过千万年的演化，现在存在地球上的生灵们都可以说是成功的，它们成功的存在本身就是一种智慧，即使是植物也是如此，如果硬是要说谁的智慧高，还真是没有一个最合适的界尺去衡量。

动物冬眠

说起冬眠动物，您能想到谁？狗熊、刺猬、蛇？它们冬眠的习性已经在人们的脑中根深蒂固。其实，除了这几种或这几类动物外，还有很多鲜为人知的动物也有冬眠的习性，以度过严寒，甚至酷暑。

说起冬眠，怎么又谈到酷暑去了呢？首先，我们应该了解一下"冬眠"的概念。其实，中国古人很早发现动物有冬眠的特点，他们观察到夏天的一些动物一到冬天就消失了。西汉·刘安（前179—前122）《淮南子·天文训》："百虫蛰伏，介鳞者蛰伏之类也，故属于阴。"虫子到了冬季要蛰伏，这里的"蛰伏"便可理解为"冬眠"。又见晋·葛洪（283—363）《抱朴子·嘉遁》："蛰伏于盛夏，藏华于当春。"盛夏里，动物也要蛰伏，这里的"蛰伏"就是夏眠了。

所以，我们通常把动物处于一种不吃、不喝、不动，且体温和新陈代谢率明显下降的状态，就可以叫作蛰伏（Torpor）。

蛰伏的低级别状态，比如某种动物的体温下降、新陈代谢放慢，但这种状态只持续了一天或不到一天，我们就管这样的情况称作"日蛰伏"。蛰伏的高级别状态，比如某种动物不仅体温和代谢率会下降，而且持续时间非常长，几天、几周，甚至几个月，那么发生在冬季的就是冬眠（Hibernation），发生在夏季的就是夏眠（Aestivation）。

我们上期介绍了以昆虫为代表的无脊椎动物是如何度过冬季的，这一期我们则重点讲一讲脊椎动物。（因当年给《博物》杂志撰稿，这里只写了脊椎动物。）

鱼类是脊椎动物中最大的一类，若按动物分类学来细分，包括盲鳗纲（Myxini）、七鳃鳗纲（Hyperoartia or Petromyzontida）、软骨鱼纲（Chondrichthyes）、辐鳍鱼纲（Actinopterygii）和肉鳍鱼纲（Sarcopterygii）5 个纲，后两者合为硬骨鱼总纲（Osteichthyes），目前已知共计 3.4 万余种。众所周知，这些鱼类都是变温动物，因为无法主动调节体温、降低代谢率，所以绝大多数鱼类都不冬眠，或者不能严格地叫作冬眠。

但是不是还有鱼类会冬眠呢？答案是肯定的。某些鱼类有能力感知温度和氧气量的降低，这种环境变化可以促使它们处于一种不吃、不喝、不游动的麻痹状态，从而降低代谢率，例如我们熟悉的鲤鱼（*Cyprinus carpio*）、鳗鲡（*Anguilla* spp.）、乌鳢（*Channa argus*）等。有些南极鱼类在夏秋季进食大量食物，积蓄脂肪，以备度过极为严寒的南极冬季，它们甚至产生特殊的抗冻蛋白，协助自己安全冬眠。

和鱼类的情况一样，以蛙、蟾蜍、蝾螈为代表的两栖动物，以蛇、龟、鳄、蜥蜴为代表的爬行动物，是一类庞杂的变温冬眠动物。所谓变温动物，是指随着环境温度的改变而改变，在周围温度下降到只有几摄氏度，甚至零摄氏度以下的时候，它们的体温也会随之下降。接着出现了一个严峻的问题：当体温下降到零摄氏度以下时，体内的水分就可能结冰。细胞内的水一旦结冰就可能无法生存下去。所以，变温动物的体内通常会产生防止细胞内水分冻结的物质，例如抗冻蛋白（Anti Freeze Proteins, AFPs）；或有其他生化物质通过糖类等共同作用，对细胞膜进行保护，防止细胞被破坏。因此，普遍来看，两栖爬行动物中的很多冬眠种类，在冬季看上去是被封冻的状态，但因为都有这种特殊的机制，所以可以保护自己免受伤害。

扬子鳄，旧称鼍、中国鼍，是一种冬眠的爬行动物
（王传齐 摄）

科学家发现了很多有意思的种类。生活在美国和墨西哥的普通箱龟（*Terrapene carolina*）有多达 7 个亚种，根据产地和亚种的不同，它们冬眠的时间长度也不一样，最短的需要 77 天，而最长的需要 154 天。它们的心跳速率也变得很慢，几乎每 5~10 分钟才跳 1 次；而它们真正的呼吸几乎停滞，完全靠皮肤吸入少许氧气而已。尽管箱龟在冬眠时像死了一样，但它们仍然对周围的环境反应敏感，一旦过早苏醒，就很难继续存活下去。

有些蛇类的冬眠则非常壮观。北美洲特有的类群——带蛇属（*Thamnophis*，亦称束带蛇），就是喜欢集群的冬眠蛇类。在寒冷的冬季它们可以聚集几百条，甚至几千条在一起冬眠，等到来年春季，束带蛇苏醒的时候，就会成为一道壮观的风景。

作为恒温动物，又是拥有1.1万个物种的巨大类群——鸟类，却没有什么冬眠的案例。在博物学史上，最早认为鸟类会冬眠的人可能是古罗马学者、作家、博物学家、自然哲学家老普林尼（Pliny the Elder, 23—79），他认为燕子会冬眠，这种认识用现在的鸟类爱好者眼光审视，简直是匪夷所思。

但是直到1949年，美国生物学家埃德蒙·杰戈尔（Edmund Jaeger, 1887—1983）才第一次发现了鸟类中可以冬眠的种类——弱夜鹰（*Phalaenoptilus nuttallii*，亦称北美小夜鹰）。它们非常神奇，在冬季会找寻岩石或腐木之下，躲在那里开始长达5个月的冬眠。在这段时间，它们的能量消耗只有正常状态下的7%，处于深度睡眠状态长达100天。一旦冬眠结束，它们要恢复正常体温则需要7个小时之久。这一切特征都是极为罕见的，也是目前人类发现的唯一一种真正冬眠的鸟类。

哺乳动物的冬眠是研究比较广泛和深入的一大类。按照最新的分类学研究，哺乳动物被分为27个目，其中有11个目的种类发现有冬眠或者蛰伏的现象。很多朋友一说到冬眠哺乳动物，可能会想到熊、蝙蝠、刺猬，但其实最多的冬眠哺乳动物却是老鼠——啮齿目动物。

现在已经发现冬眠的啮齿目动物有42种，包括大家熟悉的一些松鼠。另外，是蝙蝠，即翼手目有28种，而劳亚食虫目中的刺猬只有3种会冬眠。包括我们人类在内的灵长目这一最高等类群居然也有冬眠的种类。

生活在欧洲阿尔卑斯山脉的旱獭——阿尔卑斯旱獭（*Marmota marmota*，亦称高山旱獭、普通旱獭），冬眠可长达8个月。那么一年中的其他4个月干什么呢？除了哺育幼崽之外，它们所做的事情就是为了下一个冬眠做准备了。在冬眠期间，旱獭每分钟只呼吸2~3次，心率从正常的每分钟120次下降到每分钟3~4次。

我在瑞士看到的阿尔卑斯旱獭，正在收集草料，为冬眠作准备

刺猬应该是深度冬眠的杰出代表，有些种类可以在整个冬季处于深度冬眠状态。它们的体温和呼吸速度变得极为缓慢，甚至根本看不出来它们还活着。

食肉目动物中只有熊科动物有冬眠习性。在8种熊类中，有一半的种类是可以冬眠的，它们是美洲黑熊、亚洲黑熊、棕熊和北极熊。熊的冬眠程度并不深，它们的温度、呼吸速率下降的幅度很小，并且可以随时醒来，甚至在冬眠期生产幼崽。黑熊的心跳速度通常可以由每分钟40~50次下降到每分钟8次，最长可以100多天不吃不喝。

蝙蝠则是我研究的对象。记得1999年1月的冬季，是我第一次钻山洞、寻蝙蝠。刚钻进山洞走了没几步，一回头就能看到一大群身体金黄的白腹管鼻蝠（*Murina leucogaster*，后来我们怀疑这可能不是真正的白腹管鼻蝠，或许是个新种，后来我没有再深入研究）密密麻麻地紧挨在一起冬眠。它们距离洞口很近，好像故意找个寒冷的地方，以便进入冬眠似的。在我的印象里，首都师范大学生命科学学院高武先生曾告诉我，北京的白腹管鼻蝠可能是从我国东北地区迁徙过来，然后再冬眠的。它们的身体冰凉，但又紧紧地挨在一起，像是古建筑屋顶的瓦片一样，一个叠着一个。

哺乳动物中著名的冬眠种类，东北刺猬

（王传齐 摄）

2007 年 6 月，我在云南见到的圆耳管鼻蝠

（*Murina cyclotis*）

再往洞内深处前进，就可以见到另外一种冬眠的蝙蝠——

马铁菊头蝠（*Rhinolophus ferrumequinum*）。它们选择的地方是洞深处，可能是温度较高的原因，没有发现大群紧挨在一起的现象，而是三五成群，甚至单独垂挂着。我拿着手电筒蹑手蹑脚地接近它们，只有一两分钟，只见离我最近的两只马铁菊头蝠就开始缓慢地把自由下垂的两条细腿弯曲了起来，再过一会儿，它们就开始颤抖产热，四五分钟之后它们就苏醒，飞走了。但这样的干扰对蝙蝠是非常不利的，多次被打扰之后，冬眠蝙蝠因消耗能量过多就会导致死亡。所以，在我的研究过程中都不会轻易去打扰冬眠中的蝙蝠们——今天很多民间探洞活动，甚至青少年的科普活动、自然教育活动进入洞穴之中，对蝙蝠的干扰是很大的，应该引起大家的注意！

在冬眠动物中，蝙蝠保持着冬眠时间最长的纪录，生活在美洲的大棕蝠（*Eptesicus fuscus*）是冬眠时间最长的冠军，在野外有记录的冬眠时间为 64~66 天，但是在笼养条件下，它们居然可以冬眠长达 344 天！正常来讲，大棕蝠在整个冬眠期是不吃东西的，偶尔可能会苏醒之后喝水。它们的心率会从每分钟1000 次下降到只有 25 次，每 2 个小时才呼吸一次！

两只正在冬眠的马铁菊头蝠，受到干扰后腿会蜷缩起来

很多鼠耳蝠会集大群冬眠

　　近些年发现，很多有袋类动物会在尾巴上蓄积脂肪以便度过干旱难挨的环境，例如篷尾袋鼬（*Dasycercus cristicauda*）、脂尾袋鼩（*Sminthopsis crassicaudata*）等。但是在马达加斯加岛的热带地区有一种神奇的灵长类动物，也会冬眠！2004年的这一重大发现发表在了英国《自然》（*Nature*）杂志上，引起了学术界的轰动！

　　这种小猴子叫作脂尾倭狐猴（*Cheirogaleus medius*），1812年就被发现命名，但对它的生活习性一直知之甚少。在马达加斯加岛西部的6—7月，当地的温度可以达到30摄氏度，这对于大多人来说都是非常热的时候，然而对于那里来说却是一年最冷的时候。所以，从那个季节开始，脂尾倭狐猴会进入长达7个月的冬眠时间，到翌年1月的雨季、食物丰富的季节再苏醒过来。有时候，11—12月雨季来临的时候它们也会提前苏醒。而整个旱季就靠它尾巴上的脂肪熬过，冬眠结束后它们的体重可以下降一半。这是不可想象的，如果我们人类经过几个月体重下降一半的话，我们早就奄奄一息了。

　　越来越多的深入研究发现，冬眠是动物界非常神奇的事情，很多机理目前尚不清楚。但可以肯定的是冬眠的基因可能与长寿有关，因为很多冬眠动物在同体型的近缘物种中寿命是最长的。比如同体型的菊头蝠和不冬眠的老鼠相比，前者可以活到30多岁，后者却只有三四岁。科学家还在努力揭示其中的奥秘，说不定在不久的将来，我们被植入冬眠基因以后，寿命可以变成800岁呢！

作者后记：本文经过修改，曾以《冬眠奥秘，穿越生死》为题，刊于2016年第二期《博物》杂志（16~21页）。后来，我注意到，2017年安徽省中考语文试卷选取了这篇文章，题目改为《冬眠的奥秘》，并作了删减。此"真题"一出，我有很多朋友作为家长，在各种语文练习册、复习材料上都见到了拙文，而且不同教师编排了不同题目出给学生们。我觉得很荣幸，也颇有意思，故将这套真题以及"标准答案"，附于此，供大家一哂。

附：冬眠的奥秘 阅读附答案（2017年安徽省中考语文）

张劲硕

①严寒的冬天，我们总是向往着在被窝里长眠一冬——能像狗熊和青蛙那样冬眠就好了。然而我们大都不知道：那些冬眠的动物们，掌握着我们人类尚不知晓的惊天奥秘。

②冬眠是动物应对恶劣环境的一种策略，科学上叫"蛰伏"。有人会问，冬天里睡得多、睡得久，不就是冬眠吗？它们还真不是一回事儿，只是二者的区别不太容易看出来。拿鱼

来说，有几类鱼是会冬眠的，包括我们熟悉的鲤鱼、乌鳢，还有海里的鳗鲡。每当冬天来临，它们就把自己调到冬眠档：不吃、不喝、不游动。这看似与正常档的睡觉并无二致，但请注意它们的鳃！鱼类靠鳃呼吸，平时就算身体静止不动，鳃也会轻轻开合扇动。而进入冬眠的鱼，鳃也几乎不动，完全处于麻痹状态。除了呼吸，冬眠动物的体温、心跳等生命指征也都降到极低的水平，新陈代谢速率变得非常缓慢，与休克和死亡标准只差那么一点点——这就是冬眠与睡觉的本质区别。

③冬眠的意义在于，尽量减少身体内外的生命活动，将能量消耗降到最低，以挨过环境严酷的时间段。动物冬眠时，能把生命的时钟调得极慢。比如生活在北美洲的普通箱龟，冬眠时心脏 5~10 分钟才跳 1 次，实在让人惊叹。更夸张的是，它们几乎完全不呼吸，只靠皮肤吸入少许氧气！

④科学家还发现，冬眠不是"习惯养成"的问题，而是遗传基因决定的"天赋"。这种"天赋"还与寿命的长短有联系。一般来讲，哺乳动物的寿命与体型相关，体型小的新陈代谢快，寿命短；体型大的新陈代谢慢，寿命长。比如大象就活 80 年，兔子七八岁就算高寿。而蝙蝠打破了这个规律——冬眠的菊头蝠和同体型的、不冬眠的老鼠相比，前者可以活到 30 多岁，后者却只有三四岁。如果在同一物种中比较，如蝙蝠或者棕熊，依然是冬眠的寿命要长很多。

⑤冬眠是当下的热门研究领域。如果人类能像动物们一样冬眠，收获的就绝不仅仅是睡大觉的幸福感，也许还能长生不老。虽然对蝙蝠和棕熊等冬眠动物的研究能确定冬眠基因与长寿有关，但这些动物毕竟与我们人类相差太远。不过，在 2004 年，有个轰动科学界的发现：居然有一种猴子能冬眠！而人类

跟猴子同属灵长类动物，基因相似性很高。如果猴子能冬眠，这意味着我们人类也有可能做到。到那时，我们的寿命说不定可以达到800岁！

（选自《博物》总第146期，有删减）

5. 第①段在文中有什么作用？（3分）

答：

6. 朗读第②段，指出冬眠动物与睡觉的本质区别。（2分）

答：

7. 第③段加点词语"几乎"能否删去，为什么？（3分）

更夸张的是，它们几乎完全不呼吸，只靠皮肤吸入少许氧气！

8. 第④段画线句子运用了哪几种说明方法，有什么作用？（5分）

答：

9. 作者说"我们的寿命说不定可以达到800岁"，其推测依据有哪些？请结合④⑤两段简要概括。（6分）

答：

答案：

5.（3分）从人们向往冬眠引出冬眠的动物有着人类尚不

知晓的惊天奥秘这个话题，新颖别致，发人深思，易吸引读者的阅读兴趣，在结构上起到总领全文的作用。

6.（2分）冬眠动物的体温、心跳等生命指征也都降到极低的水平，新陈代谢速率变得非常缓慢，与休克和死亡标准只差那么一点点。

7.（3分）不能。"几乎完全不呼吸"说明还是有呼吸的，去掉"几乎"二字后，意思变成了一点儿都不呼吸，这与常识不符合，也不符合科学真理，这正体现了说明文语言的严密性与准确性。所以不能去掉。

8.（5分）列数字、作比较。通过冬眠菊头蝠与冬眠老鼠的比较，以准确的数字说明了蝙蝠打破了"体型小的新陈代谢快，寿命短；体型大的新陈代谢慢，寿命长"这个规律，突出了说明对象的特征，增强了说明的效果，给读者留下深刻的印象。

9.（6分）①冬眠可以提高寿命。②体型大的新陈代谢慢，寿命长——人类的体型相对比较大；③人类和猴子同属灵长类动物，基因相似性很高，猴子能冬眠，人类当然也可以。

动物世界的老毒物

"东邪西毒，南帝北丐"，在《射雕英雄传》中，这四位武林高手各有超强本领，唯有西域"老毒物"欧阳锋让人最膈应。他不仅具备独门武功——那种姿势难拿又有些搞笑的"蛤蟆功"，而且还动辄喜欢放些长虫来吓唬人，咬人……就算德高望重、武功盖世的洪七公都惧怕这老毒物三分。

在自然界中，一旦生物沾染上了"恶毒"之气，恐怕周围的生灵就不会对它有丝毫好感了，无论是动物、植物还是其他生物，都是利用有毒物质作为防御手段的一种生存方式。另外，有些动物具有毒素的最大好处就是攻击猎物，以获得食物。

"毒"霸武林的高手

在动物界，很多物种是通过释放毒液捕获猎物的，众人最熟悉不过的就是毒蛇了。毒蛇，在演化历史上并不是一个分类类群，而是包含了至少 4 个科，这说明毒液——这种特化的唾液在蛇类中的演化是多次衍变的结果。而世界上有毒的蛇类超过了 600 种，约为世界蛇类的五分之一。

眼镜蛇是一类剧毒蛇，莫桑比克黑颈眼镜蛇（*Naja mossambica*）生活在非洲东南部的稀树草原、林地和空旷地，可长达 1.5 米。它是最危险的眼镜蛇之一，可以将毒液喷射到 3 米开外。很多人有一种误解，以为眼镜蛇抬起前半身，是要攻击猎物——不错，有的时候的确是这样的。但其实，这种情况下大多是因为它们认为自己受到了捕食者或者敌人的攻击，做出的一种威慑姿态。眼镜蛇也有很多天敌，比如獴、蜜獾等食肉动物。当眼镜蛇遇到这些天敌，或者人类接近它们的时候，蛇就会抬起头部，颈部变得扁平，然后仔细地瞄准对方的头部，特别是眼睛，准备喷射毒液。莫桑比克黑颈眼镜蛇可以将身体的三分之一长度竖立起来，所以很容易将毒液喷射到大多数捕食者的眼中。

眼镜蛇毒液的毒性很高，可以引起严重的伤害，甚至失明。但它们很少直接上前去咬，大多数捕食者都会受到这种进攻姿势和超凡的喷毒技术的警告后，而逃之夭夭。如果这种眼镜蛇不断地被骚扰，它还会装死，通过这种方式希望它的天敌失去兴趣，并趁机溜走。

当然，对于人类或其他动物来说，被毒蛇咬仍然是相当致命的，但及时地自救或有效治疗通常是可以摆脱致命危险的。

毒蛇中的最毒者可能是内陆太攀蛇（*Oxyuranus microlepidotus*）。无论如何，可不要被它咬伤，除非能够非常及时获得有效的抗毒血清，否则人类被它咬一口，必将毙命。因为它的毒性实在太强了，是西部菱斑响尾蛇（*Crotalus atrox*）毒性的几百倍，是印度眼镜蛇（*Naja naja*）毒性的 50 倍，因此，它是世界上陆生蛇类中毒性最强的。

2005 年 5 月，我在湖北后河保护区遇到的菜花原矛头蝮，俗称菜花烙铁头

过去经常流行一句话："抛开剂量谈毒性，都是耍流氓。"原来，此语是由中世纪的瑞士医生、化学家、自然哲学家帕拉采尔苏斯（Paracelsus, 1493—1541）的一些名言演绎而来的，例如"Everything is a poison, nothing is a poison. It is the dose that makes the poison."他常用水银或鸦片等毒物给人治病，很多人便质疑他的做法，他就反驳说："万物皆有毒性，剂量才是决定毒性的关键。"（All things are poisons，for there is nothing without poisonous qualities. It is only the dose which makes a thing poison.）

今天，科学家则是使用半数致死剂量（Median Lethal Dose, LD_{50}）来量化有毒动物（或物质）的毒性的。简言之，LD_{50} 就是引起动物半数死亡的单一剂量；其单位为 mg/kg，LD_{50} 的数值越小，表示毒性越强；反之，LD_{50} 数值越大，毒性越低。所以，上面讲到的百倍、几十倍，就是该数值的比较。

内陆太攀蛇仅分布在澳大利亚中部的干旱灌木丛和草地中，身长可达 2 米，身体光泽，浅灰褐色，具有不规则的黑斑。它们的头部颜色深，这样在晨曦中只要从洞穴中探出头就可以使体温升高。太攀蛇的猎物是一些小型哺乳动物，如各种鼠类，这种蛇也会偷袭鼠类的地洞。太攀蛇会向猎物连续快速地多次扑咬，猎物一旦被咬，毒液会很快发挥作用，随即处于麻痹状态。

上边提到的西部菱斑响尾蛇也是一种剧毒蛇。然而，它还有一种特别的防御手段。这种响尾蛇体长 0.8~2.2 米，有显著的三角形头部，背部有菱形深色斑，生活于美国西南部和墨西哥干旱的岩石和荒漠生境。当这种响尾蛇遇到危险时，发出响亮的咯咯声是自然界中最负盛名的警告声。通常西部菱斑响尾蛇会待在原地而不是溜走。为了一些不必要的攻击而耗尽能量或浪费毒液是没有意义的，所以这种蛇通过摇响尾尖部的特殊结构来警示它的存在。如果这种警告奏效了，蛇将会离开，一般它会退到一个安全的藏身之地。人如果被响尾蛇咬到，会有潜在的致命性，但蛇仅仅在自我防御时才会攻击人类。它会用其毒液杀死鸟类和啮齿类作为食物。

最强毒手在海洋

海洋之大，无奇不有。最强的有毒生物几乎都生活在海洋之中，并且海洋中的毒物种类十分繁多，略举几例。

在澳大利亚北部、越南、巴布亚新几内亚和菲律宾海域中，有一种弗氏箱水母（*Chironex fleckeri*）。它的带刺触须中的毒液不仅可以防御，还可以用来杀死猎物。它不是真正的水母，而隶属于箱水母纲（Cubozoa），但二者有很近的亲缘关系。当箱水母漂浮在水中时，猎物几乎看不到它透明的身体。依靠喷水推进式，它的运动速度可达到每小时 7.2 公里。它是一个可怕的捕食者，有 24 个小眼分成 4 组，身体的每一侧有 6 个。这些眼中大多数是简单的器官，仅能感应明暗，但每一组中有一对眼有成像能力并能引导它朝向猎物。它的猎物通常包括小鱼和甲壳类，当这些猎物过来碰到长触须时，立即被箱水母击昏和麻痹。箱水母有多达 15 条触须，最长的触须可达 3 米，每条触须上带有 5000 个刺细胞，从身体的旁侧生出。箱水母是世界上最危险的有毒物种之一，会对游泳和潜水的人造成严重的威胁。它的刺针可以刺透肉体、甲壳类的角质层，甚至是软体动物的坚硬外壳。这些刺针可以造成极大的疼痛，并可引起心力衰竭，在人类受害者中往往是因为休克导致溺亡。

大乌贼（*Sepia apama*）是善于伪装的有毒猎手，其长可达 1.5 米，分布在澳大利亚南部及塔斯马尼亚海岸附近，栖息在海草或暗礁的石缝中。它是世界上最大的乌贼目（Sepiida）种类，通常会悄悄地接近或埋伏偷袭它的猎物。由于乌贼皮肤每平方毫米包含超过 200 个色素细胞，所以它们可以改变体色和皮肤的纹理与它们的背景相匹配。大乌贼身上一般有 3 种色素细胞，即黄、红橙和棕黑，在这些色素细胞下面，有一种虹膜色素细胞的反应细胞，两类色素细胞的作用，为乌贼的身体提供了蓝色和绿色的色调。乌贼有极好的双眼视觉并可以较好地判断距离。通过两个长的附有吸垫的触手来捕获鱼类和甲壳类。一旦猎物被带到嘴边，立即咬住并注入有毒的唾液。然后，它会通过尖锐的、好似鹦鹉嘴样的喙将猎物撕碎。

说起海洋生物，就不能不提最聪明的"章鱼哥"。2008 年的欧洲杯、2010 年的世界杯使得"章鱼保罗"（Paul the Octopus，2008.1.26—2010.10.26）成为家喻户晓的动物明星。不过，"章鱼哥"是一种真蛸（*Octopus vulgaris*，亦称普通章鱼）。而很多种类的章鱼其实是有毒液的。在太平洋和印度洋的热带区域的西部，就生活着一种蓝环章鱼，它非常喜欢出没于浅礁石、岩石区域和海岸带。它是一种小型章鱼，身长 10~24 厘米，身体和触手之上有明显的蓝色环斑。这种小章鱼身上蓝色的小环暗示着它拥有致死的本性。当章鱼激动或受到刺激时，这些纹理散发出鲜艳的珠光般的蓝色，但在休息时，就没有这种蓝色。它的唾液含有致死的毒液可以毫不留情地杀死猎物，对于潜在的捕食者来说也同样有效——那些幸存者很快就知道了要远离这些章鱼。蓝环章鱼属（*Hapalochlaena*）至少有 10 个近缘种，它们都是有毒的。蓝环章鱼咬到一个成年人之后，可以在 15 分钟内使其致死。

众所周知，海洋世界中拥有多种多样、色彩艳丽的鱼类。如果您有机会潜水，遨游于鱼群之中，见到那些美丽的小鱼可不要乱碰。毒鲉就是一类浑身长着毒刺的美鱼。玫瑰毒鲉（*Synanceia verrucosa*）和翱翔蓑鲉（*Pterois volitans*）是亲缘关系很近的毒鲉，后者俗称普通狮子鱼，生活于印度洋东部和太平洋西部的热带海域。它并不是通过伪装来保护自己的，而是靠鲜艳的警告色。它的鳍和躯体布满了红白色相间的醒目条纹，这在告诉周围的动物："最好离我远点儿！"它的胸鳍和背鳍高度特化，由长而剧毒的棘刺组成，并且这些有毒的鳍刺有的是可以转动的，它可以转向攻击者的方向。这些刺能造成巨大的刺痛，尽管它很少对人类生命造成威胁。蓑鲉出没于黄昏，经常在大型捕食者和潜水员面前捍卫自己的领地。它游得缓慢，自信于它的棘刺保护。它的胸鳍还有另外一个功能，即对自身起到保护作用，防止被礁石卡住。

六足毒虫

我们小时候，可能有被蜜蜂、马蜂蜇到的经历。那种痛楚使我们终身难忘。即使没有被它们咬到，在听说它们的本事之后，我们见到它们也会敬而远之。

像其他胡蜂或黄蜂一样，欧洲胡蜂（*Vespa crabro*）用刺来防御。这种欧洲最大的社会性胡蜂的刺足以伤害到蜥蜴和鸟类。刺也是用于猎食其他昆虫的武器。对于人来说，一根刺通常只是引起疼痛但不会造成伤害。然而，一只胡蜂在巢穴附近被杀死，会释放警报信息素招来其他胡蜂群起而攻之。拿起胡蜂可以看到它的螫（shì）针，这种刺没有倒钩，所以它可以多次使用。

在非洲南部，有一种发泡锥头蝗，俗称泡沫蚱蜢（*Dictyophorus spumans*）。这种蚱蜢通过分泌黄色泡沫来抵御捕食者来保护自己。这种分泌物是由昆虫血液衍生而来的，具有毒性，在通过胸部的气门（呼吸孔）时和空气混合而成。这种泡沫令人生厌的有效成分来自蚱蜢吃的植物。虽然这种蚱蜢没有鲜亮的颜色，但黄色的泡沫可以作为一种警示——这种动物不好吃。它属于锥头蝗科（Pyrgomorphidae），该科的许多种都有鲜艳的颜色。

如果说到昆虫世界最有毒的种类，恐怕非蚂蚁莫属。但这里说的蚂蚁，不是普通的蚂蚁，而是一种亚利桑纳收获蚁（*Pogonomyrmex maricopa*），它被认为是世界上最毒的昆虫之一，其半数致死剂量（LD_{50}）为 0.12 mg/kg，换句话说，只需要 0.12 毫克的这种毒物，就可以使体重为 1 千克的 50% 的实验大鼠死亡。LD_{50} 是一种表明毒物毒性的量化指标，蜜蜂螫刺中毒液的 LD_{50} 为 2.8 mg/kg。也就是说，这种收获蚁的毒性是蜜蜂的 20 多倍。收获蚁的毒素内含有氨基酸、肽和蛋白质，也含有生物碱、萜烯、多醣、生物胺、有机酸等化合物。

千蛛万毒手是靠什么蜘蛛练就的？

金庸先生（1924—2018）似乎对动物的毒性吃得很透。在《倚天屠龙记》中，天鹰教教主殷天正的孙女殷离和她的母亲练就了千蛛万毒手的武功，遗憾的是因练此功而使美貌变丑。

在大自然中，确实有不少种类可为殷离姑娘提供练功的"原材料"。捕鸟蛛就是上等的毒蜘蛛。顾名思义，这类蜘蛛有能力捕捉鸟类，可以想见其体型不小。它们的腿展可达 28 厘米，属于捕鸟蛛科（Theraphosidae），广布于世界热带和亚热带的树木与地穴中。它们在捕猎时会使用毒液，毒液位于螫牙内的毒腺之内，当捕鸟蛛捉到猎物时，它们会把毒液注入猎物体内。但在自身防御方面，它们就很少使用毒液，而是释放一些被称为螫毛的刺激性的刚毛。这些刚毛生长在蜘蛛的腹部，也就是后体。这些毛很容易通过用腿磨擦后体来释放。刚毛有倒刺，可以对附着部位产生不同程度的刺激。如果被小型哺乳动物吸入甚至能致命。一些捕鸟蛛也会把螫毛设置在洞口的入口处，来充当领地信号，可以阻止试图挖它们出来的动物；甚至雌性的蜘蛛会把螫毛编织到它的卵茧中。除美洲之外，其他地区的捕鸟蛛没有螫毛。

悉尼漏斗网蛛（*Atrax robustus*）的体长为 2~4 厘米，腿展为 6~7 厘米，是世界上最危险的动物之一。它生活在澳大利亚，特别是临近悉尼的湿润的森林和花园的漏斗网状的洞穴中。当它被打扰时，会立起来恐吓对手，巨大的毒牙上出现白花花的毒液。如果被骚扰，它会反复地咬，甚至可以咬穿指甲。它牢牢地锁定对手后，蜘蛛会注入包含漏斗网蛛毒（Atraxotoxin）的毒素，这种毒素会破坏神经系统。灵长类（包括人类）对这种毒素非常敏感，只需 15 分钟就可以被杀死。奇怪的是，这种毒素对普通的宠物，比如猫和兔子几乎没有作用。大多数人被咬的事件都发生在夏季和秋季，此时正是雄性的蜘蛛离开它们的巢穴四处游荡，寻找雌性交配的时候。

2002 年 11 月 29 日，我在云南勐远的洞穴拍摄的蜘蛛，后发给李枢强研究员鉴定，最终于 2008 年确定为一新种，波状华遁蛛（*Sinopoda undata*）

2007 年 6 月，我在云南版纳洞穴内拍的另外一种华遁蛛属（*Sinopoda*）的蜘蛛

再叙 "五毒"

说起老毒物，不能不提 "五毒"。民间自古就有 "五毒" 的说法，比如青蛇、蜈蚣、蝎子、壁虎和蟾蜍；也有说是蛇、蜈蚣、蝎子、马蜂、蟾蜍；或者是蛇、蜈蚣、蝎子、蜘蛛、蟾蜍。第一种说法最流行，但却不科学。因为壁虎是没有毒性的，但壁虎的近亲，一些蜥蜴是有毒的。前文已经提到了几种有毒动物，下面我们再说说另外几种。

蝎子是剧毒的动物。它们捕捉到昆虫等猎物，会将尾部上的螯刺中的毒液注入猎物体内。其实，蝎子也是挺胆小的动物。它们遇到危险时，通常先会逃走或躲藏，走投无路的情况下才会动用刺来防御。肥尾蝎（*Androctonus crassicauda*）是一种生活在土耳其和中东干旱地区的蝎子，有宽而肥厚的尾部而得名，它平时躲避在石头、碎片之下或墙体内。它在防御敌人和攻击猎物的时候，都会抬起尾巴，摆出一个经典的 pose，时刻准备着用毒刺来抵御或攻击。该物种和同属的其他种类都是有剧毒的，注入的神经毒素有时会致命。它用强壮的钳来捕捉猎物，有时也用刺来捕获大型猎物。

蜈蚣是一类多足动物。它们的毒液位于第一对足的钩子内，以及上下颚牙中。虽然被蜈蚣咬伤，会有红肿表现，稍严重会有恶心、呕吐等症状，但被蜈蚣咬死的情况极少。相反，蜈蚣在我国的传统医药中发挥着很大的作用，是一味重要的中药材。

最后一位 "五毒" 动物是蟾蜍，即癞蛤蟆。最毒的癞蛤蟆是原产于中南美洲的蔗蟾（*Rhinella marina*），后被引入澳大利亚和美国。它的体长可达 23 厘米，身体粗壮，腿短小。这是一种巨大的两栖动物，是世界上最大的蟾蜍。它通过喷射一种由眼睛后部类似腮腺的皮肤腺分泌的高效毒液，来应对敌害。当危险来临时，蔗蟾转身使腺体对着进攻者，毒液可以喷射一小段距离。在它的原产地，捕食者在一定程度上已经适应了这种黏糊糊的毒液，但在它的引入地澳大利亚和夏威夷，许多宠物狗在触碰到蔗蟾的毒液后会死掉，人甚至也会感染上疾病。其实，蔗蟾是为了控制在甘蔗地里的甲虫类害虫于 1935 年被引入澳大利亚的。它无视"害虫"，而喜欢吃差不多所有其他的东西。现在，这种蟾蜍自身也成为有害生物（外来入侵物种），已经扩散到广大的昆士兰及郊外，在一些地区数量巨大，对当地的野生动物有严重的危害。

正在抱对（交配）的中华大蟾蜍

在动物世界，有毒的动物还有很多，它们在大自然中演化了几百万，乃至上千万年，成为适应生存的生力军，也构成了丰富多彩的生物多样性。它们的毒，还等待着我们深入的探究。

名不副实的金丝猴家族

1870 年，川金丝猴被科学命名；

1897 年，滇金丝猴被科学命名；

1903 年，黔金丝猴被科学命名；

1912 年，越南金丝猴被科学命名；

2010 年，缅甸金丝猴被科学命名！

以上这五位兄弟，构成了金丝猴家族。它们和我们人类一样，都属于灵长目动物。不同的是，它们被归入猴科疣猴亚科（Colobinae）金丝猴属（*Rhinopithecus*）。

说它们是"金丝猴"，实在名不副实。严格地讲，这个家族不应该叫"金丝猴"，除了川金丝猴一位有"金丝"以外，其他诸位的周身没有一根"金丝"，跟金色或黄色完全不着边。这 5 种"金丝猴"之中，仅有川金丝猴是金黄色的，而且由于地理差异，有的亚种也没那么金黄，其他各种的"衣服"都是昏暗的黑色或灰色，黔金丝猴和越南金丝猴则有些橙黄色，滇金丝猴则有白色或米黄色，而缅甸金丝猴其实更应该叫"黑丝猴"——全身都是黑色的。从它们的属名可以看出，*rhino* 在希腊语中表示鼻子、上翘的意思；*pithecus* 则指猴子。因此，动物分类学家通常称它们为"仰鼻猴"。

北京动物园的黔金丝猴

顾名思义，这些猴子的鼻子是朝天鼻。或者，大家可以想象，您的鼻梁被挖走了，剩下的部分就是仰鼻猴的大致模样了。很久以来有一种说法，金丝猴在下雨之时，它们必须耷拉着脑袋，以免鼻腔进水。这似乎给猴子们出了难题，瓢泼大雨之际，它们还敢出门吗？出门不打伞，外露一个朝天鼻，那不等着被往里灌进雨水嘛。为此，我曾请教过专门从事金丝猴野外生态研究的科学家。他们大多认为，金丝猴的鼻子虽然鼻孔向上，但还不至于被水呛着。不过，在下雨天，包括猴子在内的许多动物都会减少活动量，缩小活动范围。金丝猴们也会变得相对老实，但很少见到所有的猴子为了防止水流进鼻孔，而全都低着脑袋的。但在这种情况下，一些猎人们就更容易捕猎它们。

美猴王的原型吗？

从川金丝猴（*Rhinopithecus roxellana*）的外观看，它最应该称为"美猴王"。目前世界上已知猴科种类近 170 种，鲜有像川金丝猴身披金黄色外裳的。虽然，生活在南美洲的某些狨或猾的皮毛金黄，但它们的体型太小了，不如川金丝猴那么健美。在英语世界，它们索性被称为 Golden Monkey，即金猴。

无论在吴承恩（约 1500—1582）的小说语言描述上，还是中国传统戏曲中，抑或是美术作品或影视作品中，孙悟空的形象脱离不了金黄色的元素。特别是，中央电视台电视连续剧《西游记》，六小龄童先生（本名章金莱，1959— ）塑造的孙悟空是最帅最美的一只猴子了。然而，吴承恩真的亲眼见过川金丝猴吗？从历史分布上看，川金丝猴至少在明朝并没有生活在吴先生的老家——江苏淮安一带。而彼时，在中国大地上分布范围最广、和老百姓生活最密切的猴子是土黄色的猕猴（*Macaca mulatta*；种本名就是黄褐色之意）。吴承恩亲自观察、研究的猴子只有猕猴可能性最大。而"美猴王"孙悟空更大程度是被人工修饰了，是文学家和艺术家的加工或夸张表现。

说到这里，就不能不再细化川金丝猴的家世。因为，即使都叫川金丝猴，也分出了三六九等。正所谓"一方水土养一方人"，川金丝猴作为分布范围最广的仰鼻猴，在地理上出现了差异，千万年的地理隔绝，使它们进一步分化，形成了 3 个地理亚种。

生活在四川到甘肃南部的被称为四川亚种，即指名亚种（*Rhinopithecus roxellana roxellana*），由法国传教士大卫神父（Père David or Jean Pierre Armand David, 1826—1900；中文名为谭卫道，亦译作阿尔芒·戴维、阿芒·大卫）最早在四川穆坪发现并采集标本，这个地方是包括大熊猫在内的一批中国野生动物的模式标本产地，即今日之四川省雅安市宝兴县穆坪镇（过去拼作 Moupin）。标本后来被运往法国巴黎的国立自然博物馆（Muséum National d'Histoire Naturelle；或译为法国国家自然博物馆）由法国博物学家、动物学家，馆长亨利·米尔恩—爱德华兹（Henri Milne-Edwards, 1800—1885）于 1870 年命名。

于是，在分类学上，最早发现和命名的那个亚种，被称为"指名亚种"。这个亚种的颜色更深，有很多黑色毛丝。1998年，中国科学院昆明动物研究所研究员王应祥先生（1938—2016）等人则发表了另外 2 个亚种，即生活在湖北西部神农架地区的湖北亚种（*Rhinopithecus roxellana hubeiensis*）和分布于陕西秦岭地区的秦岭亚种（*Rhinopithecus roxellana qinlingensis*）。神农架的川金丝猴颜色显得苍白，只有秦岭的川金丝猴是最漂亮的，为鲜亮的金黄色。

川金丝猴通常栖息于海拔 2000～3500 米的亚高山针叶林，在冬季则下降到阔叶林和混交林之中。它们更依赖于原始森林，但在食物短缺的严寒，它们也愿意走出密林，而接受人类的施舍——尽管这样做，对猴子未必是好事儿。川金丝猴喜爱觅食各种树叶、铁杉的嫩芽、树皮，以及各种果实、昆虫、鸟卵，也会吃那些挂满潮湿寒冷森林中树枝上的松萝。它们主要为树栖，偶尔也会下到地面。在秦岭，有的保护区管理人员或研究者为了便于观察，用食物招引它们，因此可以见到很多猴子在地面活动。这种"人为手段"是否对猴群的自然演变产生干扰，目前仍有争议。但毫无疑问，人类的确改变了它们一部分习性。

与绝大多数灵长类动物一样，金丝猴都喜欢集群生活，多达百只，甚至几千只的大群体。这可能是由许多亚群组成，它们能够并无规律地分散和重组。较小的家庭群由5~10个个体和单独一只成年雄性组成，并在该物种内形成基本的社会单元。群体在移动的过程中也很有规矩，我的导师张树义教授和师兄任宝平博士等人在多年前曾研究发现，每次家族迁移的时候，总是猴王或几只充当军机处大臣角色的公猴冲在最前面，母猴和幼猴随后，队尾则是由年富力强的青年雄猴或亚成体断后。群体的活动范围可达数平方公里。一般情况下，雌性在5岁时就开始谈婚论嫁了，雄性则要达到6岁半才能性成熟。它们在秋季交配，怀孕6个月后于春季产下幼崽。

上帝为我涂口红

造物主的伟大在于她可能是随心所欲的。偏偏是滇金丝猴的嘴唇上被上帝涂抹了口红，成为除了人类之外，唯一一位有鲜红嘴唇的动物。

滇金丝猴（*Rhinopithecus bieti*）则是由另一位杰出的法国博物学家、动物学家阿方斯·米尔恩—爱德华兹（Alphonse Milne-Edwards, 1835—1900）命名的。而前边提到的亨利，则是他的父亲。而且他们父子俩都担任过法国国家自然博物馆馆长之职。仅亨利一人，就为1400余个种、350余个属命名。他们父子二人为世界上众多的兽类、鸟类、甲壳类、软体类、珊瑚类动物命名。后来的科学家为了纪念亨利及其儿子阿方斯对动物分类学的巨大贡献，已经有六七十种动物是以他们的名字命名的。

当阿方斯·米尔恩—爱德华兹在法国国家自然博物馆工作的时候，第一眼见到这只猴子的标本，他惊呆了——这种猴子他从未见过——它的体型硕大，尾巴很长。背部、体侧、四肢侧面、手、足和尾都是浅灰黑色。颊、耳、颈侧、腹部和四肢内侧为白色。他在仔细研究了外形和头骨之后，认为这号标本是 17 年前他父亲命名的川金丝猴的近亲。为了感激法国传教士和博物学家菲利克斯·别特（Félix Biet, 1838—1901）收集标本，阿方斯将这种猴子用他的名字命名。

由于滇金丝猴的毛色黑白分明，所以我国杰出的灵长类学家、中国科学院昆明动物研究所研究员赵其昆先生称它为"黑白仰鼻猴"。在 2010 年发现缅甸仰鼻猴之后，如果把它还称为"黑仰鼻猴"的话，就不合适了，显然更黑的仰鼻猴应该属于新种——缅甸仰鼻猴。此外，滇金丝猴最大的特点是裸露的面部皮肤为粉红色，在浅蓝色鼻上有黑斑。嘴唇是深深的、带有红色的粉色。更有意思的是，它们的幼体是乳白色的，随着年龄的增长才会逐渐变为浅黄色，最后变为灰黑色。此外，成年雄性在背部和头冠还有很长的毛发。

滇金丝猴的家住得更高，它们的栖息地位于高海拔的常绿针叶林，以及海拔为 3400~4100 米的云冷杉林、针阔混交林。它们最爱吃的是地衣（松萝），事实上在那种高海拔环境中，可寻觅的食物非常有限，它们也会吃树皮、树叶、竹子、橡子和一些浆果。在演化过程中，滇金丝猴的肠胃非常适合消化松萝，它们有一个囊状胃，帮助消化粗糙的纤维素，如果吃精饲料的话，反而会生病。特殊的生理结构使该物种能够在这些森林中进食粗糙的和木制的材料度过严寒。

　　滇金丝猴也喜集大群，多达200只，包括许多小的单雄群。在繁殖季节，大群分为若干个家庭单元、小群和全雄群。它们长而浓密的毛也是对当地寒冷潮湿环境的一种适应性。它们在林线以上觅食或在地面活动。群体以列队行进的方式活动，大约花费三分之一时间觅食，三分之一时间休息。寒冬季节它们下到低海拔地区。在金丝猴家族中，滇金丝猴是最温文尔雅的了，它们的叫声很温和，呈连续的低沉音，很少听到高声的叫喊。

我国特有的滇金丝
猴一家
（吴海峰　摄）

　　在滇金丝猴的保护史上，最著名的事件就是野生动物摄影师奚志农先生（1964—　）等人于1995和1996年发起的保护滇西北德钦县原始森林和滇金丝猴的环保活动，由此也开始了您与著名环保作家唐锡阳先生（1930—2022）等人开创的大学生绿色营活动。这成为了中国民间环保运动的一个里程碑事件。

梵净山的居士

　　我小时候听说梵净山的名字，就对她有一种由衷的敬畏感。"梵天净土"，正是梵净山名字的来由，因为继五台、峨眉、九华、普陀外，这里是我国佛教的第五大名山，是弥勒菩萨的道场。

古人称梵净山"崔嵬不减五岳，灵异足播千秋"。这里奇秀壮美，层峦叠嶂，怪石嶙峋，云雾缭绕，宛若仙境。正是这块风水宝地，孕育了众多奇花异木、珍禽异兽。毋庸置疑，黔金丝猴（*Rhinopithecus brelichi*）就是这里的一张名片，甚至是整个贵州省的生物名片；它们是梵净山的居士。全世界，也只有在梵净山可以找到它们。

常年地"养在深闺人未识"，使这一物种变得愈加神秘。科学家对它们的研究也非常少。老百姓更难见到它们的尊容，只有最近几年，北京动物园和北京野生动物园公开展出之后，我才有幸真正见到了黔金丝猴。然而，提及这一物种，我们单位的灵长类动物研究的前辈、中科院动物研究所全国强先生（1935—2021）则颇为自豪，因为您曾经饲养过一只黔金丝猴，并且像溜狗一样，给猴子拴着铁链，在动物所院子内闲逛，吸引了不少眼球。这是怎么回事呢？

全先生曾告诉我，1967 年 9 月，在梵净山西部的金盏坪，当地猎人捉到了一只雌猴。原来，它是下山来偷瓠（hù）瓜吃的，前肢被一个绳套套住了。当时正值特殊时期，山上山下两个派别正斗得热火朝天，都想抢到这只猴，作为珍贵礼物献给毛主席。有关单位接到电报以后，立即通知中科院动物研究所，便派来全国强和陆长坤二位先生前来迎接。经过全先生的精心照顾，3 个多月以后，这只猴子的体重由刚来时的 7.7 千克增加到 8.4 千克了。

1968 年初，全国强先生恋恋不舍地将这只黔金丝猴移交给北京动物园，但当时没有对外展出。1969 年，这只母猴子还与来自秦岭的川金丝猴交配，于1970年3月15日清晨，诞下一只雌性幼崽。无独有偶，1970年4月，在梵净山南部的盘溪，又捉到一只雄猴，也被送到北京动物园。之后，二猴见面，情投意合，步入洞房。不幸的是，雌猴进食过多精饲料，导致肠胃疾病而亡，胎死腹中，未能留下香火。雄猴也在1974年1月逝世。而那只雌性黔金丝猴的杂交后代，居然也产下了幼崽，在生殖上的没有隔离性，使全先生一直怀疑，黔和川这两种所谓的金丝猴或许应该算是同一个物种。五十多年前的这个故事，也成为了黔金丝猴与人类最有趣而又可悲的一次邂逅。

虽然梵净山国家级自然保护区的研究人员、贵州师范大学生命科学学院，甚至国外的灵长类学者都对黔金丝猴作了一些初步研究，但对这个物种，我们仍所知甚少。1992年的调查，估计黔金丝猴有600~1200只，2005年的调查显示种群估计约有750只，且有繁殖能力的成熟个体不足400只。

在本书即将付梓之时，我查阅了"IUCN红色名录"。就在2022年3月27日，我国灵长类学家龙勇诚、李保国、周江、任宝平及保罗·加伯（Paul A. Garber）先生将黔金丝猴评估为极危级（CR），野外成熟个体约为200只。可见，黔金丝猴的种群数量下降明显，其命运岌岌可危，拯救黔金丝猴的工作任重道远！

另一种极危的灵长类

川、滇、黔，这三种金丝猴可以说一个比一个更加珍稀，种群数量一个比一个少，但在国际自然保护联盟（IUCN）的《受胁物种红色名录》中，前两者属濒危级（EN），后一者也是 2022 年 3 月刚晋升为极危级（CR）的。而比濒危级更少、更稀有，灭绝风险更高的极危级，则一直由越南金丝猴（*Rhinopithecus avunculus*）占据着这个位置。

乐观地估计，这一物种野外种群为 250 只，但 2015 年 11 月科学家对其估计的成熟个体的种群数量可能只有 80~100 只。IUCN 与国际灵长类学会（IPS）、保护国际（CI）每两年对世界灵长类动物开展保护级别的评估，越南金丝猴始终在《世界最濒危的 25 种灵长类》名单之中！

越南金丝猴是越南体型最大的非人灵长类动物，它们最早发现于越南西北部的东京地区（Tonkin），所以它的英文名为Tonkin Snub-nosed Monkey，即东京仰鼻猴，此东京非彼东京（日本）。虽然始见于东京地区，但多少年来，这个物种几乎从人们的视线中消失，一度认为它们已经灭绝了。直到 20 世纪90 年代，才又在越南北部宣光省的纳杭县被重新找到。由于大面积的森林砍伐和滥捕乱猎，越南金丝猴如今仅局限在 4 个省很小的范围之内，种群破碎化，且数量极其稀少。

越南金丝猴生活地区的海拔较低，为 200~1200 米，特别依赖原始森林生存。科学家研究发现，这种金丝猴取食多达 52种植物，但也非常挑剔，它们仅采食嫩绿的树叶和多汁香甜的果实，这和它们居住的热带雨林或季雨林环境有关，不像生活在高海拔、"贫瘠、严酷"地区的滇金丝猴生活那么艰苦。但与滇金丝猴近似的一点是，它们的嘴唇是粉色的，或略显红色，但不如滇金丝猴的鲜艳。

我记得，野生动物摄影师徐健兄曾告诉我，他们在广西与越南交界地区进行野生动物考察和拍摄的时候，也在较早之前听说过，我国境内或有越南金丝猴之种群。从本身该种分布范围看，至少历史上可以想见，它应该是在我国境内有过分布。若此点被证实，那么我国是拥有金丝猴属全部 5 种的国家。

最后的贵族

2010 年 10 月 27 日，《美国灵长类学杂志》（*American Journal of Primatology*）发表了一篇论文：金丝猴属中发现了一个新种，并被命名为"缅甸金丝猴"（*Rhinopithecus strykeri*）。这则消息引起了科学界的轰动，因为人类已经很久没有发现这么大型的动物新种了。

当看到新种金丝猴的照片时，您会想到什么？迈克尔·杰克逊（Michael Jackson, 1958—2009）、嬉皮士（Hippie or Hippy），还是 Lady Gaga（Stefani Joanne Angelina Germanotta）的多变造型？除了浑身的黑毛、泛红的嘴唇，以及耳朵、脸颊和会阴部少许的白毛，最特别的是头顶那簇长长的毛发，好似特意修剪的"边幅"。从外观上看，它好似是一只掉进黑色染缸的滇金丝猴。更有意思的是，新种发现地就在缅甸东北部，并属于与我国云南省西北部接壤或邻近的地区，可以说，缅甸金丝猴是与滇金丝猴隔两江（澜沧江和怒江）而望。可以猜测，是澜沧江和怒江孕育了两种不同的金丝猴，这种地理隔离是形成物种的原动力。

2010 年 2 月，缅甸生物多样性和自然保护协会与英国的自然保护组织——野生动植物保护国际（FFI）在该地考察东白眉长臂猿时，无意中，他们从当地许多猎人那里了解到，在丛林中有一种身体全黑色的大猴子。并且，缅甸科学家从猎人手中收集到了一件皮张，以及 4 具头骨。后来，在四五月份，瑞士灵长类学家托马斯·盖斯曼（Thomas Geissmann）和他的同事，以及缅甸研究人员再次前往该地考察，进一步了解这种猴子的情况。通过与其他 4 种金丝猴的比较研究，盖斯曼博士与缅甸动物学家共同认定，这是一个金丝猴新种！

值得一提的是，在美国有一个弯弓基金会（Arcus Foundation），这个基金会致力于同性恋的相关事情（同性恋被称作"弯的"，故基金会叫 Arcus，意为弓、弧、弧状云、弓形云），以及类人猿的研究和保护（当然，灵长类动物中也有大量的"同性恋"或同性性行为）。因为该基金会长期资助缅甸的灵长类研究和保护工作，所以为了向基金会的创始人、总裁乔恩·斯瑞克（Jon Stryker；他主要从事医疗设备生意，2022 年以 42 亿美元财富位列"福布斯全球亿万富豪榜"第 687 位）致敬，科学家们用斯瑞克的名字来命名这个灵长类新种。

科学家们发现，在缅甸，新种金丝猴有 5 个分布点，它们生活在海拔 1720~3190 米的雨林中。据猎人介绍，这些猴子在夏季更喜欢海拔较高、较凉爽的地方栖息，而在冬季迁移到海拔较低的阳坡生活。通过实地考察、走访猎人，盖斯曼等人认为该地区有 3~4 个猴群，260~330 只。毫无疑问，它们刚被人类发现，就被列入了极度濒危动物的名单之中。目前，对这种猴子的行为和生态方面所知甚少，亟待人们的研究和保护。

2011 年 10 月，我国云南省高黎贡山国家级自然保护区等机构对我国境内的缅甸金丝猴做了野外调查工作，终于查明，这种"黑丝猴"在我国主要分布在怒江西岸的高黎贡山原始森林之中；主要分布于云南省怒江傈僳族自治州泸水市的片马镇、鲁掌镇、大兴地乡和秤杆乡等地。据此，我国著名灵长类学家、中国动物学会灵长类学分会首任会长龙勇诚教授（1955—　）

建议，为了更好地宣传与保护这种金丝猴，建议国内中文名叫作"怒江金丝猴"。

　　金丝猴家族的五位大员介绍完了，在 2021 年最新修订的《国家重点保护野生动物名录》中，它们均被列为国家一级重点保护野生动物，严加保护！这些猴子是多么神奇而美丽，但它们又是无比濒危和脆弱的。它们需要人类的呵护，需要我们保护好森林，保护好它们的家园，让金丝猴家族有一个更加光明的未来！

蝙蝠：低调的兽族豪门

作者按：如果说按照动物的种与类来划分的话，我写过的蝙蝠方面的科研和科普文章是最多的了。2019 年 12 月，新型冠状病毒感染（COVID-19）爆发，之后一时间蝙蝠作为病毒的可能潜在自然宿主，而被推向了风口浪尖，引起了广泛关注。我也在第一时间通过微博、微信公众号、视频、电视节目、新闻采访以及科普文章等多种形式，尽可能多地介绍蝙蝠有关科学知识，减少人们对蝙蝠的误解，试图汰除人们对蝙蝠的"妖魔化""污名化"。这篇文章是 2020 年 4 月号《博物》杂志邀请我撰写的有关蝙蝠类群的基本情况；附上编辑何长欢博士对我的采访。

原编者按：蝙蝠，或许是 2020 年大家最为难忘的动物了！但是，您真的了解蝙蝠吗？我们邀请国家动物博物馆研究馆员、国际自然保护联盟物种生存委员会蝙蝠专家组成员、《博物》特约审校、从事了 20 余年蝙蝠研究的张劲硕博士，为大家展示一个你所不知的蝙蝠家族。

蝙蝠，是我们既熟悉又陌生的一类哺乳动物，其全部种类构成了一个类群，科学家称之为翼手目，拉丁文名为 Chiroptera，*chiro* 是手、手掌的意思，*ptera* 是翼、翅膀的意思，很多昆虫纲中目的拉丁文词缀也是后者。

翼手目是仅次于啮齿目的第二大哺乳动物类群，也是唯一真正会飞行的兽类——地球上出现的生命，会飞者仅有昆虫、翼龙、鸟类和蝙蝠四大类。2007 年科学家统计，世界上现存翼手目 19 科 202 属 1133 种，但截至 2019 年底，我们再重新统计的时候发现，这个数字已经变更为 21 科 227 属 1413 种。您没有看错，十二年一轮之后，蝙蝠多了近 300 种！平均每年约有 23 种蝙蝠被科学家发现和命名。

而如今，全球的哺乳动物约 6800 种，差不多每 4~5 种兽类，就有 1 种是蝙蝠，而且不要忘了，其他类群多出来的种类很多是由亚种提升为种的，例如长颈鹿 1 种变为 8 种，羚牛 1 种变为 4 种，而蝙蝠是真的被科学家新发现、新描述的。这极大地暗示了蝙蝠是整个哺乳动物十分庞大、且未知度最高的类群。

过去的经典分类，科学家是按照外观、形态，特别是头部、头骨，甚至阴茎骨特征对蝙蝠进行分类。由此，翼手目下分大蝙蝠亚目（Megachiroptera）和小蝙蝠亚目（Microchiroptera）。前者仅包括狐蝠科 1 科；后者包括 18 科。但自从分子生物学不断发展，人们对物种的演化关系渗透到了基因或基因组层面，所以我们更加清楚地了解到了物种与物种、类群与类群之间的关系。

长颈鹿的分类发生了很大改变，马赛长颈鹿现为一独立种

2001 年，科学家提出了新的分类系统并得到广泛认可、应用，即翼手目下分为阴翼手亚目（Yinpterochiroptera）和阳翼手亚目（Yangochiroptera）。这个名称的使用，得益于美国自然博物馆（American Museum of Natural History）著名动物学家、蝙蝠专家卡尔·库普曼博士（Karl F. Koopman, 1920—1997）对我国阴阳学说的兴趣。1994 年，他首先提出了新的分类体系，并创造出来了新的亚目的拉丁文。

后来的支序分类学家、分子系统发育学家作了厘定，并最终确定为：阴翼手亚目包含 7 科，即狐蝠科、菊头蝠科、蹄蝠科、叉鼻蝠科、假吸血蝠科、凹脸蝠科和鼠尾蝠科，其他 14 科则隶属于阳翼手亚目。

有很多人会问，你们分类学家是闲的没事儿干吗？把这些动物分来分去的。其实，这些分类关系反映的是这些物种在漫长的演化过程中形成的亲缘关系，层级越低就意味着它们的关系越近。所以，问题来了，这么多蝙蝠，它们的祖先到底是谁，它们是如何演化到今天的呢？

我们虽然很难发现或者确定蝙蝠的祖先到底是谁，但是通过分子系统发育关系研究，大致可以认为早在 1 亿年前，蝙蝠的远祖就已经出现了，不过那个时候可能还不够确切，或者说是许多哺乳动物的共同祖先。而在 8000 万年前，姑且叫"天马兽"的祖先开始分化为两大分支，一个朝天空发展，逐渐演变为今天的蝙蝠，另一支继续在陆地发展，成为今天的奇蹄类、偶蹄类。所以，有意思的是，现存的兽类中，和蝙蝠亲缘关系最近的是大骡子大马，以及食肉类动物，反而和老鼠、鼩鼱、鼹鼠那些长得像蝙蝠的动物关系更远。

在大约 6500 万年前，称霸地球的恐龙等众多爬行动物灭绝，导致小型哺乳动物蓬勃发展起来。类似中古兽这类小型食虫类开始得以快速发展，尽管有科学家认为蝙蝠的祖先已经在天空中见证了恐龙的灭绝。它们先演化出巨大的手掌，以及皮膜，之后大约在 6000 万~5600 万年前开始滑翔，甚至已经能够飞翔了。

但真正有化石记录的是食指伊神蝠（*Icaronycteris index*），发现于美国怀俄明州的普拉凯特湾（Polecat；原意是指某些鼬科或臭鼬科动物，如林鼬、艾鼬，在北美洲一般指黑足鼬，甚至臭鼬）海滩岩层中，距今已有 5250 万年。这种蝙蝠虽然已经具备了翼膜，但它的第二指仍然呈游离状。身体的其他结构已经告诉我们，它已经是比较成型的蝙蝠了。

毫无疑问，物种演化的根本是基因的突变。我们可以设想，蝙蝠祖先的基因开始突变，它们的前肢延长、变细，特别是手掌、手指特化，越来越长，而与此同时后肢变得短而细弱，甚至没有什么肌肉，丧失了奔跑或者在地面四肢运动的能力。而扒伏在树干、树枝，或者悬挂在枝头，成为它们活下来的可能。更不可思议的变异也发生了，它们视力衰退，但负责发声和听力的基因快速进化，成功地发射出超声波，并可以通过回声定位确定环境、位置和猎物。

树上的生活变得越来越困顿，因为种类繁多的鸟类与蝙蝠抢占位置和食物。而随着地壳的运动，喀斯特发育的溶洞开始增多，它们有了更大的发展空间，那些在地面运动的动物，大多只能利用二维空间，而蝙蝠开始使用三维空间，从而为种群的大发展奠定基础条件。更加开心的是，蝙蝠不和绝大多数的鸟类争夺食物，而改吃夜行性昆虫或其他动物。

大约5000万年前，这样的演化结果就基本确定下来，蝙蝠终于可以和鸟类或其他兽类安然相处，而它们自己的类群不断地适应各种环境，在内部实现"微调"，从而演化出更多的族群，相应地派生了不同的生存环境下的各个类群，而且它们的不同叫声、不同食性、不同行为又进一步促进了新种或亚种的形成；最终形成了1400余个成员的庞杂家族！

那么，这么多类的蝙蝠，都是什么样的，有什么特点，我们按照科级一一介绍。

狐蝠科（Pteropodidae）

全世界约有46属207种；我国有记录的为13种，当然有几个种是无意中带到国内的，其实并不属于自然分布的种类。狐蝠科的体型普遍较大，不使用超声波；一般都是大眼睛，短尾或无尾，耳朵结构简单，口吻或鼻吻较长。它们的头长得像狐狸或小狗，因此得名。但是它们也有少数相貌比较特殊的成员，如非洲的锤头果蝠（*Hypsignathus monstrosus*）鼻吻部膨大看似锤子，分布于西太平洋诸岛的长尾果蝠（*Notopteris macdonaldi*）有不同于其他果蝠的较长的尾。狐蝠科一般分布于旧大陆热带、亚热带地区，以东南亚和非洲种类最多。白天主要栖息在森林或洞穴里，很多喜欢直接挂在树枝上。所有种类均为植食性，其中大型的种类多以果实为食，小型种类主要食花蜜。它们是生态系统中非常重要的传粉者和种子传播者，是森林生态系统的重要的重建者。

狐蝠科大长舌果蝠属的大长舌果蝠

　　除了狐蝠科之外的种类，都要依靠超声波，以及特有的回声定位能力判定外界物体、食物及其自身的位置。由喉部产生声波，并由口腔或鼻部发出的高频短波可达 30 ~ 100 千赫（KHz），被外界物体反射回来的声波则由蝙蝠的耳朵接收。各类蝙蝠所发出的声波不同，甚至每一种蝙蝠的声波都不一样，这也是区分不同物种的重要方法。和狐蝠科最大的区别是，这些蝙蝠的第二指末端都没有爪子；耳壳外缘不连成圆圈，通常有较为特殊的耳屏或对耳屏。而且，它们的腭部后缘不超过白齿；颊齿（前白齿和白齿）多数均具有尖锐的齿尖，说明它们是典型的食虫类动物。

菊头蝠科（Rhinolophidae）

　　全世界约有 1 属 102 种；其中我国约有 30 种。它们的体型中等，使用恒频（CF）发出超声波，但因为多普勒效应（Doppler effect or Doppler shift），它们还是可以分辨不同大小的猎物。喜欢捕食出现在空旷环境或者树冠上方的各类昆虫。它们的脸上长有利于发出超声波的鼻叶，类似与喇叭一样，便于声波聚集、成束地发出，其形状酷似菊花或马蹄铁，因此而得名。它们主要分布在旧大陆的亚热带和热带地区。马铁菊头蝠（*Rhinolophus ferrumequinum*）可以生活在更往北的温带地区，并会冬眠，大多数的热带种类一般不冬眠。

我们发现的中国蝙蝠新纪录：小褐菊头蝠

蹄蝠科（Hipposideridae）

全世界约有 7 属 88 种；我国约有 13 种。它们的体型变化较大，一般中等，但像大蹄蝠（*Hipposideros armiger*）的翼展可达半米，而有的种类的体型只有小拇指那么大。和菊头蝠一样，蹄蝠也都使用恒频声波，有鼻叶，但没有菊头蝠那么发达。它们主要分布在旧大陆的亚热带和热带地区；我在山东、河南省的部分地区曾采集到大蹄蝠，目前是这类蝙蝠分布的最北界的记录了，以前以为它们只生活在长江以南。

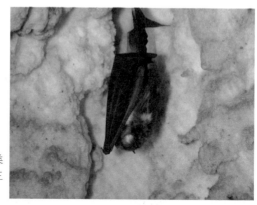

蹄蝠科中有些种类体型较小，例如三叶蹄蝠

叉鼻蝠科（**Rhinonycteridae**）

全世界约有 4 属 9 种；我国没有该类群。该科从原来的蹄蝠科划分出来。与蹄蝠不同的是，其鼻叶均呈三叉戟的形状，故名。代表性物种是分布于澳大利亚北部的金叉鼻蝠（*Rhinonicteris aurantia*；旧称金蹄蝠）。

假吸血蝠科（**Megadermatidae**）

全世界约有 5 属 6 种；我国有 2 种，即印度假吸血蝠（*Megaderma lyra*，亦称大假吸血蝠）和马来假吸血蝠（*Megaderma spasma*，亦称小假吸血蝠）。它们体型较大，有似吸血蝠般锋利的牙齿，但它们不是吸血性而是食肉性蝙蝠。耳大而在基部相连，耳屏显著，并有竖直的鼻叶，尾短或无尾。食性比较广泛，主食大型昆虫和小型无脊椎动物，甚至捕食其他的蝙蝠。分布于旧大陆热带地区。

凹脸蝠科（**Craseonycteridae**）

全世界仅 1 属 1 种，即凹脸蝠（*Craseonycteris thonglongyai*），于 1973 年发现于泰国西部，又称猪鼻蝠、蜂蝠、蝴蝶蝠，是已知最小的哺乳动物之一。体长 3 厘米左右，体重只有 2 克。口鼻部略似猪鼻，没有鼻叶，耳朵大而有隆起的耳屏，没有尾巴。白天居住在洞穴中，夜间出来捕食叶子上的昆虫和其他小型无脊椎动物，微小的身体使它们能在茂密的树林和灌丛间自由穿梭。

鼠尾蝠科（**Rhinopomatidae**）

全世界约有 1 属 6 种。它们尾巴很长，几乎和身体等长。没有鼻叶。常成群居住在建筑物里，如果您有机会去印度的寺庙，若里边会听到吱吱的叫声，往往会有蝙蝠栖息于此，而且据我观察，很多都是大鼠尾蝠（*Rhinopoma microphyllum*）；而这种鼠尾蝠也被发现生活在埃及的金字塔里，至少有 3000 年的历史了！它们完全以昆虫为食，适应十分炎热的干旱或半干旱环境。分布于亚洲南部到非洲北部一带。

在印度寺庙中可见
的大鼠尾蝠

鞘尾蝠科（Emballonuridae）

全世界约有 14 属 55 种；我国有 2 种，即黑髯墓蝠（*Taphozous melanopogon*）、大墓蝠（*Taphozous theobaldi*）。无鼻叶，尾巴部分被尾膜包裹而尾尖突出在尾膜上。有的种类喉部有可以分泌芳香分泌物的小囊，用以吸引异性。适应多种不同生活环境。它们使用超声波捕食各种昆虫，有时也食果实作为补充。主要分布于亚洲南部热带地区。

在印度庙宇里见到的墓蝠

裂颜蝠科（Nycteridae）

全世界约有 1 属 16 种。因为它们的脸侧有一对裂缝，故称裂颜蝠；也曾被称为夜凹脸蝠科，或凹脸蝠。有鼻叶，耳朵大而有小的耳屏，两耳在基部相连。尾巴的末端有一个 T 字形的尾骨，与尾膜相连。捕食多种无脊椎动物，既在树上捕食也在地面捕食，尤其喜欢吃蝎子，居住在山洞、树洞，甚至其他动物遗弃的洞穴中。分布于非洲和亚洲东南部到西南部。有一多半的种类属于无危级（LC），但很多属于数据缺乏（DD），而爪哇裂颜蝠（*Nycteris javanica*，亦称爪哇凹脸蝠）为易危级（VU），马来裂颜蝠（*Nycteris tragata*，亦称马来凹脸蝠）为近危级（NT）。

叶口蝠科（Phyllostomidae）

全世界约有 61 属 222 种；12 年来新种增加了 62 种，不愧是一个大科。而且是拉丁美洲特有的一个大科，因有发达的鼻叶而得名。它们的耳朵大小不一，均有耳屏。无论从体型还是习性上都非常多样化，除了小型食虫性蝙蝠之外，也有体型非常大的肉食性成员、食果实或花蜜的成员，甚至吸血的成员。吸血蝠亚科（Desmodontinae）的 3 种吸血蝠（例如，普通吸血蝠 *Desmodus rotundus*）是蝙蝠乃至陆生脊椎动物中仅有的吸血成员。拉丁美洲的不少植物依靠它们来授粉和传播种子。

髯蝠科（Mormoopidae）

全世界约有 2 属 17 种。体型中等，没有鼻叶，但是唇和颊有复杂的皮褶，下唇似盘状膨大，耳朵很大并有复杂的耳屏。因为脸部褶皱看上去很丑，所以很多人称为"妖面蝠""怪脸蝠"；又因有些种类的背毛短而稀，故亦称裸背蝠。这些复杂的结构与其回声定位系统有关，并且令人惊讶的是，它们独立演化出了和菊头蝠科、蹄蝠科一样的恒频（CF）回声定位系统。食虫性，其吻部结构可能有助于捕食昆虫，喜群居，常在洞穴中结成大群。分布于美国亚利桑那州到巴西之间。

值得一提的是，2018 年 8 月，我的师弟、武汉大学生命科学学院赵华斌教授及其团队在《英国皇家学会会刊 B：生物科学》（*Proceedings of the Royal Society B: Biological Sciences*）发表论文，发现了帕氏髯蝠（*Pteronotus parnellii*）的短波视蛋白基因 *SWS1* 存在新的遗传多态性：一个等位基因是完整的，而另一个等位基因却是假基因；这种多态性在动物短波视蛋白的研究中乃首次报道。假基因化的 *SWS1* 意味着双色觉（亦称二色视觉，也就是部分色盲；大多数蝙蝠为双色觉）的丧失，而独立演化出恒频回声定位的旧大陆蝙蝠（菊头蝠科、蹄蝠科）和新大陆蝙蝠（帕氏髯蝠）都丢失了双色觉，说明同样的演化事件可以重复出现，进一步支持了感觉代偿（Sensory tradeoff）假说——由于感觉系统的维持需要大量的能量供应，恒频回声定位的产生可以部分取代色觉功能，并导致了双色觉的丢失。

兔唇蝠科（Noctilionidae）

全世界有 1 属 2 种，即墨西哥兔唇蝠（*Noctilio leporinus*，亦称大兔唇蝠）、南兔唇蝠（*Noctilio albiventris*，亦称小兔唇蝠）。因其以食鱼著称，故又称食鱼蝠，是以鱼为主食的蝙蝠。它们的口鼻部尖而没有鼻叶，耳朵大而有小的耳屏，爪子锋利，可以抓住长达 10 厘米的小鱼，也能用爪子捕捉昆虫。分布于拉丁美洲。

烟蝠科（Furipteridae）

全世界有 2 属 2 种，即烟蝠（*Furipterus horrens*，亦称狂翼蝠、无拇指蝠）、四指蝠（*Amorphochilus schnablii*，亦称变唇蝠）；这两种烟蝠的中文和英文名称都互为亦称，所以叫的都有点儿乱。它们的体长约 4~6 厘米，拇指退化而包裹在翼膜中。没有鼻叶，耳朵呈漏斗状，有小的耳屏。主要以昆虫为食，居住在岩洞中。分布于中美洲到南美洲西北部。

盘翼蝠科（**Thyropteridae**）

全世界有 1 属 5 种，即盘翼蝠属（*Thyroptera*）。最显著的特点是拇指和脚踝处各有一个吸盘，这些吸盘可以用来吸附光滑的树叶和树干，因为这种吸盘式的休息方式，导致它们并不经常倒挂，而是正挂着。它们的体长仅 3.4~5 厘米，栖息于卷曲的树叶中。分布于拉丁美洲从墨西哥南部到巴西一带。常见种为普通盘翼蝠（*Thyroptera discifera*，亦称彼氏盘翼蝠）、三色盘翼蝠（*Thyroptera tricolor*，亦称斯氏盘翼蝠），其余 3 种分别在 1993、2006、2014 年被正式发表为新种，对它们种群情况不清楚，故均为数据缺乏（DD）。

短尾蝠科（**Mystacinidae**）

全世界有 1 属 2 种，即大短尾蝠（*Mystacina robusta*，亦称强壮短尾蝠）、小短尾蝠（*Mystacina tuberculata*，亦称短尾蝠、新西兰蝠、髭蝠）。它们的嘴上有浓密的触须，尾部短，耳朵大，耳屏长而狭窄。它们是所有蝙蝠中最常在地面活动的，可以灵活地用四肢在地面行走，捕食地面上的昆虫，可能也食果实和花蜜。仅分布于新西兰。自 1967 年以来，大短尾蝠再无科学报道，怀疑已灭绝，但目前 IUCN 仍评估为极危级（CR）；小短尾蝠为易危级（VU）。

吸足蝠科（**Myzopodidae**）

全世界 1 属 2 种，即普通吸足蝠 [*Myzopoda aurita*，亦称金吸足蝠、吸盘足蝠、东吸足蝠；1878 年 Alphonse Milne-Edwards 和 Alfred Grandidier（1836—1921）命名；无危级 LC]、

施氏吸足蝠（*Myzopoda schliemanni*，亦称谢氏吸足蝠、西吸足蝠；为2007年发现并命名的新种；无危级 LC）。体型较小，耳朵较大，耳屏方形，和耳朵前缘相融合；尾巴较长，前端三分之一游离于尾膜之外。它们的拇指和脚侧处各有一个吸盘。捕食各种昆虫。仅分布于马达加斯加岛的东部和西北部。

蝙蝠科（Vespertilionidae）

全世界约有54属499种，12年来增加了111种；我国约有100种。它们的体型从微小到较大，有小到大的耳屏，无鼻叶但有些种类有褶皱，尾巴通常被尾膜包裹。绝大多数种类为食虫性，也有两三种具有食鱼性，例如大足鼠耳蝠（*Myotis pilosus*）、水鼠耳蝠（*Myotis daubentonii*）等。适应多种不同的生存环境，其中分布于较寒冷地区的种类有冬眠或者迁徙的习性。有的种类比较适应人类的居民区，在建筑物中居住，生活在我国城市里的主要有东亚伏翼（*Pipistrellus abramus*，亦称日本伏翼）、中华山蝠（*Nyctalus plancyi*）、东方蝙蝠（*Vespertilio sinensis*）、大棕蝠（*Eptesicus serotinus*）等等。除南北极和极为恶劣环境下，几乎遍布全世界。

我国最常见的一种蝙蝠，俗称为家蝠的东亚伏翼

小鼠耳蝠科（Cistugidae）

全世界有 1 属 2 种，即开普敦小鼠耳蝠（*Cistugo lesueuri*，亦称南非小鼠耳蝠、莱氏小鼠耳蝠，旧称开普敦鼠耳蝠）、翼腺小鼠耳蝠（*Cistugo seabrae*，亦称安哥拉小鼠耳蝠、纳米比亚小鼠耳蝠，旧称翼腺鼠耳蝠；实际上主要分布在纳米比亚西部）。本科是由蝙蝠科鼠耳蝠属（*Myotis*）分出的一个类群，2010 年科学家通过分子生物学研究发现，该类群早在 3400 万年前就和蝙蝠科脱离了干系。此两种小鼠耳蝠的体型都很小，前者有 6~7 克，后者更小，只有 4~5 克。与鼠耳蝠属的主要区别在于，小鼠耳蝠的翼膜上有 2~4 处腺体；染色体数量不同，小鼠耳蝠属 $2n=50$，而鼠耳蝠属 $2n=44$。仅分布于非洲南部。

长翼蝠科（Miniopteridae）

全世界约有 1 属 35 种，我国有 5 种，常见种如：亚洲长翼蝠（*Miniopterus fuliginosus*）、南长翼蝠（*Miniopterus pusillus*）等。它们的体型中等偏小，皮毛柔密。耳短而宽，有耳屏。翼膜狭长，第三掌骨较短，第三指的第二指骨特别延长，是第一指骨的 3 倍；因此显得翅膀极为狭长。捕食昆虫。广泛分布于亚洲、南欧及北非的热带、亚热带地区。

犬吻蝠科（Molossidae）

全世界约有 19 属 125 种；我国有 4 种，如华北犬吻蝠（*Tadarida latouchei*）、普通皱唇蝠（*Chaerephon plicatus*）。它们的体型从微小到很大，吻宽阔，有些种类嘴唇有褶皱，没有鼻叶。尾较长，部分尾巴露在尾膜之外，略似鼠尾。翅膀扇动频率很快，飞行迅速。捕食各种昆虫，结成大群居住在岩洞、树洞，甚至建筑物中。主要分布在欧亚大陆的温带到热带地区。

筒耳蝠科（Natalidae）

全世界约有3属11种。它们的体长只有3~5.5厘米，耳朵大而呈漏斗型，故名筒耳蝠。有厚和弯曲的耳屏，两鼻孔接近，没有鼻叶。四肢和尾均细长，尾被尾膜所包裹。以前也称为长腿蝠科，但实际上大部分种类的腿长，无论是绝对长度还是相对长度，都不是很长，所以用"筒耳蝠科"之名更好，也符合英文名Funnel-eared Bat。雄蝠额头上有一个鳞茎状的分泌腺。以昆虫为食，居住在多岩洞地区。分布于拉丁美洲。最濒危的是牙买加筒耳蝠（*Natalus jamaicensis*），已知该种只有一个分布地，即仅一个洞穴内，为极危级（CR）。

附：向蝙蝠专家提问！

【引言】新冠病毒肆虐，大家纷纷谈论起蝙蝠来。这一谈才发现，我们平时对蝙蝠了解竟然这么少，网上各种蝙蝠知识难辨真假。正好，《博物》多年的审校老师是中科院动物所的蝙蝠专家张劲硕博士，《博物》的编辑何长欢又正好是他表弟。疫情期间，哥俩出不去家，弟弟干脆逮住哥哥一顿采访，帮大家问了很多关于蝙蝠的疑问。

受访者/张劲硕，采写/何长欢

2020 年 2 月 29 日
《博物》杂志编辑
何长欢博士采访我
有关蝙蝠问题
（李想 摄）

病毒篇

《博物》：最近网上流传一句戏谑："大过节的哪都去不了，我谁都不恨，就恨那第一个吃蝙蝠的人。"那么，这次肆虐的"新冠"和 2003 年的"SARS"是不是直接从蝙蝠传给人类？

张：2003 年 SARS 的病毒源头被认为主要是中华菊头蝠（*Rhinolophus sinicus*），或者其他菊头蝠科种类。这次新冠病毒也和舟山的蝙蝠身上的病毒亲缘关系很近，但目前来看，蝙蝠身上的冠状病毒不会直接传染给人类——源头是蝙蝠，但在人类身上的早已变异成其他种类了。而且，病毒要通过中间宿主，经过很多代的变异，才能感染给人，然后再在人身上进一步发生变异，才形成致病的病毒；但是，如果病毒想要活下来，必然要与宿主共存，否则它把寄主细胞都杀死，它自己自然也会灭亡。2003 年 SARS 的中间宿主基本确定主要是果子狸（*Paguma larvata*，亦称花面狸），但 2019 新冠病毒的中间宿主还没找到，目前有学者认为穿山甲、水貂可能是中间宿主，但还是很值得怀疑的。

《博物》：疫情初期，网上热传"蝙蝠汤"的图片，后来证实是太平洋岛国帕劳的特色食物。为啥帕劳人吃蝙蝠不会生病？

张：首先，我刚才说了，"新冠"和 SARS 不会直接从蝙蝠传给人类。其次，绝大多数病毒经过高温高压，都会失去活性，蝙蝠体内的也不例外。真正让人生病的不是熟食蝙蝠，而是捕捉、运输、屠宰和加工其他野生动物的中间环节。

《博物》：传说蝙蝠是"毒王"，身上病毒格外多，是真的吗？

张：这是大家的误解。实际上，包括我们人类在内，各种动物体内都有很多病毒，当然还有诸多的细菌、支原体、衣原体、真菌等等病原微生物。科学家在蝙蝠体内分离的病毒不到 100 种，并不像网传的 4000 多种那么邪乎。而且，这些病毒是在不同种的蝙蝠体内发现的，绝不会全部存在于同一类蝙蝠身上，更不可能聚集在同一只蝙蝠身上。而且，科学家对蝙蝠携带的狂犬病毒进行流行病学研究，发现它们携带狂犬病毒的几率也比较低，一般认为低于 0.1%。

《博物》：有人说蝙蝠之所以自己不生病，是因为它们体温高，可以抑制病毒。真的吗？

张：我们研究组曾经对几种蝙蝠的体温做过测试。它们休息时体温跟人类差不多，大概在 36~38 摄氏度之间，只有飞行时体温才会升高，但一般不会超过 42 摄氏度。实际上，北方的蝙蝠在冬眠时，体温会很低，甚至只有 2 摄氏度。很多蝙蝠蛰伏或夏眠时，体温也经常下降到十几摄氏度。所以，蝙蝠体温高的时间并不长。蝙蝠不爱生病，是因为它们演化出特殊的免疫机制，可以与病毒和平共处。人类也如此啊，身上携带的不少病毒也可以和我们安全相处。咱俩现在身上一定携带着好多病毒，不也活得好好的嘛。

《博物》：有没有科学家因研究蝙蝠而生病的？

张：据我所知，没有。我和我的导师、师兄弟、师姐妹，以及国内外研究蝙蝠的同行都很健康，从来没听说谁接触了蝙蝠而得病的。

《博物》：如果被蝙蝠咬到，需要注射狂犬病疫苗吗？

张：当然要，被猫狗咬到都需要，更别提蝙蝠这类野生动物了。虽然，我前边说到，蝙蝠自身携带狂犬病毒的概率很低，但是以防万一，只要被野生动物咬伤，都应该及时用肥皂水清理伤口，并尽快注射疫苗。

2002 年 11 月我在云南西双版纳保护区考察蝙蝠

行为篇

《博物》：蝙蝠所组成的翼手目，是哺乳动物中仅次于啮齿目的第二大类群，为什么它的多样性这么丰富？

张：它们适应环境的能力强，山洞、树上、人类居所都能住，昆虫或其他无脊椎动物、花蜜、水果都能吃，时间长了就会根据小环境分化出各种"配套"的种类。它们发出的超声波的差异，也促进种群之间产生"语言障碍"，无法交流，从而达到生殖隔离，产生新的种或亚种。另外还有一点很重要，蝙蝠是哺乳动物里唯一真正会飞的，可以大幅拓展自己的疆域，更容易找到崭新的生存环境，导致种类越来越多。

《博物》：从小我们就学过，蝙蝠靠发出超声波，再听回声来定位猎物，科学家利用这个习性研究出了雷达。所有蝙蝠都有这个技能吗？

张：先辟个谣，科学家发现蝙蝠利用超声波、回声定位技术，是在1938年左右，由哈佛大学的研究生发现的。而1918年前后在第一次世界大战之时，人们就已经开始应用雷达了。所以，雷达的发明并不是仿生了蝙蝠。这个故事是人们臆想出来的，而事实上并没有先研究了蝙蝠的声呐系统，再去仿照着发明了雷达。

2002年12月在云南富民的棕果蝠，是我国最常见的一种狐蝠科蝙蝠

再说正题，不是所有蝙蝠都会发出超声波，也不是所有使用回声定位的蝙蝠都一定发超声波。可以这么说：所有吃昆虫的蝙蝠都会发超声波，而以水果和花蜜为食的狐蝠科蝙蝠，绝大多数不发超声波，也不使用回声定位。但也有特例，例如拉丁美洲的叶口蝠科的食果蝙蝠，会使用超声波和回声定位。还有，我过去在云南、广西的山洞内经常见到狐蝠科的棕果蝠（*Rousettus leschenaultii*），它们会用回声定位，但发出的是人耳听得见的声音，既然人听得见，就不是超声波了。

《博物》：北京民间传说，要想抓到夜空中飞舞的蝙蝠，可以往天上扔只鞋，蝙蝠就会钻进去，这是真的吗？

张：有这个可能，而且过去很多人都尝试过，尽管我没有亲眼见过成功钻进去的情况。因为蝙蝠不是时时刻刻发出超声波的，如果鞋飞到它面前，它正好没发出超声波的话，就会无法探测到鞋，那就撞进去了。即使蝙蝠探测到鞋，它也可能因躲闪不及而钻进去。

《博物》：蝙蝠的翅膀破了，会长好吗？会影响它飞行吗？

张：我们研究蝙蝠时，为了采集组织样本进行分子研究，会用一个打孔器在它翼膜中间打个直径 3 毫米的小孔，这种程度的小洞不会影响飞行，而且过一段时间会长好。但如果从翅膀边缘撕开一个大裂口，那就会影响飞行，导致死亡。

《博物》：蝙蝠通常能活几年？怎么判断它们的年龄？

张：在小型兽类里，蝙蝠绝对算是寿星了。大多数种类的蝙蝠可以活十几年；平均来说可以活二三十年，分布最广的一种菊头蝠——马铁菊头蝠（*Rhinolophus ferrumequinum*），甚至可以活到 45 岁以上。同等体型的老鼠也许只有三四年的寿命。

蝙蝠的准确年龄很难从外表判断。不过，对于菊头蝠、蹄蝠、山蝠等不少种类，它们刚出生时皮毛是黑色的，随着年龄增加，会逐渐变成棕色、黄褐色，甚至金黄色。所以，有些蝙蝠可以通过颜色分辨大体的年龄阶段，例如幼崽、青年、亚成体、成年、老年等。有的时候，我们还用手电筒照一下蝙蝠的前臂，看一看骨骼的颜色或者愈合程度，也可大致作出判断。科学家还可以通过饲养和环志来判断蝙蝠的大概年龄。我印象比较深的经历是，我们于 1999 年在房山区的某山洞内环志的马铁菊头蝠，后来我再一次抓到它是在 2017 年，它仍然活得好好的！

《博物》：蝙蝠刚出生时，小蝙蝠会不会掉到地上？

张：可能性很小。那些倒着生活的种类，蝙蝠妈妈生小蝙蝠时也是倒着的，头先出来，然后身体完全出来之后，小蝙蝠会用脚趾、拇指和腕部紧紧抓住妈妈的皮毛，爬到胸部找乳头，有很多种类在阴部还有假乳头，幼崽也会紧紧叼住；而且，母兽也会半拱起身体，使自己腹部呈弯曲状，婴蝠会被妈妈兜住的。还有些蝙蝠种类是在石缝中趴着生活的，这些小蝙蝠就更不会掉到地上了。

《博物》：蝙蝠妈妈外出时，会带着小蝙蝠吗？

张：有些种类会携崽外出，有的则不携崽。携带的种类，我见过菊头蝠、蹄蝠，而且幼体会紧紧地咬住妈妈的假乳头，我们攥在手里都很难拆开它们。但我同样在北方的山洞见到过成群的马铁菊头蝠幼崽，妈妈出门前把各自的幼崽集中托管在同一个地方，我们叫"蝙蝠幼儿园"。我印象里，好像在南方还见过集大群的长翼蝠的幼儿园。

《博物》：蝙蝠会像候鸟一样迁徙吗？

张：有些寒带或温带的蝙蝠，用冬眠来躲避寒冷。但是像我国的山蝠这类蝙蝠，会迁徙到南方越冬，路途可达上千公里。美国南部的巴西犬吻蝠（*Tadarida brasiliensis*）可以迁徙到墨西哥越冬，长达 1700 多公里，最快一夜可以飞行近 500 公里。

《博物》：蝙蝠生活在黑漆漆的洞穴里，又会飞，应该没什么天敌吧？

张：天敌其实也不少，蛇、猛禽（特别是猫头鹰）、洞穴中的巨鼠或硕鼠、中小型猫科动物，甚至有些鼬科动物，都会捕食蝙蝠。我在野外甚至发现，印度假吸血蝠（*Megaderma lyra*）、南蝠（*Ia io*）会捕食其他种类的蝙蝠。

《博物》：倒挂的蝙蝠大小便会不会弄脸上？

张：蝙蝠没这么蠢。有些蝙蝠大小便时，会把身体正过来，等解决完再倒过来。还有些干脆一直倒着，只把屁股向外扭一扭，就沾不到身上了。

《博物》：有些蝙蝠不在凉爽的洞穴中，而是生活在热带的树上，它们太热怎么办？

张：别忘了，它们的两个翅膀可是两张大扇子！像澳大利亚北部，动辄 40 摄氏度的高温，那里树上的狐蝠常扇翅膀来散热。如果实在太热，还会飞到附近的水源地，将身体打湿。我在亚马孙热带雨林，还见过很多缨蝠（*Rhynchonycteris naso*）直接趴在树干上，它们的皮毛与树皮颜色一样，有隐蔽效果，但它们不是随便趴，专找阴凉的树皮待着。

《博物》：蝙蝠为什么要用倒挂这种高难度姿势休息？有不倒挂的蝙蝠吗？

张：倒挂好处多啊，能利用洞顶这类其他动物无法使用的空间，一松爪子一张翅膀就能起飞，多方便。而且后肢变小也利于它们飞行，在其他类群的动物里也很常见，很多鸟就是这样。蝙蝠的后肢变得格外细弱，以至于无法支撑身体，而倒挂有效解决了这个问题。

但也不是所有蝙蝠休息的时候都倒挂，比如马达加斯加的吸足蝠（见前文介绍），就头朝上趴在芭蕉叶的叶卷里，拇指上还长着吸盘以吸住叶子。有些鼠耳蝠、伏翼是贴在洞壁的，也不是垂直悬挂的姿势。其实都不用举这些例子，咱们中国城市最常见的蝙蝠——东亚伏翼（*Pipistrellus abramus*），就不怎么倒挂，经常趴在缝隙中的。

奇特的蝙蝠假乳头

　　《大自然》杂志 2008 年第 4 期刊载山西大学生物系教授王福麟先生（1928—2011）的文章《〈本草纲目〉中的"鸓"到底是鸟还是兽?》，使我受益匪浅。然而，文中谈到蝙蝠在飞行中携带幼崽的习性时，认为幼蝠用乳齿"衔住母兽的乳头在飞行时不致掉下来"；菊头蝠和一种假吸血蝠的小蝙蝠"在出生后不久乳齿就消失，而幼蝠仍能在母蝠飞行中叼着母蝠乳头而不会摔下来"；以及"当母蝠受到惊吓时，会带着幼蝠扑飞，幼蝠用嘴叼住母蝠乳头，并用爪紧紧抓住母体腹部逃离险境"。通过对蝙蝠多年的研究，我发现这些描述有一些不准确的地方。

　　有些种类的蝙蝠幼崽的确会跟随母亲飞行，它们叼着的是一种叫作"假乳头"的特殊构造，而一般来说，幼崽不会叼着用来哺乳或喝奶的乳头与母兽飞行。那么，假乳头是何物呢?它在蝙蝠的生命和生活中扮演什么样的角色呢?

　　众所周知，绝大多数哺乳动物的乳腺进一步发育，出现了特殊的哺乳器官——乳房，其上着生一对或多对乳头。乳房位置一般在哺乳动物躯干的胸部或上腹部。所有蝙蝠的乳头都着生在胸部或是腋下部，根据我个人的观察，蝙蝠的乳头其实并不是像灵长类那样在胸部的正前方，也不是腋窝的正下方，而几乎在这两个点的中间位置。

　　世界上，绝大多数种类的蝙蝠的乳头为一对，但分布在拉丁美洲的蓬毛蝠属（17 种，*Lasiurus*）和北非及中东地区的漠蝠属（仅 1 种，白胸尖耳蝠 *Otonycteris hemprichii*）却拥有 2 对，甚至 3 对乳头。这些增多的乳头与该类群产仔数量相对较多有关，多数蝙蝠通常产仔 1~2 只，但蓬毛蝠却可以产 3~4 只幼崽。

　　早在 19 世纪中叶，欧洲的一些哺乳动物分类学家就发现某些种类的蝙蝠具有胸部和腹部均有"乳头"的现象；直到 20 世纪 80 年代，仍然有人认为蝙蝠"腹部的乳头"具有辅助哺乳的功能。在对大鼠尾蝠（*Rhinopoma microphyllum*）、角菊头蝠（*Rhinolophus cornutus*）、冕蹄蝠（*Hipposideros diadema*）的解剖发现，在其"腹部乳头"内部，确实有导管存在，并与乳腺关联，可以分泌少许乳液。然而，更多的研究认为这些"腹部乳头"与乳腺没有实质性的联系。另外，有人提出假说：此处的"乳头"属于淋巴组织，分泌特殊的淋巴液，相当于初乳。还有的人推测，"腹部乳头"含有气味剂，是母亲用来识别自己的幼崽的特殊器官。

　　后来，研究界普遍将这一特殊结构称之为"假乳头"。在英语里，叫 Pubic nipple，直译为"阴部乳头"，因为它们有一对附着在蝙蝠的阴部，即阴道口或阴茎的上方，此处亦称"耻丘"。直到今日，虽然没有更多的证据显示蝙蝠的假乳头具有大量分泌乳汁的功能，但在蝙蝠的哺乳期和哺乳后期，假乳头却发挥着重要作用。

首先，所有蝙蝠无论雌雄都有乳头，但并不是所有蝙蝠都有假乳头。位于纽约的美国自然博物馆脊椎动物学部主任南希·西门斯博士（Nancy B. Simmons）曾经在 20 世纪 90 年代初期研究过蝙蝠假乳头的形态、功能和演化意义。她查阅了众多历史文献，比对了收藏于 5 家博物馆的 83 属 206 种 1723 号标本。她指出，菊头蝠科（世界现存 77 种，按 2005 年出版的数据统计，实际我们最新统计为 102 种）、蹄蝠科（81 种；现为 88 种）、假吸血蝠科（5 种；现为 6 种）、鼠尾蝠科（4 种；现为 6 种）、凹脸蝠科（1 种）中的所有种类都具有假乳头；在传统的大蝙蝠亚目（仅狐蝠科 1 个科，186 种；现为 207 种）、鞘尾蝠科（51 种；现为 55 种）、裂颜蝠科（亦称夜凹脸蝠科，16 种）、叶口蝠科（160 种；现为 222 种）和蝙蝠科的澳洲长耳蝠族（曾视作一个亚科，12 种）中的所有种类都没有假乳头。

马铁菊头蝠是体型较大的一种菊头蝠科蝙蝠

马铁菊头蝠的幼崽也会叼住假乳头，和母亲紧紧地在一起

　　事实上，没有更多的证据证明在其他类群中也有假乳头的存在。后来，很少有人专门针对蝙蝠的假乳头问题进行深入研究，从目前的结果来看，世界上只有大约15%的种类的蝙蝠拥有假乳头。在发现有假乳头的类群中，雌性都具有假乳头，但是雄性则是有的种类有，有的则没有。同一种不同个体的雄性有的可以见到假乳头，有的则见不到。

　　对于拥有假乳头的蝙蝠来说，刚刚出生的小蝙蝠十分娇嫩，它们全身无毛，肉红色，眼睛没有睁开，也没有牙齿。本能告诉它们必须尽快地爬到妈妈的腋下找寻香甜的乳汁，但有意思的观察结果却是，刚刚出世的幼蝠首先叼住的却是假乳头，然后再逐渐找到乳头吸吮乳汁。之后的1~2周之内，幼蝠很多时间依偎在妈妈的身上，当然在哺乳初期幼崽叼着乳头的时间要远远多于叼着假乳头的时间，但也经常会发现母蝠将幼崽留在洞穴内而单独飞出觅食。随着幼体逐渐长大，它们即使与母亲外出，叼着的也是假乳头。可以想见，如果个头增长了，牙齿也逐步尖锐了，上下颌的力量增大了，那么对母蝠的乳头将是多么大的伤害啊！

2005 年 7 月，我的导师张树义研究员带领英国合作者以及我和几个师弟在四川峨眉山一带考察蝙蝠，曾在一个洞穴内发现了大量携带幼崽的普氏蹄蝠（*Hipposideros prattii*）。当时幼蝠体型已经很大了，几乎与成体一样，并且已经可以自由飞翔，但是这些幼崽似乎特别愿意黏住自己的妈妈不放，母亲好似也在溺爱孩子，许多母蝠仍旧携带着自己的子女飞来飞去。这些幼蝠都无一例外地嘴里叼着假乳头，两个前臂紧紧搂住母体的下半身——注意！不是爪紧紧抓住，只有第一指可以钩住，两条后腿则缠住母兽的脖颈。

当我们把这样一个"母子对"捉到，并试图拆散它们的时候，我们却感到非常吃力。即使幼崽的前臂和后腿可以从母兽身上分开，但它们嘴里使劲咬着假乳头却丝毫不松懈。为了母子的安全，我们不敢再使劲拖小蝙蝠下来。从这点不难看出，假乳头就是一把紧紧的锁头，牢牢扣住幼体和母亲形影不离的关系。根本地，就是确保幼兽的安全——使其在飞行及突发情况下不至于脱离母亲的照顾和保护。

2005 年 7 月，我们在四川峨眉山考察蝙蝠，这是普氏蹄蝠"母子对"，幼崽咬住母体的假乳头很紧，很难将它们拆开

值得一提的是，对于没有假乳头的蝙蝠来说，它们几乎不携带幼崽随处飞翔。通常行之有效的策略就是将幼蝠搁置在一个比较安全的地方，甚至形成一个庞大的"蝙蝠幼儿园"，以降低幼崽被捕食或者其他的风险。对于母兽而言，它们自身减轻了负重，相对飞行速度和灵活性就更胜一筹，也增大了安全系数，且便于觅食。我的师兄张礼标博士则通过多年研究生活在竹筒内的蝙蝠科的扁颅蝠（*Tylonycteris*）发现，母兽产仔后的当天晚上通常不再出飞觅食，产后第二天即可外出，但母亲的双胞胎孩子则留在竹筒内，以后的日子里，母蝠也从来不携带它的幼崽飞行。

此外，一对假乳头通常在哺乳期的母蝠中更加明显，其中一个很粗很长，另一个则比较小，这正是幼蝠习惯性地总叼着一侧导致的。从演化的角度推理，假乳头也不应具备真正的哺乳功能，因为如果假乳头产生乳汁的话，幼崽不会放弃另一侧可以获得乳液的机会，而仅仅咬住一侧不撒嘴，必然是吃亏的。假乳头的大小以及充盈程度也可以判断母蝠是否是亚成体，或是成体、老年体。亚成体的假乳头较小，一般要拨开皮毛才可见到。对于成熟的个体，它们有了孩子后，假乳头都会不同程度地延长。而假乳头如果十分疲软，多褶皱，甚至有了"老年斑"，由此说明这位母亲已经步入衰老期了。

西门斯博士的论文发表在1993年的*American Museum Novitates*，这是纽约的美国自然博物馆出版的刊物，Novitates来源于拉丁语，意思为"新知"；我将这本杂志姑且译为《美国博物馆新知》，看上去是一本很不起眼的杂志。在文章中，西门斯博士利用假乳头这一特殊的形态特征首次与整个翼手目大类群的系统发育演化关系相联系并加以探讨；她认为，假乳头的缺失可能是蝙蝠中的一个原始特征，具备假乳头的5个科的蝙蝠拥有共同祖先；从系统发育关系看，小蝙蝠亚目的没有假乳头的种类则实现了多次进化。这是一个开创性的工作！

有趣的是，另外一个美国最大的哺乳动物分子系统研究的团队，在2005年美国《科学》（Science）杂志上发表了翼手类的分子系统发育研究，他们的结果与西门斯博士的预测非常一致，可见西门斯早年对假乳头研究的工作是非常有价值的。

2010年夏天，我在中科院动物所博士毕业，美国的朋友彼得·达斯扎克（Peter Daszak）博士和阿列克谢·奇穆拉（Aleksei Chmura）先生曾帮我联系到西门斯博士，并力荐我去她那里作博士后，这是一个极为难得的进修机会；但是种种原因未能前往，实在有些遗憾。但是，倘若我继续搞科研的话，那肯定就没有我后来的科普事业啦！

游走在雪线边缘上的精灵

这是一个宁静的夜晚，在皎洁的月光下，横亘于青藏高原南端的喜马拉雅山麓显得格外肃穆；上百座皑皑雪峰被明耀的月亮映射出靓丽的银白色，冰雪超常的反射作用更是为暗淡的天际增加了一抹色彩。明月悬挂在大山的头顶，窥视着下界的一切声息。一阵阵清风吹过座座峰巅，就像母亲爱抚着她那即将恬静入睡的孩子。

就在这万籁俱寂的夜晚，忽然一个身影从一个大石崖上闪过，轻盈地飞跃了五六米远。它的影子瞬间映在倾斜的雪坡上——线条纤细而柔美，最具魅力的是身后还拖着一条蓬松的、几乎与身体齐长的尾巴。它自由穿梭在岩石谷缝之中，纵身跳跃于悬崖陡壁之间，行云流水般漫步在厚厚的白雪之上，在它走过的身后悄然留下一连串梅花脚印。

突然，前方不远处，竟有些"大石块"在轻微地扭动，一会儿"大石块"居然生出了四肢，站了起来。哦，您先不要在黑暗中惊讶这些莫名其妙的移动物。只见，身影压低了身体，并隐隐约约躲闪在石头背后；显然，它正等待时机在下风处逐步逼近"大石块"。倏地，身影如一道闪电，以迅雷不及掩耳之势冲向"石块"……原来，这是一头英俊的雄性雪豹追捕岩羊的精彩一幕。它成功猎杀了在悬崖边上休息的岩羊，拖拽着美味大排，寻找一个安全舒适的地方，享用它的佳肴去了。

雪豹（*Panthera uncia*）是雪山的主宰，它们雄踞于高山之巅，又处于这个生态系统能量金字塔和食物链的最顶端，是世界上生活在海拔最高处的食肉动物。从俄罗斯和蒙古的边缘，转到中亚各国，向南至阿富汗和巴基斯坦，再到喜马拉雅地区的印度北部、尼泊尔、不丹，其分布形成了一个弧状，继而延伸到青藏高原的腹地，甚至到达我国甘肃、宁夏、内蒙古等省区。它们的辽阔疆域涉及到 12 个国家，在我国境内西部 8 ~ 9 个省区都有分布或历史记载。也正是因为分布范围较广，不同地区的人们就给雪豹起了不同的名称——艾叶豹、荷叶豹、土豹、马豹、草豹、打马热（*藏族语*）、查干伊日布斯（*蒙古族语*）、伊白克斯（*维吾尔族、哈萨克族语*）……

雪豹的这种分布格局几乎与高海拔山脉的分布相吻合，哪里有高山，哪里有雪线，哪里就有雪豹的身影！雪豹的垂直活动距离区间比较宽，可以在海拔 2000 ~ 6000 米的范围内找到它们，在某些低海拔地区也有在 600 ~ 1500 米发现过的记录。在冬季，它们能到海拔 2500 米左右、由高山灌丛和山地针叶林组成的低地寻觅食物；而到了夏季，海拔 4000 米以上的雪线边缘则是它们最爱光顾的领域了，这里有它们喜欢的裸岩和高山草甸。

"雪之豹"（Snow Leopard）的名字多半是由于它们与雪

线、白雪密不可分而得到的美誉，绵延不断的雪线就是它们家族生命的延展！

当我还是小孩子的时候，每每参观北京动物园，驻足时间最长的笼舍就是位于动物园东北角的豹房。即使我读研究生那会儿，我还有机会看望那里的雪豹，仍然可以见到有两头漫步其间。不知道，是不是小时候见到的它们，或者更替了房主？

雪豹的美是为众多人所陶醉的。它们的优美恰似纯洁的白雪之美。雪豹的周身为浅灰或者烟灰色，并泛着一点儿奶黄色；身上镶嵌着不规则的玫瑰形黑色斑块，身体颜色和斑纹在它们的栖息环境中成为了有利的隐蔽色。

它们的体型矫健，曲线流畅，外形似金钱豹（*Panthera pardus*），但却比金钱豹的身躯矮小，头和吻部更圆而小巧，四肢比金钱豹的都要短。比较解剖学研究发现，雪豹的肱骨（相当于我们的上臂）、尺骨和桡骨（即前臂），以及股骨（俗称大腿）、胫骨和腓骨（也就是小腿）都短于金钱豹的平均大约30毫米左右，并且更加轻便，毛茸茸的大足显得十分宽厚，犬齿和爪小于金钱豹的尺寸，却同样锋利。

雪豹行动起来轻盈又无声息，但它们具有藐视其他猫科动物的超级弹跳力。这样的身体结构适应于寒冷的高海拔环境，以及便于游走于石砾、陡坡之上。这正是"阿伦规律"（Allen's rule）的胜利！——气候寒冷地区的内温动物身体的外部器官或突出部分（例如四肢、耳、鼻吻部等）相对小或有变短的趋向，以起到保温、防止热量散失的作用。

最有意思的是雪豹的舌骨基本骨化了，而其他豹属动物（狮、虎、金钱豹、美洲豹）的舌骨中部为韧带性软骨，这也是雪豹特立独行的另一面，科学家因为这一点曾经单独给了它们一个雪豹属（Uncia）的地位；但后来通过分子生物学研究证实，其还是应该归入豹属。

雪豹的毛皮更是体现了它们的健康，质地柔软，看上去透着光亮。最令人着迷的是它们的大尾巴，修长而蓬松，无疑在飞檐走壁方面起到至关重要的平衡作用，以及睡觉时绝佳的围脖或铺盖。更有甚者言，雪豹的尾巴在雪地上边走边来回扫动，把自己的脚印完全扫去，以免被猎人发现。这似乎不太可能，否则科学家如何能在野外找到它们的足迹呢？

雪豹生性孤僻，是一个快乐的流浪汉，却生活得很逍遥。它们白天懒洋洋地趴在岩石上晒太阳，抑或躲藏在山洞或石缝中休息。晨昏是它们一展身手的时候，它们是个出色的猎手，岩羊、盘羊、北山羊、塔尔羊是雪豹的主食，马麝、藏原羚、蒙原羚、旱獭、野兔则是副食，鼠兔、沙鼠及雪鸡、雪鹑、藏马鸡等鸟类就算它的"小菜"了。

进食时，雪豹的姿态都凸现绅士风度，它们用前脚爪抓食物吃，而不像它们的近亲豹属动物那样趴在地上，直接上嘴囫囵吞枣般地撕咬。如果在冬季食物极度匮乏的时候，雪豹偶尔也作过"鼓上蚤时迁"偷鸡摸狗的勾当，当然它们"偷"的是牧民饲养的绵羊。要知道，饥饿的雪豹可不懂得家羊与野羊有何区别，在它们眼中绝对都是美味佳肴。我们该宽容对待它们，更何况，雪豹食物的缺乏与人类破坏环境，捕猎有蹄动物等雪豹的食物是不无干系的。

但是，雪豹却是害羞的，甚至在人类面前是一种胆怯的动物。1775 年，德国博物学家约翰·史瑞伯（Johann Christian Daniel von Schreber, 1739—1810）正式科学地描述雪豹以来，还没有报道雪豹主动攻击人或杀死人的事件。相反，雪豹在人们心目中的美好传说却很多，尤其是藏民将雪豹视为神物。

据说，11世纪，有一位圣僧徒步穿越珠穆朗玛峰一带，他不顾当地村民的劝阻，躲到远处一个山洞中修行。不料，那年寒冷异常，雪下了整整18天，大雪封山长达6个月。百姓均以为，僧人凶多吉少；开春的时候，大家上山寻找尸首。突然间，在远离山洞洞口处出现了一头雪豹，众人想僧人即使不被冻死，也会遭遇雪豹的袭击而一命呜呼。村民赶到洞口，却听洞内传出悦耳的歌声。这才知道圣僧尚在，人们问："你看到雪豹了吗？"他居然回答说："我就是那头雪豹。"原来，圣僧已修成正果，可任意变化。刚才那头雪豹就是他的化身。从此，喜马拉雅山区的雪豹就被当地佛教信徒尊为神物了。类似这种传说在很多有雪豹生存的地区都可以听到。

我也是被无数雪豹的故事吸引的热心听众之一。能够为雪豹的研究和保护工作尽点力量，一直也是我的心愿。大约在2004年，很偶然的机会，新疆自然保育基金的负责人温波先生和程芸女士找到我，希望我帮助他们申请雪豹的保护项目，这也使我有机会为雪豹做些工作。功夫不负有心人，在大家共同努力下，得到了总部设在美国西雅图的国际雪豹信托基金会（International Snow Leopard Trust）的支持。当时，我在忙着蝙蝠研究，虽然对雪豹充满着在野外研究它们的各种幻想，但确实力不从心，所以经多方面协调，这项工作由中国科学院新疆生态与地理研究所研究员马鸣先生承担具体野外研究工作。马老师是一位和蔼可亲的师长，您带领研究生在新疆托木尔峰地区开展生态研究，并且取得了一系列可喜的成果；后来他们于2013年还出版了《新疆雪豹》一书（科学出版社）。

我手持北大山水的
雪豹毛绒玩具，主
持北大山水的活动

马鸣老师及其团队可能是国内最早利用红外照相机跟踪雪豹的研究者。他们拍摄到了很多雪豹的精彩照片，最珍贵的照片莫过于一头雪豹翘起高高的尾巴，向石壁喷射尿液。这是怎么回事呢？原来——

"食、色，性也"，对于雪豹来讲也不例外。每年1—3月份是雄性雪豹"娶媳妇"的时节，它会把自己的家域看管得极其严格，绝对不允许其他"男士"侵犯。它每天巡视自己的领地，并用尿液标记范围，以告诉入侵者"这片地属于我"。2005年，马老师的研究小组正式拍摄到了这种行为的镜头。

在这个爱情的罗曼季节，"妙龄少女"则会在清晨或黄昏发出低沉的叫声——雪豹从来不像豹属亲戚那样歇斯底里地大声吼叫，以呼唤男孩子的到来。雄雪豹则在"女朋友"面前充分展现了自己温柔体贴的一面，热烈欢迎女孩子到家中谈情说爱。由于雪豹的巢穴比较固定，它们的"爱家家居"（多年积累的兽毛而变成了舒适的毡子）经过稍事休整后，就可以同床共枕了。之后，雄性雪豹又过起单身生活，它的妻子则经过100天左右的孕期，将在5—6月份生下2~4个可爱的小宝宝。当它们的孩子长到2~3岁的时候，青年们将扩充自己的地盘，也会谈婚论嫁。男孩子会像父亲那样威武、雄壮，并充满智慧。

但现如今，雪豹的日子像它的亲缘物种们一样惨淡经营。人类的偷猎成为威胁雪豹生存的主要因素，它们美丽的外衣不能穿着在自己的身上，却受到有钱人的青睐而遭到大肆捕捉。目前国内外很多皮毛市场，包括大量黑市中很容易见到雪豹皮或其他制品，让人无不痛心疾首。

当豹骨被用作虎骨替代品时，雪豹也难逃将自己的器官"贡献"出来供人们当作传统医药原料的厄运。此外，滥捕乱猎雪豹的食物，如大中型有蹄动物，以及青藏高原大规模毒杀鼠兔和旱獭，均造成了食物资源下降，甚至二次中毒。过度放牧，使家畜与野生有蹄类动物争夺牧草，也导致了雪豹食物的消失。有人认为，雪豹的自身疾病也是致危的因素之一。过去，动物园收购不得不作为考虑的另一方面，现在世界上 150多家动物园豢养着近 500 头雪豹。

最后要提到的是雪豹栖息地环境的破坏和退化，早在 1977 年，著名动物学家乔治·夏勒博士（George B. Schaller, 1933—　）就指出栖息地破坏将导致种群呈斑块化分布，种群间缺乏基因的交流。很多专家指出，雪豹应有栖息地面积达 230 万平方公里，但是真正可利用的栖息地面积不到 160 万平方公里，并且绝大部分在中国。可见，我国在保护雪豹上担负着多么重大的责任和义务。

值得庆幸的是，除了马鸣教授开展的雪豹项目外，中国科学院动物研究所蒋志刚研究员领导的研究组在另一个国际雪豹基金会（International Snow Leopard Fund）的资助下，也开展了"中国青海都兰国际狩猎场雪豹调查"项目。他们在 2006 年3—5 月，于青藏高原东昆仑山支脉布尔汗布达山区用自行研制的"豹眼 I 型—自动感应照相系统"也拍摄到了雪豹的野外生态照片。

目前，全世界现存的雪豹种群数量乐观估计有 4500～7000头，而有的科学家则指出，全世界雪豹的有效繁殖种群可能只有 2500 头。夏勒博士和雪豹专家罗德尼·杰克逊博士（Rodney Jackson）在 1992 年估计，中国可能有雪豹 2000～2500 头。

从 1986 年开始，雪豹便被国际自然保护联盟（IUCN）物种生存委员会（SSC）编制的《受胁物种红色名录》（Red List of Threatened Species），评估为"濒危级"（EN），一直与大熊猫平级，地位相当。2016 年 11 月，这两种兽类同时都被降为"易危级"（VU）。可见，这两种著名的旗舰种、伞护种，都因为近些年之保护，灭绝风险降低了，从而被降级。

我为了修订本文，再次查看了最新的"红色名录"；由此显示，雪豹的成熟个体或有效繁殖个体为 2710～3386 头；整体来看只能说稳中有一些增长，和大熊猫情况也比较类似。

此外，《濒危野生动植物种国际贸易公约》（CITES）也将雪豹列入附录 I，严加控制贸易。中国政府很早就将它们列入国家一级重点保护野生动物。我们相信，通过法律法规的宣传，加强社区公民保护雪豹的意识，积极建设自然保护区，开展研究与保护项目，在动物园建立谱系簿等等措施的实施，必将有效地挽救雪豹，避免它们步老虎的后尘！

雪豹，你从亘古中走来，先民都把你视作神灵！雪山的积雪是纯洁的，依赖于雪山生存的雪豹更是高贵的。据司马迁（前 145 或前 135—?）《史记·五帝本纪》记述："……轩辕（黄帝）乃修德振兵，治五气，艺五种，抚万民，度四方，教熊、罴（pí）、貔（pí）、貅（xiū）、貙（chū）、虎，以与炎帝战于阪泉之野，三战然后得其志。……"这里所说的"貔"就是指一个以雪豹为图腾的氏族。我们曾经和雪豹的距离那么接近，但愿人类可以永远和雪豹走得很近、很近……

"獾"天喜地八仙獾

当我们翻开《现代汉语词典》（商务印书馆，第7版）的时候，"獾"字的解释是"狗獾、猪獾等的统称。"我国古代曾将"獾"字写作"貛""貆"或"貒"，指代的是野豚、野猪或猪形动物。即使到了较晚时期的民国，这类动物的规范名称也是写作"貛"的；之后，国内实行简化字，改为了"獾"。试问獾中谁最像猪？则非猪獾莫属。可见，今天的猪獾这一物种可能最能对应古人所创造的"貛"字。

而如今，叫作獾的物种，可不止猪獾一种，而是在演化上较为庞杂的鼬科动物中的几个类群。

叫獾不是獾的袋獾

袋獾（*Sarcophilus harrisii*），虽然在名讳上冠以"獾"字，但其实并不是真正的獾。它是一种有袋类动物，被归入袋鼬目

（Dasyuromorphia）袋鼬科（Dasyuridae）。因生活在澳大利亚东南部的塔斯马尼亚岛，且性情十分凶猛，故人们习惯叫它们"塔斯马尼亚恶魔"（Tasmanian Devil）。

自袋狼（*Thylacinus cynocephalus*）灭绝之后，袋獾摇身一变，成了现存有袋类中体型最大的食肉者。它们对待猎物毫不留情，即使体型最大的有袋类动物——赤大袋鼠（*Macropus rufus*，亦称红大袋鼠、红袋鼠、大赤袋鼠），袋獾都可以轻而易举地将其撂倒，并很快掏心挖肺，大快朵颐地享用美餐。虽然袋獾是今天最大的食肉性有袋类，但它们的头体长只有 60～70 厘米，尾长 25 厘米左右。如果它们蹲坐在地上，加之胸部也有新月形的白色斑带，活像一头年幼的亚洲黑熊。

如果按照体型大小的相对比例来算，袋獾则是世界上咬合力最强的哺乳动物，而且它们的上下颌张开的角度可达 80 度，是真正的"血盆大口"，因此塞进一个袋鼠的脑袋自然不在话下。

我们知道欧洲人到达澳洲之后，消灭了许多当地特有物种，包括袋狼；与此同时，当他们知道袋獾也会危及牲畜的时候，他们也开始大肆捕杀袋獾，使其种群数量急剧下降。此外，袋獾于 1996 年被发现患有面部肿瘤病（Devil Facial Tumour Disease, DFTD）之后，该疾病在整个种群内迅速蔓延，表现为面部和口腔肿胀，产生肿瘤，且具有极为离奇的传染性，以致烂脸、烂嘴等腐烂状态，使袋獾的整个种群下降了一多半儿。它们现已成为比大熊猫和树袋熊更为珍贵的濒危级（EN）物种了。

鲁迅笔下的明星獾——狗獾

深蓝的天空中挂着一轮金黄的圆月，下面是海边的沙地，都种着一望无际的碧绿的西瓜，其间有一个十一二岁的少年，项带银圈，手捏一柄钢叉，向一匹猹尽力地刺去，那猹却将身一扭，反从他的胯下逃走了。（《少年闰土》选自人教版《语文》六年级上册）

这个少年就是闰土，几乎每一位读者都学过鲁迅先生（1881—1936）的这篇文章。鲁迅先生不愧是文学大师，"猹"这个字在《康熙字典》里都找不到，据说是周先生自己造的字；我猜，可能根据您老家对狗獾或猪獾的叫法音译出来的；我甚至怀疑过"猹"也可能是貉或者其他动物。

老百姓通常管狗獾叫獾子，根据 2002 年和 2003 年的一些研究，实际上狗獾属（*Meles*）有 3 种，即欧洲狗獾（*Meles meles*，亦称欧洲獾）、亚洲狗獾（*Meles leucurus*，亦称狗獾）和日本狗獾（*Meles anakuma*，亦称日本獾）。分布于我国的是亚洲狗獾，通常老百姓叫其狗獾、獾子。近些年，有学者主张将欧洲狗獾的中东亚种独立出来，即中东狗獾（*Meles canescens*，亦称西南亚狗獾）。

说来有趣，我在修改本文的时候，正好我的同事、国家动物博物馆科普主管王传齐兄在我旁边，他在日本留学六年，熟悉日语。我无意中读了日本狗獾学名的种加词，他一听，马上反应出来："说狗獾呢！"他补充道："*anakuma* 是日语中'穴熊'的意思，引申为'洞穴中的小熊'。"他这么一说，我顿感颇为形象！

狗獾作为中型食肉动物，是许多土壤生物、腐殖质层生物的天敌，例如蚯蚓、昆虫及其幼虫、软体动物等；也是某些啮齿动物、地面活动的中小型鸟类、两栖爬行动物的天敌；此外，它们还喜欢吃各种植物的根、茎、果实等；所以，狗獾是地地道道的机会主义杂食者。而且狗獾还是虎、豹、熊等大型食肉动物的猎物。总之，狗獾在生态系统中扮演着极为重要的角色。

和大熊猫平级的猪獾

谁能说从闰土胯下逃走的是狗獾而不是猪獾呢？从分布范围来看，我国有猪獾的地方几乎就有狗獾。它们的分布区域高度重合，食物又极为近似，造物主为什么造就了两个几乎一样的物种呢？难道只是长相不同？一个像狗，一个似猪？

其实，猪獾生活的区域海拔通常比较低，在平原地区、低海拔地区较为常见，而狗獾更喜欢生活在海拔较高的地方，通常在 1500 米以上。一个在低处，一个在高处，这就有效地避免了獾獾之间的内斗或内卷，从而达到了生态位的分化。因此，语文课本的解释，或者作过脚注的鲁迅著作通常告诉同学或读者们，"猹是獾"，甚至明确是"狗獾"，是值得怀疑的。如果鲁迅先生真的看到的"猹"是獾，那么更大的可能性是猪獾。

从长度到宽度，从重量到体积，从平方到立方，猪獾是当之无愧的中国最大的"獾"。猪獾的脂肪含量很高，不辱"猪"名！但也因之獾油而引来杀身之祸。很多人认为獾油可以治疗烫伤，人们长期以来大量猎杀猪獾，甚至见獾就捉，即使其他獾类也不放过。

近些年，猪獾的分类也发生了"一变三"之衍化。过去说到的猪獾，对应的学名为 *Arctonyx collaris*，但该种分布范围为印支半岛（亦称中南半岛），我国云南应该也有该种的分布，其英文名为 Greater Hog Badger，故建议中文名为"大猪獾"；而我国固有的猪獾则为 *Arctonyx albogularis*，英文名为 Northern Hog Badger，故称"北猪獾"或仍沿用"猪獾"之谓，该种广布于我国华北、华中、华东、华南、西南等地区，印度东北部、缅甸西北部也有分布，蒙古国东部有一个分布区，但并不与我国原有分布区相连，非常奇怪，值得深入研究；另外还有一种 *Arctonyx hoevenii*，英文名为 Sumatran Hog Badger，姑且叫作"苏门猪獾"或"苏门答腊猪獾"，仅局限于印度尼西亚的苏门答腊岛的西部和西南部。

更不可思议的是，如今，大猪獾已经与大熊猫平级，国际自然保护联盟（IUCN）将其保护级别评估为易危级（VU），灭绝风险几乎与大熊猫相当。如果它在我国云南省分布确定，也理所当然地成为国家重点保护野生动物。而北猪獾、苏门猪獾则为无危级（LC）。

似鼬非鼬——鼬獾

2003 年，在我国曾经爆发了一种极为可怕的传染性疾病——非典型肺炎，人们习惯称为"非典"或 SARS。作为病毒的自然宿主，首当其冲的是果子狸（*Paguma larvata*，亦称花面狸），但我记得当时媒体报道果子狸的时候，照片却大多是鼬獾。在人们全面扑杀果子狸的同时，鼬獾也跟着遭了殃。

鼬獾是鼬獾属（*Melogale*）之 6 个物种的通称，我国最常见的是中华鼬獾（*Melogale moschata*，亦称鼬獾、小齿鼬獾，无危级 LC），而在我国台湾地区生活的则是台湾鼬獾（*Melogale subaurantiaca*，一直作为中华鼬獾的亚种，未予评估

NE）；此外，还有印支鼬獾（*Melogale personata*，亦称大齿鼬獾、缅甸鼬獾，无危级 LC）、爪哇鼬獾（*Melogale orientalis*，无危级 LC）、婆罗洲鼬獾（*Melogale everetti*，亦称伊氏鼬獾、沙巴鼬獾，濒危级 EN），以及越南鼬獾（*Melogale cucphuongensis*，数据缺乏 DD）。

鼬獾的体型较小，似鼬，故名。它们的食物更倾向于土壤或腐殖质层里的各种昆虫或者其他无脊椎动物及其幼虫，以及其他小型脊椎动物、植物性食物等。我于 2004 年曾经参与了科技部 SRAS 野生动物溯源工作中野外生态调查的一部分工作，有幸在湖北省后河国家级自然保护区调查和研究鼬獾与果子狸。

我所住的农家院附近就常有鼬獾光顾，它们非常喜欢到林缘、农田与林地交接地，甚至老百姓的房前屋后来觅食，这些地方我们称为群落交错区（Ecotone）。有时，鼬獾会偷偷潜入老百姓家中，偷食腊肉、香肠或大油。由于很多人认为它们是害兽，且可食用，故也被肆意捕杀。

臭鼬的近亲——臭獾

在东南亚还生活着一类臭獾，国内读者对这类动物所知甚少。大家通常听说过臭鼬，但在印度尼西亚、马来西亚和菲律宾等国的岛屿上分布有 2 种臭獾：巽他臭獾（*Mydaus javanensis*，亦称爪哇臭獾）和巴拉望臭獾（*Mydaus marchei*，亦称菲律宾臭獾）。

原来人们以为臭獾是狗獾、猪獾的近亲，但现代分子生物学研究已经证实，以美洲大陆为代表的臭鼬应该从鼬科（Mustelidae）独立出来，单独成立一个科——臭鼬科（Mephitidae）；而臭獾应该归入臭鼬科。

臭獾在体型上，与美洲的臭鼬很相似，但头部更像狗獾或猪獾。臭獾的尾部很短，无论獾，还是臭鼬的尾部都较长。在生活习性上，臭獾是严格的夜行性，所以从时间生态位上，它们与竞争者又发生了分化，可以避免激烈的竞争。而像狗獾、鼬獾或者臭鼬，都会在白天活动。

善于合作的美洲獾

在北美洲还生活着一种与狗獾长相很近似的美洲獾（*Taxidea taxus*）。但和狗獾不同的是，美洲獾面部中央有一条白色窄纹一直延伸到背部，而狗獾面部中央白色区域面积较大。

与那些旧大陆的同类喜好像猪一样拱地的觅食方式不同，美洲獾活得比较有尊严，它们主动捕食北美大草原上的各种啮齿类，例如旱獭、草原犬鼠、美洲田鼠、更格卢鼠、鼠兔等，甚至美洲獾是响尾蛇的主要天敌。

美洲獾不仅可以单打独斗，还是一位善于合作的捕食者。在北美洲，生活着一种郊狼（*Canis latrans*，亦称丛林狼），美洲獾会同时与一只或两只，甚至同时三只郊狼合作，共同捕食各种啮齿动物。在大草原上，您时常会见到一高一矮、一瘦一胖，二者形影不离，堪称战斗好搭档。美洲獾非常善于挖洞，钻入鼠道捕捉猎物；郊狼的视力更好，非常善于发现猎物，奔跑捕捉。美洲獾与郊狼互相驱赶猎物，对彼此都十分有利，是典型的互利共生关系（Mutualism），可以达到双赢的效果。

地球北方最凶猛的鼬科动物——狼獾

在鼬科动物世界中有这样一个物种，人们甚至不知道应该叫它什么最合适。它甚至可以冠以"四不像"之名，似狼，似獾，似貂，似熊，所以，有时它被称为"狼獾"，有时它也被称为"貂熊"（*Gulo gulo*）。

从近年的分子生物学研究结果来看，狼獾在鼬科中最接近的是北美洲的渔貂（*Martes pennanti*）、中南美洲的狐貂（*Eira barbara*，亦称狐鼬，但这个物种从外观上看更像貂，而且属于貂亚科 Martinae，而非鼬亚科 Mustelinae，故叫狐貂反而更合适），以及其他貂属（*Martes*）动物；也就是说，狼獾并不与狗獾、猪獾或鼬獾的亲缘关系更近。所以，考证发现，似乎还是叫貂熊更贴切。

我大约只在小的时候见过活着的貂熊，那个时候有一只孤独的貂熊生活在北京动物园东南边的狼舍饲养区，它总在笼舍内来回踱步，重复着这种刻板的行为。在我的印象里，那只貂熊体型不大。后来，我在国家动物博物馆承办的"中国动物标本大赛"上见过一家标本公司展示的貂熊标本，体型很大，毛发油光锃亮，甚为威武，太漂亮了！我估计，皮张很有可能来自北美洲，并不是国内"原装"。

1981 年，有学者提出，北美洲的貂熊应该独立出来，即北美貂熊（*Gulo luscus*）（Hall, E. R. 1981. *The Mammals of North America*. John Wiley and Sons, New York, USA.）；但目前主流观点仍视其为亚种。

其实，貂熊在野外适应性很强，是亚北极、北温带地区最强劲的中型捕食者，横亘于整个全北界（Holarctic，古北界Palaearctic 与新北界 Nearctic 之合，即欧亚大陆+北美大陆）。

貂熊在体型大小上虽然略比猪獾大一些，但能耐可比獾类厉害得多；能疾驰，能长跑，能游泳，能爬树；虽然不自行打洞，但也擅于东钻西窜。它们的食性范围很广，从主动捕食各种啮齿动物、食虫类等小型哺乳动物，到地面活动或树栖的鸟类、水里或犄角旮旯里的两栖爬行动物，再到比自己体型大很多的狍、白尾鹿、驯鹿，甚至体型巨大的驼鹿、欧洲野牛与美洲野牛等。

貂熊有时连同为食肉目的同类都不放过，研究发现，它们还捕食貂、鼬、獾、赤狐、猞猁，甚至捕食狼和郊狼的幼崽！在食物短缺、大雪封山的季节，貂熊可以吃各种腐肉，它们甚至善于尾随虎、豹、美洲狮等大型猫科动物，趁机或掠夺或偷取一些残羹冷炙。

当然，貂熊是不会放过一切可以吃的食物的，因此，它也会见到香甜的浆果吃个大腹便便；看到植物的嫩芽嫩草、块根块茎啃个稀里哗啦……

貂熊因分布范围广，特别是在加拿大、美国、俄罗斯等野生动物保护非常良好的国家，因此在国际自然保护联盟《受胁物种红色名录》中属于无危级（LC）。但因为在我国的种群数量十分稀少，故为国家一级重点保护野生动物。

网红平头哥——蜜獾

如今，没有任何一种鼬科动物可以像"平头哥"这么火的了！如果貂熊敢称自己是最为凶残的鼬科动物，那么不服的只会有蜜獾敢站出来叫嚣。

蜜獾 (*Mellivora capensis*) 和美洲獾一样，都是较为古老的鼬科动物。可以用凶猛、威武、不怕死、愣头青、特立独行、敢作敢当、勇往直前、适应性强等形容词来描绘它。

最强势的物种，首先表现在它的势力范围辽阔。蜜獾是所有鼬科动物分布范围最广的物种。除了极为干旱和贫瘠的撒哈拉沙漠腹地，以及北非最北边缘地带外，蜜獾可见于整个非洲大陆，即使撒哈拉沙漠的周围地带也有蜜獾的踪迹。

很多人因为看到一些纪录片或电影，而误认为蜜獾只生活在非洲，其实它们的分布区域还延续到整个阿拉伯半岛，从而往东进入伊拉克、伊朗、土库曼斯坦，再往东延伸至巴基斯坦和印度、尼泊尔。而在印度，蜜獾几乎占据了这个国家绝大部分的地方，如果它们再努把力，来到我国的藏南地区也指日可待了，甚至可能由于科学家调查研究有限，或许蜜獾早已经是中国哺乳动物名录中的一分子了！

另外，蜜獾的食性之广，几乎涵盖了所有食肉目动物的食谱，当然或许不会像大熊猫那么喜欢吃竹子。如果这里要开列它的食材名单，恐怕需要好几页的篇幅。当然最著名的行为，与它的名字有关。蜜獾爱吃蜂蜜，故名；然而，普遍的说法是，蜜獾不善于发现蜜蜂巢，这时出现了它的合作伙伴——䴕形目 (Piciformes) 响蜜䴕科 (Indicatoridae) 的鸟类。人们认为，响蜜䴕会指引蜜獾寻找到蜂巢，并会给响蜜䴕蜂卵以为犒劳。然而这个故事可能是瞎编的，因为没有科学证据证明蜜獾需要响蜜䴕来帮忙。事实上，蜜獾寻找蜂巢能力不可小觑，它根本不需要助手，而且它不怕蜜蜂的螫针螫刺，对蜂毒的免疫力也是惊人的。

最逆天的是，蜜獾还喜欢吃各种蛇，以及大型的蟒，甚至包括在非洲剧毒的黑曼巴蛇（*Dendroaspis polylepis*）、喷毒眼镜蛇（*Naja*）等。它们甚至捕蛇可以不顾方法、没有套路，像细尾獴（*Suricata suricatta*）、红颊獴（*Herpestes javanicus*）等善于捕蛇的食肉动物都会找技巧、找机会、找角度地咬住毒蛇的颈部先行致死，并防止被咬伤。而蜜獾只管高兴，咬哪都无所谓，即使被毒蛇咬到，它们会随即晕厥。但过了一两个小时后，蜜獾可以起来继续享用美餐。蜜獾的免疫系统、分解毒素能力可能极为特别，未来值得人类深入研究。

另外，众所周知，高等的灵长类动物，特别是黑猩猩、卷尾猴等会使用工具，当这样的研究结果昭告天下时，我们才知道人类并不是会使用工具的唯一动物。而在 20 多年前，当科学家在印度和南非等地跟踪、捕捉蜜獾时，就发现它们也会使用工具。它们会搬运石头、木桩搭起一个平台去够取高处的物体；它们也会利用周围的各种物体为自己搭个梯子从凹陷的大坑里逃出来。

蜜獾在成为网红之前，在它分布的区域就早被人类关注。人与蜜獾的矛盾和冲突也是由来已久，特别是在人口密度很高的印度，早在英国殖民时期，就有很多报道。蜜獾会攻击家禽家畜，会攻击小孩子，甚至会挖坟掘墓，吃人类的尸体。由于有些人对蜜獾的厌恶，而致使很多猎人用枪杀死蜜獾。现在，蜜獾的数量也在许多地区急剧下降。

"食蚁" 兽族大盘点

根据 2022 年 10 月出版的《美国国家科学院院刊》（*PNAS*）上最新的一项研究，科学家认定，蚂蚁是地球上数量最多、质量总和最大的昆虫类群。现在发现和命名的蚂蚁种类有 15700 多种，它们一共有 2 兆只，也就是 2 亿亿只，是 79 亿人口数量的 253 万余倍。蚂蚁全部的质量加在一起，至少为 1200 万吨；如果用世界最大航空母舰（福特级，标准排水量约 10 万吨）的质量作对比的话，地球上蚂蚁个体的总质量相当于 120 艘最大航母的质量。

如果我们再将蟑螂的近亲、同有"蚁"字的白蚁也加进来，那么至少也得有 2.5 亿亿只，约 1500 万吨。自然界有如此巨大的生物量，如此海量的动物蛋白质，必然成为了一笔超巨额的财富，而分享、使用这些财富或资源的正是在地球上广泛分布的、形形色色的捕食者——"食蚁"动物。

几乎每个大洲都有至少一种或一类哺乳动物以蚁为食——

亚洲有穿山甲，非洲有土豚、土狼、穿山甲，北美洲有犰狳，南美洲有食蚁兽，大洋洲有针鼹和袋食蚁兽……在填饱肚子的同时，这些动物也能将蚂蚁和白蚁控制在一定数量内，维护大自然的动态平衡。

这里我们重点盘点一下那些"食蚁"兽。

正统称谓的食蚁兽

如果聊"食蚁"兽，必须要先聊"食蚁兽"！

有这样一类哺乳动物，它们身披粗糙的毛发，鼻吻甚长，指甲粗壮有力，捕食蚂蚁和白蚁；在汉语世界、英语世界，被分别唤作"食蚁兽"、Anteater。在动物的中英文名称中，可以如此字字对应的情况并不多见。

以大食蚁兽（*Myrmecophaga tridactyla*）为典型代表的"食蚁兽"，主要生活在中美洲至南美洲中部的草原、潮湿雨林、干燥森林等多种生境。无论是中国古人，还是西方古人，都没有见到过这一物种，也就无从起个专门的名称；故而后来索性就叫"食蚁兽"。

在所有"食蚁"兽中，大食蚁兽是体型最大、舌头最长的；其头体长可达 1.4 米，尾长可达 0.9 米，舌头则有 0.6 米之长！毫无疑问，这么细长的舌头，可以轻而易举地深入蚁冢的蚁道中粘黏蚂蚁或白蚁。

从外观上看，它们的前脚掌有 4 指，其中第 2、3 指非常长，且锋利而弯曲，大拇指也有较长的爪，但是第 4 指非常短小，到第 5 指，也就是小拇指几乎不可见，但是可以见到非常粗大的掌骨以及附着的肌肉。严格讲，它们仍然有退化的第5指；后脚掌则有5趾，像黑熊的脚掌，属于跖行性（用脚掌走路）。

大食蚁兽前肢腕部的皮毛呈黑白斑纹状，宛若大熊猫的脸；而从脖颈到肩部的斜上黑白条纹，泾渭分明。

在南美洲不同地区，大食蚁兽所食蚂蚁和白蚁的比例不同：委瑞内拉、阿根廷，以及巴西的潘塔纳尔（Pantanal）湿地区域的大食蚁兽捕食蚂蚁的比例更高；而巴西中部、哥伦比亚地区的大食蚁兽一半以上的食物组成是白蚁。蚁科中的弓背蚁（*Camponotus*）、火蚁（*Solenopsis*）、大头蚁（*Pheidole*），白蚁科的象白蚁（*Nasutitermes*）均为大食蚁兽的主要食物。此外，蜚蠊（俗称蟑螂）的卵、甲虫幼虫也是大食蚁兽的"甜点"。

大食蚁兽还有两个小兄弟——同属于食蚁兽科（Myrmecophagidae）的中美小食蚁兽（*Tamandua mexicana*，亦称墨西哥食蚁兽、北小食蚁兽）、南美小食蚁兽（*Tamandua tetradactyla*，亦称小食蚁兽、南小食蚁兽、金食蚁兽）。它俩都像穿了黑色马甲，而头颈部、四肢及尾巴为黄色，后者的黄色部分更鲜艳，更明亮，呈金黄色，且分布范围更广泛。但是需要指出的是，因为地理、环境上的差异，这两种小食蚁兽都有不同之亚种，在毛发颜色方面有较大的变异，特别是后者分布范围较广，亚种或色型变化更为丰富。所以，出现了全黑色、全黄色，抑或黑黄色在比例上的差别。

在披毛目（Pilosa）中，除了食蚁兽科，还有一个更矮小的家族——侏食蚁兽科（Cyclopedidae）；它们的身体大小只有一个或两个手掌那么大，尾巴非常善于卷曲，睡觉的时候也会缠绕树枝。曾经一直以来都只有一种，即侏食蚁兽（*Cyclopes didactylus*），但是2017年的一项研究，科学家描述了3个最新的种，以及将有的亚种提升为种，因此，侏食蚁兽由一变七，它们是：

2006 年 3 月，我在大英自然博物馆见到的南美小食蚁兽标本

中美侏食蚁兽（*Cyclopes dorsalis*）、普通侏食蚁兽（*Cyclopes didactylus*）、里奥侏食蚁兽（*Cyclopes ida*）、汤氏侏食蚁兽（*Cyclopes thomasi*）、红侏食蚁兽（*Cyclopes rufus*）、欣古侏食蚁兽（*Cyclopes xinguensis*）、玻利维亚侏食蚁兽（*Cyclopes catellus*）。

正是因为所有的侏食蚁兽都是独居、树栖、夜行性的种类，所以，它们也就成为了科学家研究最少、对其行为生态学了解甚少的类群。白天，我们很难发现它们，甚至它们更像穿山甲那样蜷缩着身体，或挂在树干，或卧在枝桠，或掩映在叶下一动不动地睡觉。它们毛茸茸的体态，又有点像长着尾巴的树懒——而它们确实也是树懒的近亲——新陈代谢一样地缓慢，体温较低，通常只有 33 摄氏度，体温调节的能力明显退化。

与大食蚁兽、小食蚁兽不同的是，目前已知侏食蚁兽主要吃蚂蚁，几乎很少捕食白蚁。像在亚马孙热带雨林区域，很多地方经常被水淹，形成洪泛森林；而讨厌水的蚂蚁就会把家搬到树上，形成树上的蚁冢。这也就使得侏食蚁兽不得不选择树上的蚂蚁为食了。

由于栖息地破坏，以及人们捕捉侏食蚁兽作宠物饲养，导致它们的种群下降。目前，受到分类变化影响，只有普通侏食蚁兽得到 IUCN《受胁物种红色名录》的评估，虽然为无危级（LC），但其他6种侏食蚁兽的现状不容乐观。想必，不久之将来，会对所有种类予以深入的研究与评估，而其中某些种类可能已经处于濒危状态。

食蚁兽的近亲——犰狳

对哺乳动物感兴趣的读者，大都知道贫齿目（Xenarthra），但是随着近二三十年来，科学家在兽类系统发育关系方面的研究不断深入，如今已经将原来的贫齿目分为了带甲目（Cingulata）和披毛目（Pilosa），此两者合为贫齿总目。后者，我们刚才谈到了食蚁兽，另外还有树懒；而前者则是犰狳，以及已经灭绝的雕齿兽（Glyptodontidae）等。

首先，大家会问，犰狳不生活在我国，全部2科9属22种现生种均分布在美洲，除了九带犰狳（*Dasypus novemcinctus*）的分布范围可以延展至美国南部，其余所有种都生活在拉丁美洲；那么，为什么国人会将这类动物叫作"犰狳"——这么古老的、很"中国"的名字呢？

我们翻阅古代一些典籍不难发现，"犰狳"之谓，古已有之。例如，成书于 1008 年北宋时期的语言学著作《广韵》便有对"犰狳"之记载："兽似鱼，蛇尾豕目，见人则佯死。"而成书于战国至汉初的《山海经》也有介绍："余峨之山有兽焉，其状如兔而鸟喙，鸱目蛇尾，见人则眠，名曰犰狳。其鸣自叫，见则螽蝗为败。"

从记述看，古人见过这么一类动物，并命名为"犰狳"，而"犰狳"的名称来源于这种动物的叫声，正所谓"其鸣自叫"（值得注意的是，我国很多动物的名称来自于其叫声之音译）。从形态特征和行为来看，这种或这类动物很有可能是今天的穿山甲。但是，在近代，随着西方知识渗透到国内，翻译家或博物学家了解了 Armadillo 的长相与习性之后，便使用了古代之"犰狳"来翻译这类美洲动物的中文名。

正是因为犰狳与穿山甲在外貌与习性方面的惊人相似，使得"犰狳"二字有了用武之地，很巧妙地将文字"含义"与实际物种的特征相匹配，也体现了名称的多元化（动物的多样性使然）。

与食蚁兽、穿山甲不同的是，犰狳是有牙齿的，尽管它们的门齿、犬齿阙如，但是仍然存在前臼齿、臼齿。犰狳科（Dasypodidae）种类的牙齿有 28～36 枚，倭犰狳科（Chlamyphoridae）通常有 28～40 枚牙齿。当然，不要以为后者叫"倭犰狳"就都是体型小的犰狳，这一科包括了现生体型最大的种类——大犰狳（*Priodontes maximus*，亦称巨犰狳；原来曾归入犰狳科）。

大犰狳的头体长可达 1 米，此外，尾长足有半米，体重可达 60 千克，而动物园饲养的大犰狳可以更大，超过了 80 千克！大犰狳不仅有钉状的、终生生长的小齿，而且在牙齿数量上也是不可思议的。它们的这些小齿在数量上有变化，少则64枚，多则74枚，更多则可超过100枚！

大英自然博物馆收藏的犰狳标本

"牙好，胃口就好，身体倍儿棒，吃嘛嘛香！"犰狳不仅会吃蚂蚁和白蚁，还会吃各种昆虫、蜘蛛、蝎子、蠕虫、蜗牛、鸟卵、小型的两栖爬行动物，以及植物的果实或者嫩枝叶，甚至动物的腐肉。看来，它们的食性可比其他"食蚁"兽要丰富得多，这或许也是它们种类众多的重要原因之一。

另外身披盔甲的"食蚁"兽——穿山甲

在新大陆的美洲有身披盔甲、可以缩成球的"食蚁"兽——犰狳；而在旧大陆的非洲和亚洲则同样有身披铠甲，也可以团缩起来的"食蚁"兽——穿山甲。这简直是最典型的"趋同演化"的例证！

穿山甲，古称鲮鲤、陵鲤、石鲮鱼。更早的时候，如《广韵》《集韵》都说"鲮"是"鱼名"。《楚辞·天问》："鲮鱼何所。"后人注为："鲮鱼，鲤也。"说明，鲮鲤是一回事，指代同一种或同一类鱼，即鲤鱼。而可能到了更晚的时候，有了更明确的鱼类分类学，才将"鲮"专门指代鲮属（*Cirrhinus*）种类。

又观《本草》（即《神农本草经》，成书于汉代，我国最早的中药学著作），陶隐居（陶弘景，自号华阳陶隐居，452或456—536）云："鲮鲤，形似鳖而短小，又似鲤鱼，有四足。"到了明朝著名的"鱼类百科全书"——《异鱼图赞》，除了表示鲮鲤是鱼之外，也不得不承认"一说鲮鲤皮曰穿山甲"。可见，鲮鲤或穿山甲已被我国古人很早有所认识和了解。

如果查阅一些中医药的古书，穿山甲还有龙鲤、川山甲、麒麟、钱鲤甲等很多称谓。自古以来，穿山甲的鳞片、肉都被认为可以治疗多种疾病；因为人们以为这类动物会"穿山"，有打通一切之神力，故而有疏通经脉，或者让身体顺畅的功效，例如食用后可"催乳"，让乳汁重新顺利地泌出，云云。

在二三十年前，就有相关机构做过调查，当时，我国对穿山甲鳞片的年贸易量高达 80~100 吨。这是什么概念呢？我们不妨计算一下，一只中华穿山甲（*Manis pentadactyla*）的体重为 2~6 千克，最大个体可达 7 千克，常见体重一般为 3~4 千克。穿山甲的鳞片坚硬却十分轻薄，一只个体能够产可用甲片约 0.5 千克，即使体型更大的马来穿山甲（*Manis javanica*）或南非穿山甲（*Smutsia temminckii*），可产甲片也就每只 1~2 千克。我们按照平均每只 1 千克甲片来算，100 吨的甲片，就相当于 10 万只穿山甲被猎捕；粗略估算的话，每 10 吨甲片，要有 1 万只穿山甲被猎杀！全球每年至少有 8 万~10 万只穿山甲惨遭屠戮！

由于中药材市场的大量需求、栖息地丧失，以及温文尔雅的秉性和毫无抵抗能力使它们极易被捕捉。近几十年来，我国穿山甲的种群数量急剧下降，许多曾经有分布的地方已经难觅其踪，甚至有机构或专家一度认为中华穿山甲在我国"功能性灭绝"。过去十余年来，捕猎国外的穿山甲并偷运到国内成为新的非法贸易形势，我国以及部分亚洲国家对穿山甲鳞片或肉的需求对整个亚洲，甚至非洲的穿山甲的种群破坏越来越严重。

所以，国际和国内机构，例如 CITES 公约、IUCN 红色名录，以及我国的《国家重点保护野生动物名录》等均对全世界穿山甲的保护级别作出了相应调整。分布于我国的中华穿山甲（*Manis pentadactyla*，亦称穿山甲、中国穿山甲、鲮鲤、中华鲮鲤）、马来穿山甲（*Manis javanica*，亦称马来亚穿山甲、爪哇穿山甲、巽他穿山甲、南洋鲮鲤、爪哇鲮鲤）、印度穿山甲（*Manis crassicaudata*，亦称印度鲮鲤）提升为国家一级重点保护野生动物。

而从"红色名录"角度，也作了全面"提升"。现在，中华穿山甲、马来穿山甲、菲律宾穿山甲（*Manis culionensis*，亦称菲律宾鲮鲤）被评估为极危级（CR）；印度穿山甲、大穿山甲（*Smutsia gigantea*，亦称巨穿山甲、地穿山甲、巨鲮鲤）、树穿山甲（*Phataginus tricuspis*，亦称白腹穿山甲、树鲮鲤、白腹鲮鲤、三尖鲮鲤、树栖鲮鲤）被评估为濒危级（EN）；南非穿山甲（*Smutsia temminckii*，亦称谭明克穿山甲、谭氏穿山甲、南非鲮鲤、短尾鲮鲤）、长尾穿山甲（*Phataginus tetradactyla*，亦称黑腹穿山甲、长尾鲮鲤、黑腹鲮鲤）被评估为易危级（VU）。

现在野外，我们几乎见不到穿山甲。似乎只能在博物馆里一览它们的尊容。我在国家动物博物馆标本馆（今为国家动物标本资源库）中亲眼见过穿山甲的假剥制标本和头骨。我们馆的濒危动物展厅内也一直展览有中华穿山甲的剥制标本（亦称姿态标本、形态标本）。虽然我们总说穿山甲等许多"食蚁"兽没有牙齿，但是怎样地没有，却很难想象。当我拿起一号中华穿山甲的头骨标本的时候，我才准确地理解了它的样子。

大英自然博物馆的
南非穿山甲标本

穿山甲的鼻吻部突出，上下颌是完全平整的，没有牙槽，更没有牙齿，摸起来非常光滑。它们不像狐猴那样还有颊齿，因此穿山甲是绝对的"食蚁"兽，只能依靠长长的舌头舔舐蚂蚁或白蚁。它们利用几乎三分之一体长的舌头将食物直接传输到胃里；不用的时候，细长的舌头则蜷缩在胸腔底部。

穿山甲长而布满鳞片的尾巴有助于在受到威胁时将自己包裹起来，防御敌害。除此之外，还能为前进、攀爬、挖洞提供辅助作用，特别对于在非洲经常上树的长尾穿山甲、树穿山甲来说，尾巴的缠绕功能与侏食蚁兽、蜘蛛猴、卷尾猴等的尾巴异曲同工。

穿山甲稀少的另一个原因，与其繁殖率低有关。在发情期，雌雄穿山甲会短暂同居，它们交配成功后分开。幼崽由妈妈单独养育，产仔期多在冬季。穿山甲每胎大多只有1仔，其幼崽要满3个月左右才开始逐渐学会走路，在此之前都是趴在母兽的尾巴上外出活动，这也是穿山甲独特的育幼行为。

非洲另类"食蚁"兽——土豚

大自然这位造物主，似乎觉得非洲大陆实在太大了，而那里的白蚁、蚂蚁太丰富了，只是创造4种穿山甲还不够，她偏偏还要搞出更为另类的一个类群——管齿目（Tubulidentata），现如今也只有一个种，即土豚（*Orycteropus afer*）。

我对土豚非常喜欢！肥胖、圆滚而光滑、几乎无长毛的身体，让它们看上去像头白净的小猪；又因为擅长挖洞、钻入土中，故名"土豚"。但是，土豚的鼻子要比猪鼻长得多，里边具有黏性的长舌，是与长长的头颅和鼻吻相匹配的器官。

它们的口腔内更像犰狳，无门齿与犬齿；虽然有前臼齿和臼齿，但是这些牙齿结构简单而特殊，外观上呈丁字状、圆锥形，而每一枚牙齿均有六角形的棱状体，中间有管状腔，故名"管齿目"；这些牙齿没有齿根，也缺乏釉质或珐琅质，可终生生长。所以，如同犰狳一般，它们尽管主食为白蚁、蚂蚁（故亦称非洲食蚁兽），但仍然可以捕捉各种其他昆虫、蠕虫、小型两栖爬行动物、鸟卵等。

土豚的前后肢十分粗壮，前肢上的4指、后肢上的5趾，均有锋利的指甲或趾甲，以利于它们挖掘蚁冢。我在非洲见过各种白蚁蚁冢，高大的蚁冢极为结实，我试图用脚使劲踹，但蚁冢纹丝不动，都不会有什么损伤；而土豚却可以轻松地刨开外墙，而大快朵颐地享用美餐。

　　因为土豚也是独居、夜行性的，所以白天肯定见不到它们。我去过十余次非洲大陆，却没有任何机会见到它们。在稀树草原，可以看见到处都被土豚挖过的地洞，我曾趴在地上往洞里观望，心想要是可以见到一只肥嘟嘟的土豚在里边睡觉多好呀！可是每次手往地上一撑，通常瞬间就会被蚂蚁或者其他什么虫子咬上一口，我总在想，是不是土豚有不怕疼的基因或者什么分子机制？它们每晚要吃掉 5 万只白蚁或蚂蚁，每天要与数十万只白蚁或蚂蚁打交道，肯定少不了挨咬啊？但它们仍然可以轻松地对付那些厉害的虫子们。

2006 年 3 月，我在英国布里斯托尔博物馆见到的土豚标本

此外，土豚对重建当地的群落，甚至生态系统发挥了不可替代的作用。仅仅挖洞这一项，就功不可没！它们的挖掘工作，有利地改变了土壤状态，增大土壤空隙，使植被、土壤生物得到了更多的空气、水分，利于植物根的呼吸及水分渗透。土豚在物理上改变地貌，增加新的空间，使大量的昆虫、其他无脊椎动物、两栖爬行动物、鸟类、其他哺乳动物等各个类群都可以利用这些新的空间，并作为它们的"微生境""避难所"。甚至，广袤的稀树草原是不可能有洞穴的，但土豚挖过的地洞，却让蝙蝠都可以在其中安家。

非洲土字辈的另一位兄弟——土狼

与土豚同为"土"字辈的非洲兄弟是土狼。当然，它们的亲缘关系相距甚远；土狼（*Proteles cristatus*）是食肉目鬣狗科中的一种，过去有很多人把所有的鬣狗都习惯叫"土狼"，但是狭义的"土狼"专门指这种以白蚁或蚂蚁为食的鬣狗科种类。

但凡以白蚁或蚂蚁为主食的"食蚁"兽都有一个共同特征——牙齿退化——简单、稀少，甚至完全消失！土狼则属于"稀少"，作为食肉目之一员，几乎无牙，完全没有咀嚼肉类的能力，这简直就是食肉类家族的"奇耻大辱"啊！

怪不得它们的身体就比较瘦弱，脸颊也比较细长，黑色的脸面与鼻吻，显得更有些干枯、瘦瘪。我每次见到土狼总觉得它又挨了其他鬣狗或狮子的欺负，那可怜的小脸儿还总让我想起电视连续剧《西游记》狮驼岭的巡山小妖"小钻风"的形象。

土狼，也如其他"食蚁"兽一般，有着较为细长而具黏性的舌头，只不过它的舌头尚未如食蚁兽、穿山甲或土豚那么超长。土狼的嘴也张不大，吃肉成为了一件困难的事情，所以"结构决定功能"，它们也只能以吃白蚁、蚂蚁或者其他昆虫为生。较之于土狼的同类鬣狗，或者其他食肉动物，土狼最大的优势便是更容易获得取之不尽、用之不竭的白蚁、蚂蚁，而且到了夜晚，它们可以享用几万、十几万，甚至 30 万只白蚁！虽然它们在食肉目中是弱小的，但这样的特殊生态位给予了它们继续生存的机会，繁衍至今。

最原始的"食蚁"兽——针鼹

以上，我们聊的都是较为高等的胎盘哺乳动物中的"食蚁"兽，也就是真兽亚纲（Eutheria）的种类。但在现生哺乳动物中，最原始的类群是卵生哺乳动物，也就是生蛋的兽类，即原兽亚纲（Prototheria）单孔目（Monotremata），包括鸭嘴兽（*Ornithorhynchus anatinus*）和针鼹（Tachyglossidae）。

其中，针鼹以蚂蚁和白蚁为食。它们的身体状如球，体表覆盖有长短不一、较为粗大坚硬且中空的棘刺，这样的外观很容易被当作"刺猬"，甚至有人直接叫它们"刺食蚁兽"。所有针鼹科种类的鼻吻均较长，与大食蚁兽的鼻吻形态很近似；尤其是长吻针鼹属 3 种的鼻吻更长，它们是：西长吻针鼹（*Zaglossus bruijnii*，亦称长吻针鼹、原针鼹、三趾针鼹）、东长吻针鼹（*Zaglossus bartoni*，亦称五趾针鼹）、爱氏长吻针鼹（*Zaglossus attenboroughi*，亦称大卫长吻针鼹、爱登堡长吻针鼹、阿氏长吻针鼹、艾氏长吻针鼹）。

爱氏长吻针鼹是 1998 年才被科学家发现和命名的针鼹，

并以英国著名博物学家、自然纪录片制作人、主持人、英国皇家学会会员（FRS）大卫·爱登堡爵士（Sir David Attenborough, 1926—　）的名字命名。该种仅局限在印度尼西亚的新几内亚岛最北部的一个十分狭小的区域，被 IUCN 评估为极危级（CR）。

此外，还有一种短吻针鼹（*Tachyglossus aculeatus*，亦称针鼹、澳洲针鼹），是分布最广、最常见的一种针鼹。它们的鼻吻较短。

以上 4 种针鼹，是澳大利亚和新几内亚岛最主要的"食蚁"兽。它们与食蚁兽最趋同演化的特征便是，较长的鼻吻，细细的、具有黏性的舌头，无牙齿，头小，眼小，以及锋利弯曲的前脚爪等。但是，它们也有比较特殊的结构，例如舌上有角质板，上腭有硬嵴，可以互相挤压，以便更好地磨碎蚂蚁和白蚁。

我们也不难发现，所有"食蚁"兽都较为弱小，它们只能依靠身体的棘刺、鳞片、带甲，或者锋利的脚爪保护自己。它们无法攻击其他动物，只能靠被动的方式保护自己，例如缩成个球，或者挖洞、钻地、入土。另外，便是占据夜晚这样的时间生态位。所以，针鼹也会在晨昏出来活动。生活在澳大利亚南部，或者塔斯马尼亚岛上的针鼹也会像刺猬一样，在冬季进入冬眠状态。

有袋类中的食蚁者——袋食蚁兽

有袋类，属于后兽亚纲（Metatheria），介于原兽亚纲、真兽亚纲之间。在这一类群中，也有另外一种"食蚁"兽，它就是生活在澳大利亚西南部的袋食蚁兽（*Myrmecobius fasciatus*,

亦称袋貘、缟食蚁兽）。

我小时候看一些动物科普读物，通常管这种动物叫作"袋貘（biào）"。从民国十一年（1922 年）的《动物学大辞典》，到后来谭邦杰先生编著的《哺乳动物分类名录》，以及傅琪先生、黄世强先生编著的《世界兽类图谱》，均使用"袋貘"这样的称呼。

参观《康熙字典》，"貘"字解释为："兽名。似狐，善睡。"我估计，也是因为该有袋类（袋鼬目 Dasyuromorphia）的外形，特别是较长的脸庞有点像狐狸，且以为它比较能睡觉，而使用了如此生僻之字。

其实，与其他"食蚁"兽迥异之处，恰恰是它们在白天活动，并不那么"善睡"。这可能与澳洲大陆自身的肉食性天敌较少有关。但从袋食蚁兽的现状来看，它们的野外种群数量只有 2000 多只，已成为濒危级（EN）物种，会不会因为白天活动而受到猛禽或者澳洲野犬等动物的攻击而导致数量愈加减少呢？

想必，袋食蚁兽的濒危原因是多方面的。它们本身体形矮小，从头至尾才只有 40 厘米左右，看上去像是一只花鼠或松鼠。小型的身躯，就意味着它们的新陈代谢较旺，那么寿命相对来说就会比较短。有资料显示，袋食蚁兽在野外的平均寿命只有 2 岁。它们的分布范围也极为狭窄，仅局限在澳大利亚西南部的 6 个面积很小的分布点。此外，专一的捕食对象——白蚁，也可能使它们的生存受到了限制，尽管白蚁在其分布地区数量仍然足够庞大。

这些年，我们从新闻中经常看到，澳大利亚诸多地区被老鼠、家猫、家狗、狐狸等外来动物入侵，包括袋食蚁兽在内的众多有袋类动物被大量捕杀。此外，森林大火对澳洲本土动物的冲击也是致命的，袋食蚁兽也难逃厄运。

本来造物主创造了澳大利亚这块特殊大陆上的一众有袋类动物，特别是"食蚁"的袋食蚁兽，肩负着与美洲的犰狳和食蚁兽、亚洲和非洲的穿山甲、非洲的土豚和土狼等动物同样的生态作用，占据着同样的营养生态位。但是，从家丁兴旺程度来看，袋食蚁兽远不及其他"食蚁"兽，亟需人类的呵护。

希望各大洲的"食蚁"兽们可以健健康康地生存下去；继续发挥着生态系统中不可替代的重要作用，为有效地控制白蚁、蚂蚁等昆虫的数量贡献它们的力量！

揭秘世界上最小的鸟类：蜂鸟

蜂鸟，大概是世界上最神奇的一类鸟儿了。目前已知约有360余种，全部生活在美洲。它们躯体的娇柔、喙与体之间莫名其妙的比例、羽毛颜色的变幻、飞行时惯用的悬停技能，以及在物种演化过程中特殊的地位，都使得它们备受瞩目。

最小和最大的蜂鸟

世界上最小的蜂鸟，也是最小的鸟，是古巴特有的吸蜜蜂鸟（*Mellisuga helenae*）。也许您马上会有疑问，蜂鸟不都是吸蜜的嘛！为什么这种蜂鸟独享"吸蜜"之名呢？这其实反映了我们在非本土物种的命名方面词语的匮乏。但凡中国分布广泛的鸟类，多数都有一个古人起好了的、沿用至今的名称，其特点便是鸟字或隹字等部首或偏旁，例如鸡、鸭、鹤、鹳、鹃、鸮、鸲、鹩、鸫、鹏、鹌、鹭、雕、雉、雀、雁……

到了"蜂鸟"这里，没有一个专有字是描述这类鸟的，因为我们的古人没有见过它们。于是乎，近代的科学译者认为这类鸟体型如蜜蜂，故曰"蜂鸟"。实际上，英文名 Hummingbird 是发出嗡嗡声音的鸟。到了"吸蜜蜂鸟"这里，又麻烦了，它们的英文是 Bee Hummingbird，若直译的话，就成了"蜜蜂蜂鸟"，实在啰嗦，既然如蜜蜂般吸蜜，便叫"吸蜜蜂鸟"了。

这种世界上最小的蜂鸟，也是目前已知最小的鸟种，已经小到只有蜜蜂那么大了——体重不足 2 克，体长 5 厘米左右。虽然它们如此娇小，但像它的同类一样，是勤奋的采蜜者。每天吸蜜蜂鸟会造访 1500 多朵不同种类的花，而且据最新研究，吸蜜蜂鸟只造访 10 种植物的花朵，其中有 9 种也是古巴特有植物——可以想象这种蜂鸟与土著植物间的紧密的协同演化关系。

最大的蜂鸟则是巨蜂鸟（*Patagona gigas*），其种本名 *gigas* 来自于希腊语，意为"巨人"。巨蜂鸟体长约为 23 厘米，体重 18~24 克，翼展约为 22 厘米。巨蜂鸟的体型几乎是吸蜜蜂鸟的 10 倍大，几乎比我们常见的麻雀（12~14 厘米）还要大上一倍。

蜂鸟的独特之处之一：悬停与倒飞

蜂鸟的飞行速度远不及游隼、雨燕，飞行距离更无法与北极燕鸥（*Sterna paradisaea*）、斑尾塍鹬（*Limosa lapponica*）相比拟，但它们却拥有一项其他鸟类很少具有的飞行技能，来适应其特殊的生活环境及生活方式，这就是悬停。

悬停这种飞行方式是长期自然选择的结果，也是蜂鸟适于林间生活的一种适应性演化。蜂鸟的翼狭长，主要由附着于愈合的腕骨、掌骨及指骨上的初级飞羽构成；而附着于桡骨及尺骨（也就是前臂）之上的次级飞羽较少而短小。当蜂鸟正常飞行时，身体保持水平，翅膀上下扇动，就像我们常见的鸟类飞行姿态，其时速最高可达 96 公里；而当蜂鸟悬停时，身体则保持竖直，两翼前后扇动，振翅幅度之大甚至可以在前后触及彼此。前后扇翅的频率之高，使得只有蜂鸟那狭窄的翅膀才能完成这一工作，而不会造成翩翩起舞的拖泥带水之感，也决不会"拖累"悬停，甚至还可以帮助有些种类的蜂鸟倒退着飞行。

那么，为什么蜂鸟能够悬停，甚至是倒着飞行？它们又是在什么情况下才会倒着飞行呢？这一运动方式不但与翅膀结构有关，甚至还与喙的结构有关。

蜂鸟的独特之处之二：喙的结构

蜂鸟的喙大多又细又长，这可以帮助它们取食到深藏在花筒中那些富含糖类及蛋白质、脂肪的花蜜。但"造价成本"如此高昂的花蜜怎能被蜂鸟白白取用？经过长期的协同演化，植物也"想出了办法"，在蜂鸟取食花蜜的同时，其头部及喉部的羽毛则会粘上花粉。当蜂鸟访问下一朵同种植物的花时，便会将身上的花粉带到这朵花的柱头上，因此，蜂鸟扮演着传粉者的角色。但蜂鸟访花的目的只有一个——取食花蜜——而它们无意中成为了被植物利用的传粉劳工。

蜂鸟的上下喙各具一沟槽，闭合在一起时内部中空，就像一根吸管。但它们取食液体花蜜时靠的却不是主动的"吸"。

这根"吸管"的内径极小，就像我们到医院采血时用的毛细管，能够依靠液体分子之间的相互作用，帮助蜂鸟"被动地"吸食花蜜。蜂鸟的舌极为发达，它可以伸出喙外，还可以迅速地伸缩，以帮助取食花蜜，这一点与啄木鸟较为相似。长长的舌可以自头骨后侧绕过，而止于眼眶附近。

蜂鸟的独特之处之三：尾羽形态的多样

可以毫不夸张地讲，世界上有多少种蜂鸟就会有多少种蜂鸟尾巴。严格讲，我们应该称之为尾羽，是着生在鸟类尾臀部位的正羽；对于绝大多数鸟类而言，尾羽起到了舵一般的平衡作用，也是对运动，特别是飞行的一种适应。

我们现在已经清楚地知道，所有的鸟类都是由带羽毛的恐龙演化而来，恐龙是有尾巴的，而且比较长；但到了鸟类这里，发生了衍变，其尾骨退化，只有最后的几块尾骨愈合成了尾综骨，以支撑尾羽。这种"退化"在本质上，是一种"进化"，因为尾巴的缩小，使重心发生位移，这是向翅膀"靠近"的一种有利的演化，其结果是更适于飞行。

蜂鸟的尾羽多姿多彩。吸蜜蜂鸟、星蜂鸟（*Stellula calliope*）、安第斯蜂鸟（*Agyrtria franciae*）、铜色腰蜂鸟（*Saucerottia tobaci*）的尾羽短而钝，通常只有头体长的三分之一；东楔嘴蜂鸟（*Schistes geoffroyi*）、小隐蜂鸟（*Phaethornis longuemareus*）、铜色星额蜂鸟（*Coeligena coeligena*）、蓝翅大蜂鸟（*Pterophanes cyanopterus*）的尾羽较长，几乎接近于体长（不包括头）；绿顶辉蜂鸟（*Heliodoxa jacula*）、赤叉尾蜂鸟（*Topaza pella*）、绿隐蜂鸟（*Phaethornis guy*）的尾羽与头体长相当；盘尾蜂鸟（*Ocreatus underwoodii*）、翎冠刺尾蜂鸟（*Discosura popelairii*）的

尾羽超过了头体长；黑嘴长尾蜂鸟（*Trochilus scitulus*）、黑带尾蜂鸟（*Lesbia victoriae*）的尾羽可以长达头体长的两倍有余；而紫长尾蜂鸟（*Aglaiocercus coelestis*）的尾羽则大约是五倍于体长了。实际上，我们在名称上也不难看出，蜂鸟尾羽在形态上的多样性，例如叉尾、盘尾、带尾、矛尾、剪尾、扇尾、刺尾，等等。

蜂鸟在站立、飞行、悬停等运动过程中，尾羽都起到了重要的平衡作用。但尾羽过长，反而成为"累赘"，娇小的身体拖着一个大尾巴，在飞行，或穿梭于灌木、林木间，都会带来麻烦事儿，正如机械车间内不建议工人留长发，是一个道理。同样地，大尾巴也会让自己丧命，捕食者可能更容易抓住一只长尾巴的鸟儿。然而，自然界偏偏选择了这样的长尾巴的突变，并且保存下来的蜂鸟物种还为数不少。这就说明在有利与有弊之间找到了平衡点，这就是达尔文曾提出过的适合度（Fitness）。

毫无疑问，蜂鸟的尾羽也是性选择的结果。这与孔雀的"屏"（不是尾羽，而是尾上覆羽）、长尾雉、锦鸡、寿带、绿咬鹃等鸟类的尾羽有着异曲同工之妙。尾巴长得越奇形怪状，越能抓眼球，颜色越变化，就越能吸引异性。

不同种的蜂鸟（张帆　摄）

非洲寿带，和国内的寿带并不是一个种

蜂鸟的独特之处之四：结构色的作用

蜂鸟最引人注意的，除了其娇小的体型，还有那亮丽的羽衣。实际上，鸟类羽毛的颜色主要由色素色（化学色）和结构色（物理色）来决定。蜂鸟头颈部具金属光泽，可以在阳光的照射下熠熠生辉，这正是鸟羽结构色最好的表现。

究其原因，是由于羽毛上表面复杂的凹凸沟纹及羽小枝内部微小的气泡等结构，在光线的反射与干涉作用下，有些光被吸收，色彩消失不见，而另一些光被反射出去，颜色则被加强突出，因此蜂鸟头颈部的羽毛往往呈现出具金属光泽的蓝、绿、紫色，这些颜色的光波长短、频率高，这种情况在其他很多鸟类，甚至昆虫中屡见不鲜。

当然，反光的角度不同，也会出现观察者的位置与蜂鸟之间的变化所带来的颜色变化。具体到不同种，其羽毛的细微差异也造成了羽色的不同。实际上，这些羽毛也并非一整根都具金属光泽，很多都只是存在于羽毛的尖端，因此如果有机会能仔细观察一只蜂鸟，您会惊奇地发现，在复杂而立体的彩色尖端之外，还隐藏着暗淡而平实的另一半儿。

蜂鸟的独特之处之五：奇特的生活史

蜂鸟的繁殖也很有趣。雄鸟会通过鸣唱来宣誓领地，并会保卫食物资源丰富的繁殖领域，以吸引雌鸟的青睐，并与之交配。但此后，关于繁殖的所有工作都将交由雌鸟独自完成，而雄鸟则会"不负责任地"抛弃前妻而另觅新欢。因此，筑巢、孵卵及育雏均由雌鸟独自承担。

蜂鸟的鸟巢大多筑于隐蔽处，呈杯状，由植物纤维、苔藓、羽毛及蜘蛛丝等构成。世界上所有种类的蜂鸟每窝均只产2枚卵——当然可以想象，前面提到的吸蜜蜂鸟所产的卵，是世界上最小的鸟卵，比黄豆粒还要小两圈儿。雌鸟孵卵时，一般仅胸腹部卧于巢内，而头及尾均露在巢外。

约2周后雏鸟孵化出来，相比于那些一出生就可以跟着妈妈到处游走的鸡、鸭等早成性鸟类，蜂鸟的雏鸟则为晚成性，需要妈妈的照顾，而且孩子们是真真正正在"蜜罐儿"里长大的。刚孵出时的雏鸟裸露无毛，更不具反抗捕食者的能力，此时的雌鸟具有很强的保护意识和领地意识，不能容忍其他蜂鸟或天敌接近它的孩子；甚至有些蜂鸟的雌鸟会进行激烈地反击。科学家曾经观察发现，红喉北蜂鸟（*Archilochus colubris*）会对接近鸟巢的树栖性蛇类及冠蓝鸦（*Cyanocitta cristata*）进行反击。在育雏期间，雌鸟会一直给雏鸟饲喂花蜜，直到3~4周后幼鸟才离巢，开始自己的独立生活。

蜂鸟的体型较小，热量及能量的散失较快，因此对它们来说，无论是在繁殖季还是非繁殖季里，对食物资源——花蜜的争夺和保卫也十分激烈。而在食物资源不足或温度下降时，有些种类的蜂鸟还会出现蛰伏现象。例如，科氏蜂鸟（*Calypte* costae）繁殖于美国东南部加利福尼亚州的索诺拉沙漠中，一些个体会迁徙至墨西哥湾越冬，而另一些则会终年留居在此。但在冬季的夜晚，沙漠中的温度将会陡然下降，这些科氏蜂鸟的心跳频率也会从每分钟 500 次降至 50 次，以使能量足够维持至黎明到来之时。

蜂鸟的独特之处之六：协同演化

有时，一种蜂鸟可能会间隔着访问数种不同的花朵，那么它们又将如何保证当再次访问某个特定种类植物的花朵时，粘在蜂鸟身上的花粉没有被之前其他种类的花朵蹭干净呢？原来，当一只蜂鸟访问不同种类的花朵时，由于花结构的细微差异，花粉会粘到蜂鸟的不同部位。以艾氏煌蜂鸟（*Selasphorus sasin*）为例，当它们取食某种朱巧花属（*Zauschneria* sp.）植物时，花粉会粘到喉部；当它们取食某种蝇子草属（*Silene* sp.）植物时，花粉会粘到喙基部；当它们取食蜡烛福桂木（*Fouquieria splenden*）时，花粉会粘到额部；当它们取食加州虾衣花（*Beloperone californica*）时，花粉则会粘到顶冠之上。这就有效地避免了花粉交叉传播带来的"浪费"，提高了受粉成功率。

当然，不同种类的蜂鸟，其喙的粗细、长短、曲直也有所不同，这就导致了不同的蜂鸟可以取食不同种类植物花朵中的花蜜；反之，不同种植物的花朵也将由不同种类的蜂鸟传粉。

特别像蜂鸟的动物：雀天蛾、翠鸟、雨燕

蜂鸟虽然体型娇小，且与麻雀、山雀及柳莺等同样体型较小的雀形目鸟类共同具有"三前一后"的足趾结构，但由于蜂

鸟肱骨较短、次级飞羽短而少、足趾较弱且跗跖（fūzhí；过去常写作"跗蹠"，但"蹠"为异体字）被羽等特点，故将其与具有类似结构特点的雨燕共同归入到雨燕目（Apodiformes）。但根据近些年来的分子生物学研究，分类学家又将曾经的隶属于雨燕目的蜂鸟科独立成目，即蜂鸟目（Trochiliformes），其中包括人们已经发现并定名的360多种蜂鸟。

虽然与蜂鸟具有较近的亲缘关系，但雨燕目鸟类却已演化出了完美、高效的空中快速飞行技术，而非像蜂鸟那样慢飞、悬停的生活。雨燕目的代表为我们最为熟悉的普通雨燕（Apus apus，亦称楼燕、北京雨燕），在北京城中常能看到它们集小群活动的身影。普通雨燕筑泥巢于建筑物的高处，因为四趾均向前且足趾结构较弱，即具有所有鸟类中最少的后肢肌肉，故不能蹬地腾空而起飞，故只能自高处下坠展翅而起飞，这一点与蜂鸟较为相似。雨燕以捕捉空中飞行的昆虫为食物，这一点与蜂鸟不同。

如果没有针对 DNA 的研究，一般人可能怎么也不会想到，蜂鸟居然会与外形不同、行为有别、食物相异的雨燕拥有最近的亲缘关系。如果硬是要攀个亲戚，还不如让蜂鸟与同样能悬停飞行、同样具有长直的喙的翠鸟扯上一点联系。但实际上，翠鸟隶属于佛法僧目（Coraciiformes）。

以普通翠鸟（Alcedo atthis）为代表的翠鸟，广泛分布于欧亚大陆，生活在小溪、池塘等多种湿地生境附近。翠鸟在觅食的时候，通常会站在水边的岩石或树枝上，有时也会悬停于水面之上，并低头注视水中的小鱼小虾，一有风吹草动便俯身扎入水中用坚直的喙夹住猎物，并带到水面上慢慢享用。但值得注意的是，翠鸟的喙长直而粗壮，适于夹住具有反抗能力的小鱼；而蜂鸟那同样长、但却细弱而或直或曲的喙，则只能插入花筒之中，吸食没有反抗能力的花蜜了。

在我国，有时也会出现"某地惊现蜂鸟"的不实报道，这些"蜂鸟"实际上是一种叫作小豆长喙天蛾（*Macroglossum stellatarum*，亦称蜂鸟鹰蛾、蜂鸟天蛾）的昆虫，广泛分布于除西伯利亚以外的欧亚大陆大部分地区以及非洲北部地区，在北美洲也有分布记录。这种"蛾子"不但外貌与蜂鸟相似——长着同蜂鸟一样小巧的身体、又细又长的喙部、身披明亮的黄色和黑色外衣，就连行为也与蜂鸟十分雷同——它们同样拥有快到数不清的振翅频率，以及吸食花蜜的习性，难怪人们经常误将小豆长喙天蛾认成蜂鸟。但实际上，在中国境内，并没有野生的蜂鸟分布，那么蜂鸟又分布在哪里呢？

什么地方才有蜂鸟？

蜂鸟仅分布于北美洲和南美洲，尤以中美洲和南美洲地区为甚。但在旧大陆热带地区，却也广泛分布着一大类与蜂鸟外形相仿而生态位近似的鸟类——隶属于雀形目花蜜鸟科（Nectariniidae）的百余种花蜜鸟，例如北非双领花蜜鸟（*Cinnyris preussi*）。花蜜鸟也以花蜜为主食，但仔细观察您会发现，与蜂鸟那细长而直的喙不同的是，花蜜鸟的喙会大多细长而弯，这又是为什么呢？

喙的形状上的差异与鸟类的取食方式不无关系。蜂鸟可以在飞行时取食，甚至可以悬停和倒飞，这就意味着长直的喙不但可以直着插入花筒，同时也可以直着拔出；但花蜜鸟、太阳鸟就不同了，它们不具备蜂鸟那样高超的飞行本领，但却拥有一双相对强健的足趾，因此它们可以抓握住花柄而站立，甚至倒立取食。花蜜藏在花筒深处，虽然花蜜鸟具有一个相对于体长来讲较长的喙，但毕竟受制于取食时身体不能移动，因此它们只能以腿脚为轴心、以身体和脖颈为半径，用呈扇形运动的身体来带动呈弧形移动的喙。但假如喙是直的，其必然会伤害到花瓣那细嫩的结构。但经过长期的自然选择，花蜜鸟演化出了略向下弯的喙，这不但可以与花筒结构完美契合，还能够很好地胜任插入和拔出花筒时进行的圆周运动。

蜂鸟及花蜜鸟虽然都以花蜜为食，但神奇的大自然，也根据其特殊的身体构造，为它们各自量身定做了适合的觅食方案。

蜂鸟的一切，都是大自然的杰作，即使人类努力地去仿生，也难以超越自然的造物。这便是大自然最神奇而伟大的力量。

年年有鱼

记得小时候，我住在北京的四合院，过年的时候，父亲要买些年画贴在屋里院内的墙上，其中有一种娃娃年画——胖小子或抱或骑着一条大红鲤鱼。父亲告诉我，这叫"鱼乐升平"；过年家里若有鱼，则意味着年年有余（鱼）、吉庆有余（鱼）。

北京是内陆城市，旧时，鱼类离我们的生活比较远。但是，在农历腊月廿七或廿八，在市场上还是有鲤鱼出售的。人们买鱼的初衷不一定为了吃它，而是取"鲤跃龙门"——飞黄腾达之意，先将鱼作为供品奉献给神佛之类的，但最终还是要在大年初二或初三享用。

老上海人在腊月廿四，讲究"祭灶"使用鱼类，有竹枝词曰："名利亨通少是非，全叨神佑默相依。今朝酹献无他物，鱼买新鲜肉买肥。"在我儿时记忆中，我家过年虽然吃鱼，但春节的美食主要还是薄皮大馅的饺子；鱼类也多是冷冻的，甚至略发臭的带鱼或者小黄鱼——非本地物种，只有后来"人民生活水平提高"了，像广大的普通家庭一样，过年才开始吃起了各色各样的鱼。

我国幅员辽阔，地理环境、气候差异较大，由此孕育了丰富的鱼类多样性；但是，我国人民群众广泛食用鱼类，则是二十世纪五六十年代开始的，这又不得不提我国近现代生物学鼻祖——秉志先生（1886—1965）。1918年，秉志先生在美国康奈尔大学（Cornell University）获得博士学位之后，由昆虫学研究转而从事脊椎动物的解剖学和神经生物学研究。到了1950年代，您意识到老百姓要吃上更多的动物蛋白，就必须大力发展畜牧业、养殖业、水产业等；您认为，基础研究应该尽快先行，所以秉志先生发挥自己的专业优势，开始对鲤鱼等鱼类进行解剖学研究，后来出版了《鲤鱼解剖》《鲤鱼组织》等专著，为我国鲤鱼以及其他"四大家鱼"等的水产养殖提供了最基础的生物学研究资料。

在经济不发达的旧年代，鱼类在很多沿海、沿江、沿湖地区就已是常见的年货了，但是彼时捕获量有限，自给自足而已。进入新时代，在以秉志先生为代表的一批鱼类学家、水产专家的努力下，我国水产业不断发展，使更多的人可以吃到各种鱼类。人们过年吃鱼，不仅只是为了吃，首先可能是图吉利；其次，鱼类味道鲜美、营养丰富，在生活水平不高的情况下，能吃上鲜美的鱼肉当然是享受。如今，人们吃鱼，不也是图好吃嘛？

大江南北、长城内外，各地的人们过年吃鱼的种类、民俗却演化得丰富多彩。这里面还真有不少博物学知识值得把玩呢！

东北——冷水鱼的天下

在那冰冻三尺、吐气结冰的东北地区，过年时分尤其寒冷逼人。但在这冰冻严寒的地方，仍然顽强生活着众多生灵！说到东北的鱼，在当地流传着"三花五罗十八子、七十二杂鱼"的民谚，尽管无法具体考证是哪些鱼种，但是足以见证东北鱼类的多样性。

每年的秋季繁殖季节，一群群红色的大鱼从太平洋、大西洋北部和北冰洋附近汇总而来，它们从海洋逆流而上，洄游到黑龙江及其支流松花江、乌苏里江中产卵，有的姐妹们则潜入图们江和绥芬河。洄游性鱼类都以意志坚强著称，它们拼命地、马不停蹄地逆流而上，并选择水质清澈、水流较急、沙砾底质的河段作为产卵场，经过精心准备"产房"并产卵后最终因体力耗尽而死掉。第二年，新生儿将重返海洋，当它们成熟时再回到祖辈生育它们的地方完成传宗接代的使命。

这些大红鱼就是东北地区最杰出的代表大麻哈鱼（*Oncorhynchus keta*），它的别称很多，如大马哈鱼、鲑鱼、狗鲑、太平洋鲑、北鳟鱼、花斑鳟、花鳟；此外，还有很多更为通俗的叫法，如麻糕鱼、果多鱼、罗锅鱼、孤东鱼、齐目鱼、奇孟鱼，等等。由于英文名叫 Salmon，所以在市面上经常见到"三文鱼"的字样。

东北主要河流是黑龙江、松花江及乌苏里江、图们江、鸭绿江等。天寒地冻造就了鱼类耐寒的性格，如七鳃鳗纲的东北七鳃鳗（*Lampetra morii*），鲟形目的史氏鲟（*Acipenser schrenckii*，亦称施氏鲟）、鳇（*Huso dauricus*，亦称黑龙江鳇、达氏鳇；种本名的原意是达乌尔，即东北的意思，并不是人名），胡瓜鱼目的胡瓜鱼科（Osmeridae），鲑形目的鲑科（Salmonidae），鳕形目的江鳕（*Lota lota*），刺鱼目的三刺鱼（*Gasterosteus aculeatus*），等等。

由于大麻哈鱼的产地主要在我国的满族、赫哲族、蒙古族、鄂伦春族等少数民族共同生活的区域，因此自古以来，这种鱼是少数民族特别是赫哲族重要的高蛋白来源。赫哲族除了吃鲑鱼肉，他们还用鱼皮做鱼皮布或鱼皮衣，是世界上现存的少数几个用鱼皮做衣服的民族，也是世界非物质文化遗产呢！

如今，大麻哈鱼已然是名贵的经济鱼类，在黑龙江省的抚远更是以大麻哈鱼为原料派生出品种多样的烹调方法。能够品尝到肉质鲜美、嫩滑的三文鱼肉，这真是东北人的福气啊！

瓦氏雅罗鱼，俗称华子、华子鱼
（王传齐 摄）

同处寒冷地带的内蒙古达里湖在冬日里就像一块美玉，在斜阳的映照下闪耀着光彩。一阵轰隆声响起，怎么拖拉机开到了冰面上？原来这是拉网机，不一会儿工夫，它把沉甸甸的巨网从水下拖起，成千上万的鱼儿无一漏网。这些鱼俗名叫作华子鱼，学名唤作瓦氏雅罗鱼（*Leuciscus waleckii*），也就是东北人说的"五罗"之一。达里湖的冬捕是一道景观，新鲜的年货就这样"浮出冰面"了。提起内蒙古，首先想到的是一望无际的草原，但是这里还有许多湖泊、河流。

与达里湖名字近似的是位于呼伦贝尔的达赉湖，又叫呼伦湖，乃我国五大淡水湖之一，湖中有6科30余种鱼类，是内蒙古最大的渔业生产基地。例如，鲤形目的鲤科（Cyprinidae）、鳅科（Cobitidae）；鲇形目的鲇科（Siluridae）；鲑形目鲑科（Salmonidae）；鳕形目鳕科（Gadidae）。鲤科鱼类有近20种，主要的野生鲤科鱼类有：红鳍鲌（*Chanodichthys erythropterus*，亦称红鳍原鲌、短尾鲌、翘嘴红鲌、黄尾鲹、曲腰鱼、翘嘴巴、黄掌皮、白鱼、总统鱼、巴刀、红梢子）、蒙古红鲌（*Erythroculter mongolicus*，亦称蒙古鲌、红梢子、尖头红梢、红尾巴）、贝氏鳘［*Hemiculter bleekeri*，亦称贝氏鳘鲦（cāntiáo）、贝氏餐鲦、餐条；显然，"餐"字为讹误］等。

红鳍鲌，亦称红鳍
原鲌、红梢子
（王传齐 摄）

内蒙古现在还是外来引入种大银鱼的主产区。大银鱼（*Protosalanx hyalocranius*，亦称面条鱼、面杖鱼、泥鱼）曾经生活在东海、黄海、渤海沿海及长江、淮河中下游河道和湖泊水库中，由于肉质鲜美（银鱼炒滑蛋是道不错的菜肴），而被广泛引入其他地区。银鱼科（Salangidae）的种类虽然体型细小，看似柔弱，其实它们性情凶猛，是肉食性鱼类。太湖新银鱼（*Neosalanx taihuensis*）由于被引入云南的湖泊而迫使土著鱼类灭绝，足可见其生存竞争能力极强。

中原——黄河鲤，扎根于厚重文化

"岂其食鱼，必河之鲤"；"洛鲤伊鲂，贵如牛羊"；"黄河三尺鲤，本在孟津居。点额不成龙，归来拌凡鱼。"这些诗句所说的鲤鱼指的就是产在黄河的金鳞赤尾、体形梭长的黄河鲤，即鲤（*Cyprinus carpio*）。中原地带乃中华民族之源，黄河是中华民族的母亲河，鲤鱼生于黄河，而最早得到古代中国人的认识，并赋予它们丰富的文化内涵。

红褐鲤（*Cyprinus rubrofuscus*，亦称华南鲤），曾为欧洲鲤（*Cyprinus carpio*）的亚种，现提升为独立种，故我国的黄河鲤应为红褐鲤

（王传齐 摄）

河南省许多县市曾经盛产黄河鲤，但由于水质污染、捕捞过度、引入外来鱼种等原因，黄河鲤数量锐减。后来，科研部门保存种质资源，并开展育种工作，使黄河鲤得到培育并集约化养殖，使其重新摆上了人们的餐桌。

山东孔府历史上有不吃鲤鱼的禁忌，您知道为什么吗？原来，孔子（前551—前479）得子，鲁昭公（前560—前510）送鲤鱼作为贺礼。因此，孔子为其子取名曰孔鲤（前532—前483）。从此人们竟然不再吃鲤鱼，如今鲁菜中的糖醋黄河鲤却是道名菜。另外，山西也是黄河流经的地区，在此也有糖醋鲤鱼这一佳肴，原料也是黄河鲤。试想一下吧，名鱼黄河鲤与山西名醋制作出来的糖醋鲤鱼该是大年除夕夜多么美妙的菜肴啊！

江南——鱼类最丰富的地区

提起江南的风物，我们能想到龙井茶、霉干菜、大闸蟹、黄泥螺、绍兴酒、紫砂壶、龙泉剑、油纸伞、印花布、乌篷船……而我认为，江南的风物还应该有鲤鱼的一席之地。江南在行政上包括安徽、浙江、江苏、江西、湖南、湖北等省的某些区域。

在中国鱼类地理区划上，恰好有一个"江河平原区或华东区"的概念，泛指包括长江中下游、黄河下游、淮河流域和辽河下游的广大平原区，区内除各江河的干流支流外，还有鄱阳湖、洞庭湖、太湖、巢湖等大小数千湖泊。这与"江南"有些重叠之处，而这一大地区是鲤科鱼类的故乡，是其演化中心，鱼者如鲤、鲫、草鱼、青鱼、鲢、鳙、鳊、赤眼鳟、鳡、鳤、鯮、鲌、鲹、飘鱼、麦穗鱼、铜鱼、棒花鱼、鲦等。这些鱼类一般体形呈侧扁，头尾均尖，略呈纺锤形，胸鳍、腹鳍、臀鳍、尾鳍都很发达。江南人在过年总可以美美地享用各色鲤科鱼类。

苏州人喜欢在门上张贴"鲤鱼跳龙门"的年画，并在春节前夕，特地购来鲤鱼，用红绳子把它们嘴对嘴地串起来，送到寺庙中的放生池里。湖南人在大年三十的大清早就开始过年了，大概早上四五点就开始吃年饭，其中鲤鱼或者其他各色鱼类是餐桌上必不可少的佳肴。安徽人则是在大年三十煮好鱼肉，放在筵席之上却不动筷子，到大年初一再吃；甚至有的地方的习俗要放到正月十五，称为"元宝鱼"。所煮的鱼还通常是鲢鱼（*Hypoph-thalmichthys molitrix*），即鲢鲢有鱼，取年年有余的谐音。

鲤鱼家族中，还有一种被全国人民背诵的鱼类。1956 年 6 月，毛泽东主席（1893—1976）由武昌游泳横渡长江，到达汉口，写下了《水调歌头·游泳》的诗篇。首句"才饮长沙水，又食武昌鱼"后来成为流行甚广的名句。古代文人骚客咏武昌鱼的诗句比比皆是，而让武昌鱼誉满华夏的，还是要数毛主席的这句诗了。

湖北有"千湖之省"的美誉。湖多，自然鱼多。湖北人爱吃鱼，武昌鱼尤其出名。武昌鱼的中文正规名为团头鲂（*Megalobrama amblycephala*，亦称鳊、草鳊、缩项鲂、平胸鳊），属鲤形目鲤科鲂属。据《武昌县志》载："鲂，即鳊鱼，又称缩项鳊，产樊口者甲天下。是处水势回旋，深潭无底，渔人置罾（zēng）捕得之，止此一罾味肥美，余亦较胜别地。"因团头鲂仅分布于长江中下游及附属湖泊，所以它成为了该地区最负盛名的鱼种。

江南不得不提的，还有一种鱼就是鲈鱼。《晋书·张翰传》记载：苏州人张翰在洛阳做官，"因见秋风起，乃思吴中苑菜莼羹、鲈鱼脍。曰：'人生贵适忘，何能羁宦数千里以要名爵乎？'遂命驾而归。"由此，"莼鲈之思"表达了人们怀念家乡之情，并将鲈鱼视为一种思念、感怀的代名词。

这鲈鱼便是松江鲈（*Trachidermus fasciatus*，亦称淞江鲈、四鳃鲈、花花娘子、花鼓鱼、老婆鱼、媳妇鱼），在我国可见于从东北鸭绿江口直至福建九龙江口等邻海、淡水、江河下游等地区，而该种蜚声海外则缘于上海市松江（旧时多写为淞江）所产的鲈鱼，故名。

松江鲈也堪称"文化名鱼"，隋炀帝（杨广，569—618）曾赞此鱼为"金薤（xiè）玉鲙（kuài），东南佳味。"北宋·范仲淹（989—1052）吟咏："江上往来人，但爱鲈鱼美。"南宋·陆游（1125—1210）则说："空怅望，鲈美菰（gū）香，秋风又起。"这种鱼在分类学上属于鲉形目、杜父鱼科、松江鲈属。由于鳃膜上各有两条橙黄色的斜条纹，恰似四片鳃叶外露，故有四鳃鲈之称。由于野外种群濒危，早在1989年就被划为国家二级重点保护野生动物。

上海人过年的时候也很喜欢吃鱼，而以松江命名的鱼在上海乃至全国已不多见。今人后人恐无口福！松江鲈的美味正是现代人的悲哀，谁说自然保护没有用呢？用很多人的"利用动物"的心态去倡导动物保护未必是坏事，因为想利用它，比如想吃它，就得首先保护好它！

西部——高原特有鱼类

在我国西部广袤的大地上有一颗璀璨的明珠，它就是我国最辽阔的咸水湖——青海湖。一群群青海湖裸鲤（*Gymnocypris przewalskii*，亦称湟鱼）自由自在地游弋其间，仿佛只有它们才知道自由的快乐。这些又被称为湟鱼的家伙，恐怕是当之无愧的西部"鱼界代表"了。它们因肉味鲜美丰腴、营养丰富而深受老百姓欢迎，谁能想到它们还在青海湖的生态系统中扮演着重要角色呢！如果没有裸鲤，恐怕也不会有鸟岛上成千上万的鸟儿了。青海人虽然在过年的时候没有一定要吃鱼的习俗，但是湟鱼早已是青海人，甚至附近的甘肃人最喜欢的鱼类美食了。

这里补充说明一下，过去传统的藏族同胞不吃圣湖、圣水中的鱼类，包括青海湖裸鲤；但早在20世纪50年代，青海省便开始大规模人工养殖该鱼种，所以，很早以前它便是西部重要的水产资源。

我国西部地区主要是高原或山地，鱼类种类相对较少，但它们普遍能耐旱耐碱，或能栖息于急流水底，有些适应特殊环境的种类成为优势类群，如裂腹鱼亚科（Schizothoracinae）约70种，条鳅亚科（Noemacheilinae）110多种为本区的特有种类。此外，西北还有些著名的鱼类深受人们的垂涎，诸如长江和黄河上游水系的厚唇裸重唇鱼（*Gymnodiptychus pachycheilus*）、新疆主要水体的新疆裸重唇鱼（*Gymnodiptychus dybowskii*）、新疆额尔齐斯河水系的高体雅罗鱼（*Leuciscus idus*）等等。

而到了四川，特别是雅安地区，雅鱼是最常见的，通常指齐口裂腹鱼（*Schizothorax prenanti*）和重口裂腹鱼（*Schizothorax davidi*）这两个种；它们是长江上游（岷江、大渡河等水系）的一种重要食用鱼。在四川，甚至陕西还流传着一句渔谚："千斤腊子万斤象，黄排大了不像样"；其中"腊子"指的是中华鲟（*Acipenser sinensis*）、长江鲟（*Acipenser dabryanus*，亦称达氏鲟），"象"指的是白鲟（*Psephurus gladius*）。而"黄排"则指的是誉为"亚洲美人"的中华胭脂鱼（*Myxocyprinus asiaticus*，亦称胭脂鱼），幼体是黄黑相间，背鳍高耸似船帆，整体呈三角形，长大了以后身体拉长，体色是胭脂红色，而且长江里的中华胭脂鱼是胭脂鱼家族中唯一一个生活在亚洲的种类，其他成员都在北美洲，所以中华胭脂鱼具有特殊的科研价值；现在人工养殖的较多，野生种群则为国家二级重点保护野生动物。

鲟鱼是一类非常名贵的鱼类，其肉与卵不仅是筵席珍馐，而且也是科学价值很高的鱼类。鲟鱼卵制作的鱼子酱更是深受人们垂青。正因如此，野生鲟鱼几近灭绝，后经人工养殖种群得到了一定的恢复。2022年7月21日，国际自然保护联盟（IUCN）正式宣布白鲟灭绝；2019年12月，中国水产科学研究院长江水产研究所研究员危起伟先生便在论文中提出，白鲟已在2005～2010年间灭绝，甚至可能在1993年已经功能性灭绝。

我国西南山区有雅鲁藏布江、怒江、澜沧江、金沙江等重要河流，行政区域涉及西藏南部和东部、四川西部、云南西部等。这些鱼类也多是高原种类，包括野鲮亚科（Labeoninae）、鳅科的沙鳅属（*Botia*）、平鳍鳅科（Balitoridae）、鲿科（Bagridae，著名的代表种如：黄颡鱼 *Pelteobagrus fulvidraco*）、鲇科的鲇属（*Silurus*）、合鳃目的黄鳝（*Monopterus albus*）、鳢科的乌鳢（*Channa argus*）等，以及裂腹鱼亚科、条鳅亚科等种类。

在西南地区老百姓的餐桌上，还可见到长江上游的四川白甲鱼（*Onychostoma angustistomata*），性情凶猛的鲈鲤属（*Percocypris*）种类，乌江青波鱼——中华倒刺鲃（*Spinibarbus sinensis*），此外还有扁头鮡（*Pareuchiloglanis kamengensis*）、裂腹鱼属（*Schizothorax*）和条鳅属（*Nemacheilus*）等等。

沿海和华南——最美是海鲜

海鲜，海味是也，如"山珍海味"。"海味八珍"是历史上对8种山珍海味的美誉，即干贝、鱼翅、鲍鱼、海参、鱼肚、鱼唇、鱼籽、燕窝。与鱼类有关的只有4样，鱼翅以鲨鱼的背鳍、胸鳍或尾鳍为原料；鱼肚以黄唇鱼、海鳗、大黄鱼等的鳔为原料；鱼唇是用鲨、鳐等软骨鱼类的唇部加工制成；鱼籽则是大麻哈鱼、鲟鱼等的鱼卵。

"海味八珍"的原料都是极其名贵的野生动物，并且不乏濒危物种。为保护野生动物，我们应该禁食这些菜肴。但是听听铁板浇汁鳕鱼、胶东焖黄花、糖酥带鱼、清蒸偏口鱼……这些海鲜就是很不错的家常菜，听一听这些名字，也足以令人垂涎三尺。我们应该倡导绿色消费、环保消费。

我国海岸线长达1.8万公里，海洋国土面积（管辖海域）约300万平方公里，海洋鱼类3200多种。现在人们经济实力增强了，一些名贵的鱼类也上了餐桌。石斑鱼就是一例。在东南沿海地区，石斑鱼是比较昂贵的鱼类，在过年这么重要的节日，普通老百姓现在也能到饭店品尝这一美味。广东俗称石斑、过鱼，闽浙俗称鲙鱼、国鱼。在浙江宁波，主要产在象山渔山岛周围海域的石斑鱼则是当地著名特产。石斑鱼，即石斑鱼亚科（Epinephelinae），在我国有 30 余种，它们单独栖息在多岩石、多珊瑚的海底。此外，浙江舟山最出名的莫过于带鱼（*Trichiurus lepturus*，亦称白带鱼）、小黄鱼（*Larimichthys polyactis*，俗称黄花鱼）了，现在这些鱼在全国各地都可吃到。

广东人讲究吃海鲜，所以海鱼也是他们逢年过节必吃的佳肴。种类涉及也很多，比较常见的有花鲆（*Tephrinectes sinensis*，亦称华鲆、偏口鱼、中华花鲆、中华花布鲆、花圆鲽、花破帆）、中华乌塘鳢（*Bostrychus sinensis*，亦称乌鱼）、鰕虎（亦称虾虎鱼）、鲷、鲳、石首鱼……

此外，福建最著名的一种"鱼"是国家二级重点保护野生动物，隶属于头索动物门（过去曾为脊索动物门头索动物亚门）的厦门文昌鱼（*Branchiostoma belcheri*，亦称白氏文昌鱼），文昌鱼属于头索纲（Leptocardii，亦称狭心纲），并不是严格意义上的鱼，但历史上它也被认为是肉味鲜美的鱼类，后因数量稀少而逐渐退出餐桌。

广西人过年吃鱼的风俗，则比较简单而纯朴，一般也就是吃油炸的草鱼（*Ctenopharyngodon idella*）之类的，而且吃到正月十五。左江盛产的左江鱼（野鲮亚科 Labeoninae 的一些种类）也是闻名遐迩的广西名吃。

华南地区不得不提的一种鱼是鲮（*Cirrhinus molitorella*，亦称花鲮、雪鲮、土鲮、鲮公），乃华南著名的池养鱼类，属鲤形目、鲤科、野鲮亚科、鲮属，分布于珠江、闽江、韩江、海南岛、台湾岛、元江及澜沧江水系。《楚辞·天问》："鲮鱼何所，鬿（qí）堆焉处？"不知道，屈原当年吃不吃豆豉鲮鱼油麦菜啊？

动物地理区系上说的"华南"指东洋界（亦称印马界），包括广东、广西、海南、云南东部、贵州、福建、台湾等地，区内鱼类多属喜温暖的亚热带、热带鱼类。代表性种类主要为鲤科的鲃亚科（Danioninae）、鲃亚科（Barbinae）、野鲮亚科，平鳍鳅科（Homalopteridae），鲇形目的长臂鮠科（Cranoglanididae）、刀鲇科（Schilbidae，亦称锡伯鲇科）、𩾌科（Pangasiidae）、粒鲇科（Akysidae）、胡子鲇科（Clariidae）、鮡科（Sisoridae）、钝头鮠科（Amblycipitidae）等。珠江流域则有四大名贵河鲜——鲈（*Perca fluviatilis*，亦称河鲈、赤鲈）、鯮（*Ptychidio jordani*，亦称卷口鱼、嘉鱼）、鳜（*Siniperca chuatsi*，亦称桂鱼、桂花鱼）、𩷹（*Mystus guttatus*，亦称斑鱯）。

在我国，广义的鱼类包括头索纲 4 种、盲鳗纲 9 种、七鳃鳗纲 4 种、软骨鱼纲 217 种、辐鳍鱼纲 3271 种（注：早年数据，现在种类应更多）。另据中科院动物所鱼类学家张春光研究员、赵亚辉副研究员等人最新出版的《中国内陆鱼类物种与分布》（科学出版社，2021）记载：

截至 2014 年上半年，我国记录的内陆鱼类有效种 1384 种（包括亚种），剔除 21 引入种，原产于我国内陆的鱼类 1362 种（包括亚种），隶属于 17 目 47 科 303 属，包括 37 单型属，84 特有属，878 特有种（包括亚种），250 濒危种。

这些鱼类分布在祖国的大海、大江、大湖、大河之中，每一个地方可能都有当地备受欢迎的鱼类，并成为当地的特产。如今，交通物流便利，不要说逢年过节，即使平常时日，北方人想品尝南方的鱼类已不是难事，内陆人欲享受海产鱼类的美味也非常容易。

虽然我国鱼类物种多样性及其种群资源丰富，即使每个地区有其特色鱼种，但我国人民仍然对鲤鱼和"四大家鱼"，以及带鱼、黄鱼等经典海产鱼类情有独钟。老百姓过年之际，吃的最多的还是这些传统且物美价廉的鱼类。

但还有些鱼类则是身价不菲，您听说过它们吗？中华鲟、达氏鲟、施氏鲟、白鲟、鳇、胭脂鱼、花鳗鲡、日本七鳃鳗、台湾马苏麻哈鱼、鲥、川陕哲罗鲑、秦岭细鳞鲑、北鲑、乌苏里白鲑、黑龙江茴鱼、香鱼、双孔鱼、须鳋、异鳋……这些均是珍稀濒危的鱼类。在我国野生环境，它们有的已经岌岌可危，甚至已经灭绝！

中华鳋（*Zacco sinensis*）曾为宽鳍鳋（*Zacco platypus*）的亚种，现提升为独立种

（王传齐　摄）

鱼，带给我们年年有余的吉利；我们也希望真的年年有"鱼"，鱼类不要灭绝在我们这一代人的手中！

小知识
鱼丸

在过年的时候，福建人喜欢做鱼丸，台湾人则喜欢做鱼团。形状上圆滚滚的，象征着美美满满、团团圆圆。福建鱼丸相传是北宋政治家、文学家王安石（1021—1086）的家厨，一位江西赣州人所创。但鱼丸和鱼团的原料一般只是常见的家鱼（如青鱼、草鱼）、鳗鱼或者章鱼（不是鱼类而是软体动物）。

鱼糕

过年的时候，湖北人还喜欢吃鱼糕和蒸鱼，这一习俗恐怕与鱼多脱不了干系。传说舜帝南巡，其湘妃喜食鱼而厌其刺，聪明的厨师便制作了"吃鱼不见鱼"的糕，即鱼糕，后被冠以"湘妃糕"之美名。荆州的鱼糕则最有名。除鱼糕外，蒸鱼也是过年必不可少的佳肴。原料主要是家鱼中的鲫鱼、草鱼、鳙鱼等；而清蒸武昌鱼是湖北筵席上的珍馐。

鱼刺

吃鱼的时候，最烦的事情就是鱼刺卡喉。不难发现，不同的鱼种，有的刺少，有的刺多，这是为什么呢？所谓的刺就是鱼的骨骼系统。骨骼系统的解剖形态学特征与鱼类演化有密切关系。通常来说，骨刺少的鱼在进化上是比较高等的，骨刺多的种类相对比较低等。另外，体型较小的、没有攻击能力或是容易受到攻击的鱼类，大都多刺，它们的肌肉中布满了肌间刺，这大概是它们自我保护的演化结果。

八爪行天下

——章鱼哥和它的远亲近邻

有条章鱼叫保罗，未卜先知的它，又被唤作章鱼帝、章鱼哥；它因成功预测 2010 年世界杯 8 场比赛和冠军结果而名满天下。章鱼一时成了当年夏季最有趣的谈资。那么，章鱼哥到底有哪些神奇的力量？它成功的秘笈是什么？章鱼、鱿鱼、墨鱼、八爪鱼、乌贼……这些名称是一回事儿吗？它们之间有哪些关系？请看本文对章鱼及其家族的博物学解读。

生物界的"恐怖分子"

一艘美国潜艇押解着恐怖分子在海底穿梭。突然，潜艇好像撞到了礁石，设备发出了警报。两名船员出舱维修，但却诡异地失踪了。官兵们心里都清楚，这一海域历史上有多艘渔船和潜水艇突然消失，恐慌由此漫布潜艇。潜艇继续遭受重创，好像有一个巨大的怪物在摆弄着它，海水翻滚，潜艇失控……

这般场景出自电影《章鱼》（或译为《史前大章鱼》）。继电影《大白鲨》《金刚》《狂蟒之灾》之后，《章鱼》堪称以野生动物为题材的"恐怖电影"的又一力作，它和后来的电影《章鱼·东河惊魂》均把章鱼塑造成了恐怖形象。加之，古代西方世界的传说、探险故事，章鱼都以"胡搅蛮缠""杀人不眨眼"示人，即使世界上最大的动物——鲸，它都不放在眼里。可见，章鱼的负面形象深入人心。

章鱼真的是生物界的"恐怖分子"吗？只要稍有博物学知识，我们就不难回答。章鱼的规范中文名是"蛸"（shāo），隶属软体动物门（Mollusca）头足纲（Cephalopoda）。因为其有八只"触手"，故称为八腕目（Octopoda），全世界有300余种。

章鱼，正规名为蛸，是所有无脊椎动物中智商最高的
（张帆 摄）

我们通常看到的章鱼8个大爪全部分开，但还有许多种类8个腕之间好像有蹼一样，比如须蛸类和面蛸类的腕就是由貌似鸭蹼的腕间膜相连的。

目前，已知最大体长（包括腕）的章鱼是水蛸（*Enteroctopus dofleini*），俗名"北太平洋巨章鱼"。曾记录到的最大个体总长为 9.6 米，体重达 272 千克，但这不是科学记录而备受争议。其实，这种巨章鱼成体一般只有 15 千克，最大不过 71 千克，体长 4.3 米。

世界上体型最大的头足类是巨鱿（*Architeuthis dux*，亦称巨型鱿鱼、大王鱿鱼、巨乌贼、大王乌贼）和大王酸浆鱿（*Mesonychoteuthis hamiltoni*，亦称大王枪乌贼、巨枪乌贼）。大王酸浆鱿最长为 10~13 米，而巨鱿为 12~14 米。可见，我们在电影或故事里见到的那些章鱼、乌贼、鱿鱼们的巨大外形都被人类的臆想垄断了。

至于，章鱼、鱿鱼、乌贼把庞大的抹香鲸紧紧地绞杀住，这一场面也着实不靠谱。鲸或海豚压根儿不在头足动物的食谱内，即使硕大的巨鱿，其主要食物是海洋中层的鱼类和其他鱿鱼、乌贼。而大王酸浆鱿的主要食物也不过是其他头足类（例如帆乌贼科 Histioteuthidae 和柔鱼科 Ommastrephidae），以及小型鱼类。它们根本不会猎杀鲸，相反地，章鱼、鱿鱼和乌贼却是鲸类的美味佳肴，特别是抹香鲸（*Physeter macrocephalus*）的主要食物。

显然，电影中的形象是被过分夸张了。自然界中几乎没有那么大的章鱼、鱿鱼或乌贼，也就不会有那么大的威力。水蛸的实际性格要用羞涩、温顺、聪明来形容，它们过的都是与世无争的平静生活。

灵活的触手

《蜘蛛侠 2》里有一位章鱼博士。他原本是一位天才的原子能专家，为了让自己可以在安全的距离内研究有辐射性的物质，他就在自己的背后装了 4 只长长的机械手，做起实验来方便不少，但是不料一场基因突变实验失败之后，这 4 只机械手就永久长在了他的背后，盘根错节，眼花撩乱，像章鱼一样，所以人们叫他"章鱼博士"。

不知该影片导演是不是这样想的：4 只机械手 +2 个胳膊 +2 条腿 =8 只"手"，这恰好是章鱼的经典形象。在自然界中，真正可称为章鱼的动物，都只有 8 个腕，有的种类有一些短小的触须，但没有触腕。而乌贼和鱿鱼（枪乌贼），则是有 8 个腕和 2 个触腕，触腕通常比腕还要长，所以看上去好似 10 个"手臂"，故称十腕类。同属于头足纲的鹦鹉螺（Nautiloidea），则有 63~94 个腕。由于腕是肉质的，所以喜欢吃海鲜的朋友可能特别喜欢吃鱿鱼的腕，即鱿鱼丝。

章鱼真是有"手腕"的动物，不仅强健有力，而且极其灵活。它们的腕除捕食猎物外，在交配时，还用来互相搂抱，并"锁住"对方，以此"零距离"接触。此外，腕也是在海底爬行和在水中滑行的运动器官。

看章鱼哥预测世界杯，最神奇的便是它灵活地用腕打开箱子，取出食物。研究表明，章鱼的记忆能力超群，只要打开过一次瓶盖或箱子，在它下次再开启的时候会更加得心应手。并且，章鱼可以识别不同的形状、质地和图案，甚至颜色。腕部的灵活除肌肉发达外，还取决于发达的神经系统，腕神经已形成神经节，各种神经节愈合成一个整体。所以，有人说章鱼有 9 个脑袋是不为过的。

鲜艳的颜色

紫色的伸缩章鱼 Stretch 是动画片《玩具总动员 3》里的新

人物，它是个女孩，身上还黏糊糊的，经常被大家扔来扔去，却十分滑稽可爱。章鱼的许多种类都有紫色成分，但还没有见过浑身全是紫色的章鱼。

章鱼的实际颜色，根据种类而不同，有些颜色单调；有些艳丽、斑驳，可以变换颜色。我们可以推测，在一片漆黑的深海，即使章鱼有颜色，也没人能看得到，所以颜色无用武之地。因此，在演化过程中，只有浅水种类才具有鲜艳的颜色。它们皮肤的颜色甚至可在几微秒内变化。这取决于皮肤内数千个色素体。色素体由色素细胞和大量肌肉、神经、神经胶质和鞘细胞构成。头足类通过色素细胞的拉伸和收缩控制着体色的改变。

更为神奇的是，许多头足动物都有发光器，存在于身体的不同部位。发光器就像汽车的头灯一般，用于照明。而体色多变和发光，则有更多的好处，例如诱捕食物、吸引异性、躲避敌害（迷惑或警告捕食者）。有些章鱼和乌贼的外套腹部或眼睛腹面有发光器，这就类似于腹部为白色的鱼类，以隐藏不透明或不是白色的身体，来躲避下层掠食者。

既然章鱼的颜色光鲜，那么它们有没有颜色视觉呢？保罗是否对某些国旗的颜色特别钟爱呢？我们可以确定的是章鱼的眼睛属于折射型，能把光线折射聚焦在视网膜上，形成物像。由于视网膜上具有视紫红质和视网膜色素，因此可以吸收不同波长的光，但这并不意味着它们一定具有色觉功能。目前，章鱼等头足类是否可以识别颜色仍有争论。但很多科学家倾向于有些种类，特别是鲜艳的种类具有颜色视觉。否则长得那么漂亮，异性若是色盲，岂不是太浪费了这身行头了吗？

这是蓝蛸（*Octopus cyanea*），亦称大蓝章鱼
（张帆 摄）

最聪明的无脊椎动物

在所有影片中，章鱼都是力量和智慧的化身。它们的确是无脊椎动物中最聪明、最高等的类群，甚至超过了很多脊椎动物。

2005 年，美国加州大学伯克利分校（University of California, Berkeley）的科学家在《科学》（*Science*）杂志上指出，在印度尼西亚苏拉威西岛的近海有一种边蛸（*Amphioctopus marginatus*，亦称条纹蛸、边纹章鱼、椰子章鱼、具缘两鳍蛸），它用两个腕在海床走路，更为神奇的是，因为海底常有椰子漂落于此，于是它学会了将其他 6 个腕缠绕在头部和躯干，伪装成一只椰子形状，故有"椰子章鱼"的诨名。

而 2009 年，澳大利亚科学家在《当代生物学》（*Current Biology*）杂志也公布了他们的发现。这种章鱼还能挑选并使用椰子壳，作为一处藏身之地，它可以用腕关闭椰子壳，自己躲在里面，并且携带椰子壳走了长达 20 米。它们甚至可以把椰子壳和贝壳做成一个组合。这一发现被认为是第一次在无脊椎动物中观察到工具使用行为。

这些研究充分说明，章鱼是一类"高智商"的动物。除此之外，章鱼还能拟态成海蛇，蓑鲉（狮子鱼）、珊瑚等动物；变换颜色，与周围环境浑然一体。多年从事章鱼研究的专家詹姆斯·科斯格罗夫（James A. Cosgrove）指出，章鱼具有"概念思维"，能够独自解决复杂的问题。

科学家们经过进一步研究还发现，章鱼自出生之时起就独居。小章鱼只需极短的时间就能学会应有的本领，并且与大部分动物不同，小章鱼的学习不是以长辈的传授为基础。虽然它们的父母遗传给了它们一些能力，但小章鱼通过独自学习捕食、伪装、寻找更好的住所来发展自身解决新问题的能力。

附：头足纲（**Cephalopoda**）之分类系统（现存）

鹦鹉螺亚纲（Nautiloidea）

鹦鹉螺目（Nautilida），通称鹦鹉螺，英文为 Nautilus；现存 6 种，5 亿年前就出现在地球上；它们的外形更像海螺，与乌贼、章鱼等近亲在外形上相差较大。

蛸亚纲（Coleoidea）

深海乌贼目（Bathyteuthoida），通称深海乌贼、深海鱿鱼，英文为 Deepsea Squid；现存 6 种，有的分类学家也把它们归入枪乌贼目，外形与枪乌贼近似；生活在海洋中层或深海，深度可达 4200 米。

枪乌贼目（Teuthoidea，亦称枪形目、管鱿目），通称枪乌贼、鱿鱼、柔鱼、管鱿，英文为 Squid；现存 300 余种，身体修长，如枪如矛，有 8 个较短的腕（arm），2 个较长的、有收缩性（contractile）但不可缩入（retractile）囊中的触腕（tentacle）。

僧头乌贼目（Sepiolida，亦称耳乌贼目、微鳍乌贼目），通称僧头乌贼、耳乌贼、短尾鱿鱼、倭鱿鱼、瓶尾鱿鱼，英文为 Bobtail、Pygmy Squid、Bottle-tailed Cuttlefish；现存 70 余种，身体圆滚，有 8 个较短的腕，2 个较长的、几乎可完全缩入（retractile）囊中的触腕。

乌贼目（Sepioidea），通称乌贼、墨鱼、墨斗鱼，英文为 Cuttlefish；现存 120 余种，身体几乎为椭圆形，有 8 个较短的腕，2 个较长的、可缩入（retractile）囊中的触腕。

旋壳乌贼目（Spirulida，亦称旋乌贼目），亦称海螵蛸、角鱿鱼，英文为 Horn Squid；仅存 1 种：旋壳乌贼（*Spirula spirula*），身体"外壳"就像长了两个螺旋。

八腕目（Octopoda，亦称蛸目、章鱼目），通称章鱼、蛸，英文为 Octopus；现存 300 余种，有 3 个心脏，只有 8 个几乎等长的腕，但收缩性极强，没有触腕。

幽灵蛸目（Vampyromorpha），亦称吸血乌贼、吸血鱿鱼、吸血鬼章鱼、蝙蝠蛸，英文为 Vampire Squid；现存仅 1 种，即幽灵蛸（*Vampyroteuthis infernalis*），8 个腕之间有膜相连。

蹄兔非兔
象鼩非鼩

第三编
十二生肖系列

鼠年说鼠

——地球上不可或缺的公民

何为"老鼠"也？

说起"老鼠"，这个名词至少有三层含义：其一，泛指所有哺乳纲啮齿目（Rodentia）的动物，凡是属于这个目的成员都可以称为广义的老鼠。根据最新、最权威的统计，世界上约有 34 科 501 属 2488 种啮齿目动物，比上一个鼠年（2008 年，此文写于 2020 年鼠年），增加了 1 科 20 属 211 种。近年来人们还在不断发现啮齿类动物的新物种，所有啮齿动物占据了哺乳动物种数的五分之二强。这一大家族包括我们比较熟悉的松鼠、旱獭、鼯鼠（飞鼠）、黄鼠、河狸、跳鼠、豪猪、豚鼠、水豚等等。

其二，专指仓鼠科（Cricetidae）、鼠科（Muridae）动物。鼠科是该目最大的一个科，有 150 多属 816 种；仓鼠科则是第二大科，有 130 多属 765 种；这两个科的种类全部加起来，占整个啮齿目的五分之三强。我们常见的老鼠就是仓鼠科的著名代表，比如农田常见的东方田鼠（*Microtus fortis*，现为 *Alexandromys fortis*），草原常见的布氏田鼠（*Lasiopodomys brandtii*，亦称布兰特松田鼠）；以及鼠科的代表种类——长爪沙鼠（*Meriones unguiculatus*）、黑线姬鼠（*Apodemus agrarius*）、褐家鼠（*Rattus norvegicus*，亦称大家鼠）、黄胸鼠（*Rattus tanezumi*，亦称达氏家鼠、东方屋鼠、亚洲家鼠）……

其三，具有鼠形的动物，这个就不是科学的概念了。例如在我国东北、蒙新地区、青藏高原，有一类长的像老鼠的兔子，中文规范名为"鼠兔"，很多人管它们也叫老鼠。"牧场灭鼠害""草原灭鼠"经常灭的也是鼠兔而非真正的老鼠。而在食虫类的劳亚食虫目中，有鼹鼠、鼩鼱；有袋类的负鼠、鼩负鼠、智鲁负鼠几个目的动物大多冠以"鼠"名，且外形与啮齿动物相似，但它们都不是真正的老鼠。当然，人们现在不会把袋鼠归到老鼠的行列中。

啮齿类在地球上是一类十分重要的生物，在食物链、群落、生态系统之中扮演着极为重要的角色！

2006 年 2 月，英国布里斯托尔动物园的水豚，它是现存最大的啮齿目动物

人与老鼠为伴，历史由来已久

鼠类原产于除南极大陆和澳洲大陆之外的地方，在欧洲、

亚洲、非洲和美洲的许多生境中都能见到它们的身影。当人类出现及扩散至某一地区时，也会与生活在那里的鼠类产生千丝万缕的联系。

在全世界6800多种哺乳动物中，鼠类所在的啮齿目就有近2500种，而狭义的老鼠，也就是啮齿目鼠形亚目的动物，包括家鼠、仓鼠、田鼠、跳鼠、竹鼠等等，就占据了一多半。而在中国，我们常说的家鼠或者老鼠，一般包括褐家鼠、小家鼠、黄胸鼠等，以这些老鼠为代表的鼠类有一个共同特点，那就是尾巴细长、身材娇小、眼睛溜圆，这些特征在甲骨文的"鼠"字中都有所体现；而到了战国时期，"鼠"的这些特征都弱化了，取而代之的是上半部分张开大嘴露出牙齿的样子，这一形象也基本延续到了楷书的鼠字。

2006年2月，我在英国布里斯托尔动物园看到的来自北美洲的黑尾草原犬鼠

鼠字字形的变化，也体现了人们对老鼠认识的变化。它们不再是田间地头的大眼萌物，转而变成侵入房间和粮仓的"害兽"，甚至到了人人喊打的地步。那么老鼠为什么会选择与人为伴呢？

老鼠与人为伴，是适应环境的体现

老鼠是一类杂食动物，因种类和环境的不同而有所差异，但大体上都会或多或少地取食植物的种子、果实以及富含淀粉和枝叶的根茎，还会捕捉活动能力不强的小动物，例如蜗牛、蠕虫、昆虫等，如果遇到其他动物的尸体，它们一定也不会"浪费"。而我们的家中恰恰有老鼠的食物，哪怕是一个油瓶都会让老鼠撑到出不来，粮仓中更是有无穷无尽的口粮。

然而，生活在我们身边的杂食动物不少，但为什么只有老鼠能够与人为伴，甚至占人类的便宜呢？因为老鼠很聪明，有很强的认知能力，能够适应快速变化的环境。在与人类打交道的过程中，老鼠虽然要冒着被猫抓、被鼠夹夹、被粘鼠板粘等风险，但和能得到的食物相比，和繁殖出众多后代相比，这些风险是微乎其微的。

鼠类不但适应了人类的农耕生活，还在很短的时间里适应了城市化。多年前，我曾数次在北京城市中心见过老鼠，它们从下水道井篦子上露出一个头，左顾右盼，稍有风吹草动就缩了回去，不过有一次我也见到一只褐家鼠跑了出来，径直跑向20米外的一片灌丛中了。老鼠能在下水道中生活，既体现了它们超强的适应力，也表明它们可以很快地适应环境，因为除了老鼠和它们的天敌黄鼬（*Mustela sibirica*，俗称黄鼠狼）之外，在我们的城市中就没有哪种脊椎动物可以适应下水道生活了。

在科学家的探索中，也有许多研究表明老鼠拥有超强的认知能力。而且对动物认知能力的研究，这些年也是科学的前沿和热点。让动物走迷宫，一直是很经典的实验，让大鼠或者小鼠走迷宫，已经稀松平常。

但是，2015年在英国《自然》（*Nature*）杂志发表的一篇论文改进了实验。科学家让大鼠处于一种口渴状态，然后通过一个装置，让大鼠自己取水。当大鼠碰触到中间的感应装置时，其中的扬声器会随机发出高频（20~40kHz）或低频（5~10kHz）的声音。当它发出高频声的时候，如果大鼠首先触碰了左侧的感应器，那么左侧就会有水流出，但是如果先触碰的是右侧的感应器，则不会有水流出。当装置发出低频声的时候，如果大鼠首先触碰了右侧的感应器时，右侧就有水流出，但是如果先触碰的是左侧的感应器，则不会有水流出。经过反复实验，绝大多数的被试大鼠在短短的几天之内，就建立了装置—音—取水之间的关联。当改变某一条件的时候，大鼠都会快速喝到水。

2006 年 3 月，我在英国伦敦动物园看到的马来豪猪，也是我国常见的豪猪

无论是野外观察，还是实验室的行为学实验，都证明啮齿类动物是一类十分聪明的动物。

科学探索，揭示更多自然奥秘

除了研究鼠类对环境的认知，科学家还以大鼠和小鼠为研究对象，探索了甲流、乙肝、肺结核等传染病，骨质疏松、肺癌甚至是阿尔茨海默症等愈发常见的疾病研究。但科学家为什么不用小猫、小狗这些比较常见的动物，或者是猕猴这种和人类亲缘关系比较近的灵长动物做研究呢？

原来，虽然大鼠和小鼠与人类看似外观形态差别极大，但我们之间全基因组的差异却很小，因此具有共同的生物学基础，而且人类与大鼠、小鼠也有许多共患疾病。另外，虽然猕猴和黑猩猩等灵长动物与人类亲缘关系更近，但饲养它们的成本要比实验用的大鼠和小鼠高很多，而且大鼠和小鼠的繁殖速度相对较快，一项研究在短时间内就可以取得很大的实验样本，这也使得实验结果更为可靠。因此，别看是小小的老鼠，它们在人类探索未知上也扮演了重要的角色呢！

为了更好地通过大鼠、小鼠研究人类的疾病，科学家一直不断努力。我国科学家在这方面也有很大的贡献。早在2003年，时为中国科学院动物研究所研究员周琪先生（现为中国科学院副院长）就带领团队克隆出了大鼠，成果发表在美国《科学》（Science）杂志上。

周琪教授和法国同行们发现，一种名为"MG132"的蛋白酶抑制剂能延缓大鼠卵母细胞的活化步伐。他们通过对大鼠卵母细胞的自发活化进行精确控制，然后进行体细胞核移植操作，共培育出129个克隆大鼠胚胎，并将它们分别移植入2只代孕雌性大鼠，其中一只雌鼠受孕后产下3只雄性克隆幼鼠。这3只克隆大鼠有2只存活，并有了正常的下一代。他们还用同样的方法，克隆出2只雌性大鼠，这2只雌鼠现也有正常的后代。

2009年7月，周琪教授在英国《自然》杂志发表文章，首次利用iPS细胞通过四倍体囊胚注射得到存活并具有繁殖能力的小鼠，从而在世界上第一次证明了iPS细胞的全能性；2010年4月，您领导的团队又在《生物化学杂志》（Journal of Biological Chemistry）发表文章，首次发现并明确证明了决定小鼠干细胞多能性的关键基因决定簇，可作为判断干细胞多能性水平的分子标识。

这些研究极大地推动了干细胞克隆研究，为未来人类治疗性克隆提供了坚实的科学基础。周琪教授因为对大鼠、小鼠的一系列研究，而荣膺中国科学院院士、第三世界科学院院士等，并先后担任中科院动物研究所所长、北京分院院长、中国科学院副秘书长、中国科学院副院长等职务。

传统文化中的鼠，寓意美好

俗话说，老鼠过街、人人喊打，还有成语胆小如鼠、鼠目寸光、贼眉鼠眼等，这些是它们偷抢人类食物、传播疾病带来的负面影响。但在中国传统文化中，老鼠也有正面形象现身，也占据了一席之地。例如在"鼠咬开天"的传说中，就是老鼠咬开了混沌的天地，有创世之功。再加上老鼠机敏灵巧，于是占据了十二生肖的头把交椅。

在中国古代，还有恭祝"老鼠嫁女"的习俗，人们会在某一特定时节里，给老鼠准备喜糖——炒芝麻糖，甚至夜晚不点灯，怕打扰老鼠嫁女。为什么人们恨老鼠，却还要庆祝老鼠嫁女呢？原来，这是先民祈求来年丰收的美好方式，就像祭龙王祈求风调雨顺一样，充满了又爱又恨的双重态度。

"人欢为体健，鼠硕因年丰"，老鼠肥硕，倒未必是件坏事，至少说明"年丰"嘛！老鼠，作为人类的伴生动物，相伴人类时间最久，我们有理由相信，它们还会继续相伴人类更久！甚至，有一天人类这一物种消失了，而老鼠们或许还在快乐地生活在这个星球之上呢！

到底什么动物才是真正的牛？

"牛年说牛"，文章众多，而我们这里只聊一件事儿，关于"牛"的分类学——"牛"是一种或一类什么动物？什么动物才能算是真正的"牛"？

广义的"牛"

说起广义的"牛"，它们是哺乳纲（Mammalia），鲸偶蹄目（Cetartiodactyla），牛科（Bovidae）所有物种的通称。

这里先解释一下"鲸偶蹄目"。或许您知道鲸目（Cetacea）、偶蹄目（Artiodactyla），但是随着分子生物学、基因组学研究的深入，科学家有更确凿的证据指出，鲸类（包括须鲸和齿鲸）与偶蹄类（包括猪、西猯、河马、骆驼、鼷鹿、长颈鹿、麝、鹿、叉角羚、牛等）拥有更为紧密的亲缘关系，甚至河马与鲸类的关系，比河马与其他偶蹄类的关系更近。

换句话说，如果您非要觉得"鲸偶蹄目"这个分类不舒服，还要坚持鲸目与偶蹄目分开的话，那您最起码也得把河马单独列为一个目，才符合物种演化的系统发育关系（符合这样的拓扑结构）。但显然，现在并没有一个"河马目"。主流科学观点认为，鲸偶蹄目是成立的，而且是科学和准确的，应该得到广泛地承认。

当然，也可以从另一个角度说，鲸类，本来就应该在偶蹄类之内，所以使用"偶蹄目"也没什么不妥；我们最重要的是弄清楚它们之间的演化关系就好了。

牛科动物，在鲸偶蹄目或偶蹄目中是最大的一个类群！按照最新的研究与统计，牛科分为 2 个亚科（过去则是 10 个亚科）：羚亚科（Antilopinae）和牛亚科（Bovinae），一共约有 12 族 55 属 296 种。羚亚科包含了 9 个族，它们是黑斑羚族（Aepycerotini）、新小羚族（Neotragini）、苇羚族（Reduncini）、羚族（Antilopini）、岩羚族（Oreotragini）、麂（ní）羚族（Cephalophini）、羊族（Caprini）、马羚族（Hippotragini）、狷羚族（Alcelaphini）；牛亚科包含了 3 个族，它们是蓝牛族（Boselaphini）、林羚族（Tragelaphini）、牛族（Bovini）。

因此，广义地说，牛科动物都可以称之为"牛"，但此牛非彼牛。在牛科大家族中包括了以上各种羚、羊、牛，以及似羚非羚的物种。

即使在牛亚科中，还有很多种类的中文名字中并不冠以牛字，有的种类即使叫作"牛"，比如蓝牛（*Boselaphus trago-camelus*，亦称蓝牛羚），但长相却更似羚羊，甚至有些"四不像"。蓝牛因其雄性体色呈蓝灰色而得名，它们主要分布在印度、尼泊尔和巴基斯坦东部。蓝牛族中还有一种，则是四角羚（*Tetracerus quadricornis*），也广泛分布于印度。

生活在印度的蓝牛，
亦称蓝牛羚

　　林羚族则包括大羚羊、捻角林羚、山地林羚、薮羚等，全部生活在非洲大陆。

狭义的"牛"

　　狭义的"牛"，指牛亚科牛族的成员，它们才是真正的牛，共计21种。以下简单介绍具体的种类、特征、分布，以及保护级别。涉及国际自然保护联盟《受胁物种红色名录》的级别，则简写为"IUCN某某级"，例如"IUCN濒危级（EN）"。

　　白肢野牛（*Bos gaurus*），亦称印度野牛、野牛、白袜子，英文名Gaur。白肢野牛比野牦牛还要壮实，一头健壮的成年公牛体重可达1.5吨。这种野牛还有一个好听的俗名——"白袜子"，由于它们的下肢为白色，故得此名。但"白肢野牛"这一名称也有不准确的地方，因为我们看到的牛科动物的"四肢"，比如白肢野牛的四肢的白色部分，实则为掌骨，而不是由尺骨和桡骨组成的前臂或前肢。这么说的话，白肢野牛更应该叫"白掌野牛"，它们的四肢上半部分（胳膊和腿）为黑褐色或棕褐色。广泛分布于亚洲南部和东南部的大陆地区；在我国云南南部、西部和西藏东南部均有分布。国家一级重点保护野生动物；IUCN 易危级（VU）。

大额牛（**Bos frontalis**），亦称独龙牛，英文名 Gayal、Mithun。曾为白肢野牛的亚种，现在则认为是独立的种。额头宽阔，角直呈锥状，故名"大额牛"。主要分布于印度东北部、孟加拉国、缅甸北部，以及我国云南西北部和西藏东南部。这种牛在其分布区属于半野生或家养种类，当地百姓驯养它们，特别是我国独龙江地区的独龙族人视其为主要的肉食来源，故而又有"独龙牛"之称。家畜；IUCN 未予评估（NE）。

白臀野牛（**Bos javanicus**），亦称爪哇野牛、婆罗洲野牛、印支野牛，英文名 Banteng、Tembadau。最主要的鉴定特征是臀部有一大块白色臀斑，故得此名。其体型比白肢野牛略小，角也较短；它们的四肢的下半部分也是白色。曾广泛分布于亚洲南部、东南部，包括很多岛屿；但是现在大多呈零星分布，目前野生种群最多的国家是柬埔寨，其次是印度尼西亚的爪哇岛，此外，泰国和婆罗洲（加里曼丹岛）也有一定种群；而我国则在云南南部的思茅（现为普洱）和西双版纳有少数野生个体。国家一级重点保护野生动物；IUCN 濒危级（EN）。

巴厘牛（**Bos domesticus**），亦称家牛、巴厘家牛，英文名 Bali Cattle。曾为白臀野牛 *javanicus* 的亚种，约 5500 年前驯化而来。主要分布于印度尼西亚的巴厘岛，以及印尼东部，如苏拉威西岛、松巴哇岛、松巴岛等地；现在也被引入马来西亚、澳大利亚等地。家畜；IUCN 未予评估（NE）。

柬埔寨野牛（**Bos sauveli**），亦称裂角野牛、林牛，英文名 Kouprey。它的体型介于白肢野牛和白臀野牛之间。曾分布在柬埔寨、老挝南部、泰国东南部和越南西部；现在则认为仅分布在柬埔寨东部。十几年前，科学家估计柬埔寨野牛的野外种群数量不足 200 头，直到今天人们猜测它们可能已经灭绝了，就像华南虎、白鱀豚那样至少属于功能性灭绝；所以，柬埔寨野牛是世界上最为濒危、最为珍贵而稀有的"牛"。IUCN 极危级（CR）。

原牛（*Bos taurus*），亦称原始牛、欧洲原牛、家牛、黄牛、奶牛、安科拉长角牛、桑格牛等（因品种或品系差异，有更多之别名），英文名 Cattle、Cow、Bull、Taurine Cattle、European Cattle。今天我们看到的绝大多数的家牛都是由原牛驯化而来的，大约在 10500 年前，土耳其、伊拉克、伊朗等地的先民开始驯化原牛，但最终人类将其野生祖先彻底"驯化"没了。作为最常见的"牛"，它们已经占据了几乎有人类生活的所有地区。家畜；IUCN 未予评估（NE）。

东亚，特别是我国最常见的家牛品种，即黄牛，由欧洲原牛驯化而来
（张帆　摄）

瘤牛（*Bos indicus*），亦称印度瘤牛，英文名 Zebu Cattle。最典型的特征就是肩部有高高的隆起，就像脖颈后边长了一个大瘤子。原产于印度，大约 1 万年前由人类驯化，但驯化之后野生祖先彻底灭绝；现如今已经占据了几乎有人类生活的所有

地区。家畜；IUCN 未予评估（NE）。

印度的瘤牛，周围
是牛背鹭

欧洲野牛（*Bos bonasus*），亦称野牛，英文名 European Bison、European Wisent、Zubr。欧洲野牛的头部和肩部的隆起比美洲野牛要小；更偏好于森林生境。曾广泛分布在欧洲大陆北部、中部，数量曾经一度十分惊人。由于人类疯狂的猎杀，欧洲野牛到了 1627 年几乎绝迹。1914 年第一次世界大战，在立陶宛和高加索山区仅存的 400 多头欧洲野牛也惨遭杀戮。幸运的是，有几头被送往动物园，后来人们将饲养的欧洲野牛引进到苏联和波兰边境的林区，成为一种重新被放归野外的动物，这样的保护工作被称为"重引入"（Reintroduction）。据统计，目前野外成熟个体的数量约为 2518 头。欧洲野牛因人类的良知觉醒，才不至于彻底灭绝，真是不幸中的万幸！IUCN 近危级（NT）（2020 年底写本文的时候，还是易危级）。

美洲野牛（*Bison bison*，曾为 *Bos bison*），亦称北美野牛、野牛，英文名 American Bison、Bison。按照最新的分类，美洲野牛和欧洲野牛都不是一个属的。美洲野牛的头部和肩部的隆起比欧洲野牛更大；更偏好于草原生境。曾广泛分布在北美洲大陆北部和中部，数量曾经一度十分壮观。过去的观点一直以为，美洲野牛是欧洲野牛通过大陆桥迁移后，再经演化而发展起来的物种。18 世纪以前，美洲野牛总数超过 6000 万头。千百年来土著印第安人以野牛皮肉为生，他们将野牛赶到悬崖边缘大批屠杀，而真正灭绝性的屠杀是移居北美洲的欧洲牛仔干的。在 19 世纪内，他们屠杀了数千万头野牛。到 1903 年时北美原野上仅剩下 21 头野牛。1905 年美国总统西奥多·罗斯福（Theodore Roosevelt, 1858—1919）颁布法令，人类首次将幸存的美洲野牛等一批珍贵的野生动物置于国家保护之下。有报道称，目前美国和加拿大的美洲野牛已经发展壮大到 5 万多头；但是我在修订本文的时候（2022 年 9 月 20 日）查了一下 IUCN "红色名录"，显示该种的成熟个体为 11248～13123 头。2016 年美国总统贝拉克·奥巴马（Barack Hussein Obama, 1961—　）签署法案，正式宣布美洲野牛为美国国兽。IUCN 近危级（NT）。

这里还值得注意的是，2021 年 7 月，IUCN 之物种保护特别工作组（Species Conservation Task Force）联合若干机构，成立了一个物种绿色现状工作组（Green Status of Species Working Group），对过去极危级、濒危级或者地区性灭绝的物种进行多年之后保护成效的评估，涉及 181 个物种，其中就有美洲野牛。在这次评估中，美洲野牛被评为"极度枯竭"（CD, Critically Depleted），目前的种群是历史种群的 17%，即物种恢复分数（Species Recovery Score）为 17%。

IUCN 的《物种绿色现状》评估也有 8 个分级：灭绝（EX, Extinct）、野外灭绝（EW, Extinct in the Wild）、极度枯竭（CD, Critically Depleted）、大面积枯竭（LD, Largely Depleted）、中度枯竭（MD, Moderately Depleted）、轻微枯竭（SD, Slightly Depleted）、完全恢复（FR, Fully Recovered），以及不确定状态（ID, Indeterminate）。

野牦牛（***Bos mutus***），亦称牦牛，英文名 Wild Yak。曾被认为是家牦牛 *grunniens* 的亚种，因为林奈（Carl Linnaeus, 1707—1778）于 1766 年根据我国青藏高原的标本，先定名了家牦牛；1883 年才由俄国探险家普尔热瓦尔斯基（Nikolay Przhevalsky，常写作 Przewalski, 1839—1888）定名了野牦牛。家牦牛是藏族人民的朋友，而野牦牛的脾气就没那么好了，在野外若是见到野牦牛，特别是单独活动的公牛，可千万要避让三分。它们体型庞大，头体长在 3 米以上，有的雄性个体可达 4 米。雌性体重一般在 300~350 千克，雄性体重则在 500~850 千克。它们奔跑起来显得十分敦实，而且呈跳跃状，疾速奔来的一头野牦牛宛如重型坦克一般，好不威猛！它们平时以禾本科植物为食，偶尔也进食富含矿物质的土壤。分布于青藏高原，主要见于我国，也可见于印度西北部、尼泊尔西北部。国家一级重点保护野生动物；IUCN 易危级（VU）。

家牦牛（***Bos grunniens***），亦称牦牛，英文名 Domestic Yak。大约 1 万年前，由野牦牛驯化而来；现在一般认为它们是两个独立种。除我国大量饲养繁殖之外，也被引入缅甸北部、蒙古，甚至俄罗斯的西伯利亚地区。家畜；IUCN 未予评估（NE）。

亚洲野水牛（***Bubalus arnee***），亦称野水牛、亚洲水牛，英文名 Asian Wild Buffalo。曾为家水牛 *bubalis* 的亚种。1758 年，林奈率先命名了家水牛 *bubalis*，后来英国博物学家罗伯特·科尔（Robert Kerr, 1755—1813）于 1792 年才命名的亚洲野水牛 *arnee*。分布于印度、尼泊尔、不丹、缅甸、泰国、柬埔寨等国极为零星的地区。IUCN 濒危级（EN）。

家水牛（***Bubalus bubalis***），亦称水牛、亚洲水牛、印度水牛，英文名 Water Buffalo、Domestic Water Buffalo、Asian Water

Buffalo。由亚洲野水牛驯化而来；作为家畜，现如今，已经在印度次大陆、东南亚以及我国南方广泛分布；还被广泛地引入欧洲、澳大利亚、北美洲、南美洲，甚至非洲部分地区。河流型家水牛（river-type）约在 5000 或 6000 年前在印度被驯化；沼泽型家水牛（swamp-type）约在 4000 年前在我国被驯化。家畜；IUCN 未予评估（NE）。

东南亚，特别是我国南方最常见的家牛品种，即家水牛，由亚洲野水牛驯化而来
（张帆 摄）

民都洛水牛（***Bubalus mindorensis***），亦称棉兰老水牛、明多罗水牛、明多洛水牛，英文名 Tamaraw、Mindoro Dwarf Buffalo。国家动物博物馆前身之一的震旦博物院之创始人，法国传教士、博物学家韩伯禄（Pierre Heude, 1836—1902）于 1888 年命名。仅分布于菲律宾的民都洛岛；2000 年统计的时候，只剩下两个分布点：伊戈利特—巴科山脉国家公园（Mounts Iglit-Baco National Park）和阿鲁彦—马拉提山民都洛水牛保护区（Mount Aruyan-Malati Tamaraw Reservation）；后来又发现一个分布点，即卡拉维特山野生动物禁猎区（Mount Calavite Wildlife Sanctuary）。种群数量为 220~300 头。IUCN 极危级（CR）；世界上最濒危的"牛"之一。

生活在印度尼西亚
的低地倭水牛

低地倭水牛（*Bubalus depressicornis*），亦称西里伯斯水牛、苏拉威西水牛、倭水牛、低地矮水牛，英文名 Anoa、Lowland Anoa。分布于印度尼西亚的苏拉威西岛，为该岛特有种。种群数量不足 2500 头。IUCN 濒危级（EN）。

山地倭水牛（*Bubalus quarlesi*），亦称山地水牛、高山倭水牛、高地矮水牛，英文名 Mountain Anoa。也有学者认为，低地倭水牛和山地倭水牛应该为同一种。分布于印度尼西亚的苏拉威西岛，为该岛特有种。种群数量不足 2500 头。IUCN 濒危级（EN）。

比亚洲水牛们命运好得多的是非洲水牛。过去，非洲水牛仅一种，由于亲缘关系与亚洲水牛相差较远，因而在分类学上享受独属的待遇。但是随着分子系统发育关系研究，新的分类学将非洲水牛一分为四，即非洲草原水牛、西非草原水牛、非洲山地水牛、非洲森林水牛。

这些非洲水牛几乎覆盖了撒哈拉沙漠以南的非洲大陆，从热带雨林到稀树草原，从低地到山地，都能见到它们的身影。由于它们太普遍太常见了，因此我们在纪录片中常能见到它们大群悠闲地生活在辽阔的草原中，可谓"明星动物"。由于它们脾气暴躁，可以与狮、豹、鬣狗抗衡，甚至单独的公牛经常袭击人类，而成为对人类有威胁的野生动物之一，与狮、花豹、非洲象、犀牛并称"非洲五霸"（Big Five）。非洲水牛是非洲生态系统中的关键物种，是食肉动物——狮子、鬣狗、花豹、猎豹等的重要猎物，它们的尸体也喂养了众多中小型食肉兽类以及大量食腐鸟类。

分出来的这4种非洲水牛，分别是——

非洲草原水牛（*Syncerus caffer*），亦称非洲水牛、非洲野牛、南非水牛、草原非洲水牛，英文名 Cape Buffalo。分布于非洲东部、东南部。IUCN 近危级（NT）。

西非草原水牛（*Syncerus brachyceros*），亦称苏丹水牛、乍得水牛、非洲倭水牛，英文名 Lake Chad Buffalo。曾为非洲水牛 *caffer* 的亚种。分布于非洲西部、中部。IUCN 无危级（LC）。

一头孤老的雄性非洲草原水牛，身体周围有很多"牛虻"

非洲山地水牛（*Syncerus mathewsi*），亦称山地水牛、山地非洲水牛、维龙加水牛，英文名 Virunga Buffalo。曾为非洲水牛 *caffer* 的亚种。分布于东非维龙加火山周边地区，包括乌干达西南部、卢旺达西部、刚果民主共和国东部。IUCN 无危级（LC）。

非洲森林水牛（*Syncerus nanus*），亦称刚果水牛、赤水牛、森林非洲水牛，英文名 Forest Buffalo。曾为非洲水牛 *caffer* 的亚种。分布于非洲中部和西部的低地热带雨林地区。IUCN 无危级（LC）。

此外，还有一个神奇、帅气，令人着迷的物种！它的发现者之一是国内诸多观鸟爱好者的"男神"、人称"老马"的马敬能先生（John MacKinnon, 1947—　），该物种便是——

武广牛（*Pseudoryx nghetinhensis*），亦称中南大羚、锭角羚，英文名 Saola。它们的角呈纺锤形或锭形，头型和体型也更似羚羊，而且"中南大羚"这个名字听起来更"霸气"。此名是马敬能的老朋友、中科院动物研究所的研究员汪松先生（1933—　）起的，汪先生在 20 世纪 90 年代中期开始组织翻译、编辑、出版了很多国际自然保护界的书籍、讯息、宣传册（甚至文创产品），其中做的最有名的就是《中国鸟类野外手册》和《中国兽类野外手册》，做的时间最长的是《世界自然保护联盟通讯》（非正式出版物，后更名为《世界自然保护信息》），在 1997 年 2 月 15 日出版的第一期《通讯》中汪先生率先使用了"中南大羚"这一名称。"锭角羚"则是我在翻译由马敬能撰写的《中国兽类野外手册》（湖南教育出版社，2009）有蹄类部分的时候，根据当地土著名称、英文名称的原意翻译来的；现在看来，还是"中南大羚"更好听，建议优先使用此名称。该种是发现较晚的大型哺乳动物之一，1993 年才被正式命名；其分布区局限在发现地——越南武广（Vũ Quang）国家公园及其周边地区，在老挝可能也有分布。不同研究结果给出了不同的种群估测数量，一说 25～750 头，另一说 50～300 头。IUCN 极危级（CR），世界上最濒危的"牛"之一。

叫牛不是牛的动物

还有很多动物，虽然中文名中有"牛"字，但它们其实并不是真正的"牛"，如蜗牛、犀牛、海牛……但是有两类，很容易让人误认为它们也是"真正的牛"，因为它们长得太像我们认为的"牛样"了。

它们就是麝牛（*Ovibos moschatus*）和羚牛（*Budorcas*）。

麝牛是牛科羚亚科羊族麝牛属的唯一物种。现分布于北美洲北部、格陵兰、北极群岛等气候严寒地区。体形硕大，头大，四肢短粗，蹄宽大，毛被厚而粗糙，特殊的身体结构使其极耐严寒，适应冰天雪地的恶劣环境。

羚牛，亦称扭角羚、牛羚，隶属于牛科羚亚科羊族羚牛属，是牛科动物中的古老孑遗种类。主要分布于我国西南、西北地区，现有4种：秦岭羚牛（*Budorcas bedfordi*，亦称金毛羚牛、金毛扭角羚）、四川羚牛（*Budorcas tibetana*，亦称四川扭角羚）、不丹羚牛（*Budorcas whitei*，亦称不丹扭角羚）、高黎贡羚牛（*Budorcas taxicolor*，亦称贡山羚牛、米什米羚牛），我国均有分布，均为国家一级重点保护野生动物。

值得注意的是，2022年5月24日，著名学术期刊《分子生物学与演化》（*Molecular Biology and Evolution*）杂志在线发表了中国科学院动物研究所胡义波研究员的团队研究羚牛关于"近期物种形成及其演化历史和局域适应机制"的论文（题目为 *Evolutionary conservation genomics reveals recent speciation and local adaptation in threatened takins*）。他们利用多种基因测序策略（三代 Nanopore 测序+二代 Illumina 测序+Hi-C 测序），构建了羚牛染色体级别的高质量参考基因组，对以上提及的4种或

4 亚种的 75 份皮张、组织样品进行了全基因组重测序，开展比较基因组学和种群基因组学研究。研究结果认为，现有羚牛应分为 2 种：中华扭角羚（Budorcas tibetana，亦称中华羚牛）和喜马拉雅扭角羚（Budorcas taxicolor，亦称喜马拉雅羚牛）；前者再分为秦岭亚种、四川亚种，后者则分为高黎贡亚种、不丹亚种。

羚牛体大而粗重，栖息于海拔 1500～4000 米的针阔混交林、亚高山针叶林和高山灌丛草甸。喜欢结集十余只至上百只的大群，晨昏和夜间活动。白天躲藏在密林中休息，习惯沿着平时通往森林、草坡、水源或舔食岩盐和硝盐地点所踏出的路迹行进。嗅觉灵敏，群中有"哨牛"，受惊扰时发出报警叫声，由雄"头牛"带领，雌牛押后，幼弱夹在中间，迅速隐入密林。

那么，到底真正的"牛"的特征是什么呢？

牛族的体型通常都较为高大、粗壮、敦实；四肢高度一般与躯体高度相当或略短；头部较长，鼻吻部前突，耳朵较大、横向扩展；雌雄均具角，空心，为洞角，先横向，再向上生长；脖颈短粗；尾巴较细而长。

牛族成员依赖于广袤的草原和茂密的森林，取食各种草本植物，特别是禾本科植物，食物丰富的情况下更利于繁衍。但因为它们体型硕大，妊娠期较长，所以一般每胎只有一仔，偶尔有两仔。幼崽出生后，很快可以站立，并随母兽行走，甚至奔跑，属于早成性。

成年个体体型大，遭受食肉动物袭击的概率较小，反而很多牛族成员杀死过老虎、狮子。特别是非洲水牛脾气暴躁，经常有反抗狮子，甚至把狮子顶死、挑死的记录。但是幼崽、没有经验的亚成体，经常成为大型捕食者的食物。

十二生肖里的 "牛"

在十二生肖中的"牛"的概念和哺乳动物分类学中的"牛"是不完全一样的。十二生肖中牛的形象一般是黄牛——这个牛年的"牛代表"应该无可厚非，在与人民群众的紧密接触过程中，黄牛在我国人民的心目中，其地位要比水牛和牦牛高得多。在各种文化的表现形式中，黄牛就是勤恳、吃苦耐劳、任劳任怨、执著的代名词，比如众所周知的"孺子牛"。

现在，全世界广泛养殖的家养黄牛的祖先是欧亚和北非已经灭绝的原牛（*Bos taurus*）。据记载，在 15 世纪初的时候这种牛最后的野外种群残留在波兰的一个狭小地区；有记录的最后一个个体死于 1627 年。虽然原牛过早地离开了这个星球，但是它的后代繁衍壮大，成为世界上庞大的有生力量之一，在家畜之中具有显赫地位。

原牛的后代也派生出很多品系或品种，这是世界上许多国家的人民经过若干年、多代培育的结果，目前家牛的品种约为500 个（这其中也有很多其他野牛的后代），数量以 10 亿计。

北京颐和园昆明湖边上镇守的铜牛，明显的特征是家黄牛，几乎不近水的习性，但是在北方还是黄牛，而非南方的水牛

说到"牧童放牛"的情景，我们不难想象得到一位可爱的五六岁孩童，骑在水牛背上，吹着短笛，悠然自在地穿梭于轻轻杨柳之间。家养水牛在我国南方十分常见，它的祖先是亚洲野水牛（*Bubalus arnee*）。

人类驯养野水牛作为家畜已经有 5000~6000 年的历史了，有人认为我国的家水牛是从印度引入的，也有人认为我国历史上，特别是南方热带或亚热带地区曾有亚洲野水牛的分布，是我国劳动人民自己驯化的结果。后来由于种种原因，其野生种群逐渐从我国版图的大部分地区消失。但也有文献记载，我国西藏东南部的米什米山有亚洲野水牛存在，但估计数量十分稀少。

另外，在我国家牛品种中，独树一帜的、誉为"高原之舟"的家牦牛（*Bos grunniens*）是青藏高原的特有种，它曾被认为是野牦牛的后代，但也有人认为野牦牛和家牦牛可能起源于同一个祖先。我国藏族人民衣食住行都离不开牦牛，人们喝牦牛奶，吃牦牛肉，烧牦牛粪；将牦牛的毛做成衣服或帐篷，将其皮制革；角可制工艺品；骨头是药材。牦牛既可用于农耕，又可在高原当作运输工具。

在 2021 年 2 月 5 日，国家林业和草原局、农业农村部颁布的最新的《国家重点保护野生动物名录》中，我国 3 种"真正的牛"（牛族成员）：白肢野牛（野牛）、白臀野牛（爪哇野牛）和野牦牛均为国家一级重点保护野生动物。

希望世界上的牛儿们能够与人类和谐相处，那些珍贵濒危的种类，甚至非常稀有的被人类驯化的品种，能够继续延续、发展下去！

虎年说虎又说猫

在十二生肖中，除了龙是虚构的以外，其他 11 种（类）的动物都是现实存在的。而可称为野生动物的，其实只有鼠、虎、蛇、猴等 4 种或类。鼠和蛇是人类的伴生动物，直到今天，在我们居住的环境中仍然可以见到它们的身影。猴子曾经也与人类十分亲密，我记得儿时在北京大街小巷还能见到许多驯猴、耍猴的表演。因此，虎在现实中是距离人类最远的生肖了，尽管虎作为文化符号在人们的头脑中根深蒂固。

说来有趣，与人类生活关系更为亲近的猫并未列入我国传统的"十二生肖"之中，却被列入了越南、老挝等其他周边国家的"十二生肖"里。在我国，除了有许多版本的关于猫未被入选的故事以外，会不会另有一个原因，即虎代替了猫而入选呢？——虎，其实就是放大版的猫。

虎之史

在我精神压力特别大的时候，经常做梦梦到我被一头斑斓猛虎追逐。在人类发展史中，非洲古人必然被狮子追逐，美洲古人则被美洲狮、美洲豹扑杀，而亚洲古人则当然会被老虎猎杀。但今天，我害怕的已经不再是被老虎所追赶，而是惧怕提出这样一个问题：在下一个虎年，我们还能在中国见到野生老虎吗？

2010年这个虎年，我相信中国大地之上仍有虎踪——在吉林的珲春有东北虎，在云南的西双版纳或许还有印支虎（尽管2009年2月被村民射杀了一头），在西藏的东南部也有孟加拉虎，但是哪里可能有华南虎？也许只有动物园了。

我们抛开动物学层面，仅从历史、考古或文化角度入手，便可知老虎曾几乎遍布全国。在20世纪二三十年代，著名考古学家裴文中先生（1904—1982）、贾兰坡先生（1908—2001）等许多中外古生物学家、古人类学家就在北京周口店伴随着"北京猿人"的发掘一道，发现了大量虎骨骼化石。地质年代在更新世中、晚期，大约距今50万~15万年前（或可上推至更早，如100万~70万年前）。地质学上的更新世，亦可理解为考古学上的旧石器时代，那是包括人类在内的哺乳动物最为繁盛的时期，其中"大熊猫—剑齿象动物群"是描述这一时期内的动物群落之一。剑齿象与大熊猫、剑齿虎、巨貘、巨犀等兽类一起繁衍生息。剑齿虎长而锋利的上犬齿正是善于捕杀皮糙肉厚的象、貘、犀一类巨兽的明证。

另一支考古队在河南安阳殷墟也有丰硕的成果。法国考古学家、人类学家德日进先生（Pierre Teilhard de Chardin，1881—1955）和中国考古学家、古生物学家杨锺健先生（1897—1979）则发掘出大量虎、豹、熊等食肉动物的骨骼，或成化石、半化石状态。彼时，乃距今3400~3100年前的商代。

《山海经》中记载有全国产虎的地方八、九处，这可能是最早的老虎地理分布的记载。著名历史地理学家文焕然先生（1919—1986）和何业恒先生（1918—2004），更是专攻中国动植物历史变迁研究、创立生物历史地理学分支学科的著名学者，他们博览各种古籍文献，发现在我国浩如烟海的地方志书中，竟多达7000种，或多或少地记载过老虎的分布。不幸的是，目前老虎在我国存在的地方只有文首提到的零星几处。

虎之美

虎之美，不仅体现于它们美丽的外表、雄壮的体魄或敏捷的速度，乃至伏击猎物时所表现的高超的智慧；更有一点，我们每一个国人不可抹煞的，正是虎在人们心中广泛而深刻的文化烙印。

何时出现了甲骨文，何时就有了虎的象形文字。古代"虎"字来源于虎的形态，这个字的发音就模拟了虎吼的震撼之声。黄帝轩辕氏的六种图腾部落中就有虎图腾部落。三千多年前的《周书》便有西周开国君主、周武王姬发（？—约前1043）猎虎的故事，他甚至提出虎是猫科动物，这是多么前卫的动物分类学观点。"虎符"是春秋战国时代，国家重大军事命令的凭证，它是由黄金或铜做成的虎的雕塑。而雍正皇帝（1678—1735）杀死了年羹尧（1679—1726），据说正是由于他梦中突现一头斑斓猛虎窜入年大人府上，暗示皇帝老儿养虎为患，并最终将其诛之……

关于虎，我们能够说出很多："左青龙，右白虎"；狐假虎威、虎视眈眈、如虎添翼、为虎作伥；苛政猛于虎；"不入虎穴，焉得虎子"；"虎生三子，必有一彪"；武松打虎；恶虎庄、白虎堂、唐伯虎、布老虎、纸老虎、小虎队、周老虎、正龙拍虎、老虎伍兹……虎在政治、宗教、民俗、经济、军事、科技、文学、艺术，乃至所有的文化载体中都出现过。

当然，老虎在艺术中的表现形式，也不乏错误或误解，譬如古今画家酷爱绘画"百虎图"或"群虎图"，但自然界的虎不是群居动物，它们都是独来独往，占山为王。但也有特例，在食物极其丰盛的印度的某些国家公园内，可能会出现几头虎在一起活动的场面。

虎，生于文化，葬于文化也。老虎分布于中国，命运便离不开国人的掌控。我们既把虎尊为神，又把它恶狠狠地践踏在脚下。虎在自然界身为"百兽之王"，却难逃人类的魔掌。虎皮、虎肉、虎骨、虎鞭，乃至虎尿，虎身体的所有部分都被深信传统医药的人们利用上了。从孙悟空身上的虎皮裙，到土匪头目或山大王座椅之上的虎皮垫，乃至今日有钱人头戴的虎皮帽，虎的美丽花纹惹来了杀身之祸。

虎之今

此外，人类几个世纪来的农垦和工业革命，也在不断和老虎争抢领地。老虎栖息地的丧失速度也很惊人。如今，虎的9个地理亚种，即东北虎（*Panthera tigris altaica*，亦称西伯利亚虎）、华南虎（*P. t. amoyensis*，亦称中国虎）、孟加拉虎（*P. t. tigris*，亦称印度虎）、印支虎（*P. t. corbetti*，亦称东南亚虎）、马来虎（*P. t. jacksoni*，亦称马来亚虎）、苏门答腊虎（*P. t. sumatrae*，亦称苏门虎）、巴厘虎（*P. t. balica*）、爪哇虎（*P. t. sondaica*）和里海虎（*P. t. virgata*，亦称新疆虎）之中，后3个亚种已经灭绝。

东北虎是我国人民
最熟知的虎亚种
之一
（王传齐　摄）

　　曾几何时，里海虎因蔓延到新疆塔里木盆地等地方，而又
被称为新疆虎；东北虎占据着东北的一大片沃土和雪原；华南
虎被认为是所有虎亚种的"老祖宗"，广布我国中、西、南部
地区；孟加拉虎是虎的指名亚种，因其模式标本产地在孟加拉
（1758 年命名之时尚属印度）而得名，它向北部延伸进入我国
西藏东南和云南西北地区；印支虎的主要分布范围在印支地区
北部，但云南一直是其分布的北缘，甚至在历史上，这个亚种
可能曾扩张到贵州、广西、甚至广东，而与华南虎的"势力范
围"相冲突，形成杂交或过渡类型，继而可能出现过印支虎与
华南虎之间难以明确区分的状况。我大约记得，北京大学生命
科学学院研究员罗述金老师及其团队早年的分子生物学研究也
提示过，我国很多动物园饲养的所谓华南虎，其实更可能是印
支虎，或者至少混杂了印支虎的基因。

　　虎家族的繁盛，映射了中国在这段历史时期的自然环境或
生态系统是相当完善和健康的；反之，现在虎的消失，说明我
国的生态系统处于亚健康，甚至不健康状态。道理很简单，虎
是食物链、食物网的顶端，是营养金字塔的塔尖。虎的存在是
以无数猎物、猎物的猎物，以及猎物的植物性食物为基石的。

没有足够的食物和空间，就不会有老虎之存在。自然界的反作用力同样不容小觑，虎的消亡所暗示的生态环境的不健康状态，必将波及到我们人类自身。自然—动物—人，三者之间的和谐相处，共同健康，才能有利于人类的基本生存和持续发展。

目前，野生华南虎的灭绝基本已成定论，至少功能性灭绝是完全确定的事实（至于今后是否能成功地将它们重新引入原栖息地则另当别论）。对于孟加拉虎在国内的现状，我们几乎一无所知。而东北虎和印支虎在国内的许多个体，基本可以认定是游走于我国边境地区的拥有"双重国籍的公民"；如今我国境内的老虎都应该归功于邻国的扩散种群。

绝处逢生是一件大好事，可以想见，我国这些年来的自然保护工作是有一定成效的，老虎在珲春和西双版纳的再次出现说明了这一点。发生在2009年2月的偷猎印支虎事件的确让人痛心疾首，犹如向正在愈合的伤口之上撒了一大把盐。这一伤疤若要痊愈，今后政府管理部门、动物研究者、民间保护力量、当地社区群众，以及社会公众所要付出的努力将会更加巨大。希望在每一个虎年，我们的子子孙孙永远都能听到密林虎啸！

虎就是大猫

在动物分类学上，虎，隶属于食肉目、猫科。那么，说它们是猫，也不为过，只不过虎是大猫（Big cat）而已。除了虎之外，我们看到的那些体型庞大的猫科动物——猎豹、巽他云豹、云豹、狮、美洲豹、豹、雪豹、美洲狮等，也都可唤之为大猫。它们的头体长（不包括尾巴）一般都在1米以上；不过

2种云豹体型较小，一般在 75～110 厘米范围内，所以它们有时不被视为大猫。而狭义的大猫，仅指豹亚科（Pantherinae）豹属（*Panthera*）种类，即虎、狮、豹、美洲豹、雪豹，才是正统的大猫。我国的"大猫"则有 2 属 4 种：云豹、虎、豹、雪豹。

猫科之下还有一个亚科，即猫亚科（Felinae）。当然，它们就是相对较小，或体型中等的猫了，或可相应叫作小猫（Small cat），计 13 属 37 种，中国有 6 属 9 种。猫亚科动物都具有已骨化的舌骨，并且可以通过振动这些骨头发出咕噜咕噜或喵喵的叫声，所以它们亦称鸣猫（Purring cat）。豹亚科动物的舌骨并未完全骨化，所以它们的叫声粗鲁，像是在咆哮或怒吼，故而称为吼猫（Roaring cat）。猫亚科动物的头骨比豹亚科的更圆，且吻突更短。颧骨一般和泪骨相连。眶后突发达，通常相连接形成眶后环。

豹亚科或豹属的拉丁语 *Panthera* 的词源并不十分清楚，但根据希腊语，是有巨大的猛兽的意思。还有人认为这一词汇来源于梵语，有黄色、有斑纹的动物之意。豹亚科的成员也就恰如其名：它们是猫科动物中最大的，而且有唯一吃人记录的食肉类——虎。它们都是伏击性的捕食者，并且是世界上最濒危的食肉动物。它们的形态相似，并且有些学者认为应将该亚科的所有成员归入豹属（*Panthera*）。

它们在毛色方面没有统一的规则；但是它们头骨的形态特征有很多相似之处。尽管猫亚科有高度发达的眶后突，常形成完整的眶后环，但是豹亚科的眶后突相对较弱。除雪豹外，听泡的外鼓骨部分非常退化，雪豹的也只是适度发育。大猫的头骨较大（所有的都大于 150 毫米），鼻吻部比猫亚科的相对更长。眶内宽度大约等于或大于眶后宽度（猫亚科的眶后宽度相当大）。颧骨不接近泪骨。所有豹亚科都有一个非常明显的、沿额骨中缝、接近额骨和鼻骨的骨缝的环凹结构。

这里特别值得一提的是，美国国家健康研究院（NIH）癌症（肿瘤）研究所（NCI）基因组多样性实验室在斯蒂芬·欧布利恩（Stephen J. O'Brien）教授的领导下，长期从事食肉类动物的系统发育和进化研究。这些工作还包括欧布利恩的学生、现为北京大学生命科学学院研究员的罗述金老师等人于2004年发表的虎的一个新亚种——马来虎。近年来，他们对猫科动物的系统发育关系有了更深入的研究，以前猫科动物最多曾认为有14属41种；但通过利用分子生物学的方法，他们得出的成果使我们进一步明晰了种间的演化关系。因此，猫科动物的一些属、种和亚种的分类地位作了些许调整。

猫科动物的共性

很多读者曾跟我说，看到这些动物分类知识都觉得太专业、太枯燥。其实，分类学就是让我们更能了解动物种类之间的亲缘或演化关系。一些物种可以被归结到一起，说明它们存在一定共性。

猫科动物就有许多有趣的共同特征。本科种类全部为陆生，它们是绝对的肉食性。一些种类可以战胜几倍于它们自身重量的猎物，并且经常捕杀自身同等重量级的猎物。猫科动物不能充分地把食物碾碎；它们的牙齿几乎全部是锋利的剪刀状，没有像我们的"槽牙"那样、用来碾碎食物的扁平结构。

猫科动物中两个显著特征是：舌头上的乳状突起（或称为

倒刺）和上下颌分别仅有的一枚臼齿（M2/2 阙如）。它们的面部很短，有指向前方的眼睛，具有呈高度的半球形或者拱形的头。它们没有多样化的身体结构，但其他科的食肉动物却很丰富。许多猫科动物具有完全伸缩自如的爪子和各趾间的皮瓣或皮鞘。大部分猫科动物尾巴具黑色毛尖。前足的第一指高于其他各指，后足第一趾缺失。

猫科动物的双目并用的视觉、独特的齿系，以及其他衍变是其成功地、广泛适应各种环境（从高山荒漠到热带雨林）的结果。所有猫类都有一定攀树的能力，绝大多数的猫类都是善于追击和潜伏的猎手。多数猫类有很好的色觉，虽然它们在夜间捕猎，但捕食时主要依靠视力。

猫科动物的头骨很容易根据其圆形的外观、向前指向的眼眶和短吻，而与其他食肉动物区分。它们的头骨没有翼蝶骨管，后腭孔位于上颌和上腭的骨缝处。犬齿大而尖锐，裂齿对（由上颌最后一枚前臼齿 P4 和下颌唯一的白齿 m1 组成）特别发达。前臼齿 P1/1 阙如。第一上臼齿 M1 小而退化。第一下齿 m1 是由下前尖和下原尖组成的切割面，下后尖阙如。P4 高度衍变，有发达的前附尖，以及上前尖和后附尖，形成连续的切割面。上原尖相对较小。齿式：3.1.3.1/3.1.2.1 = 30（代表上下颌一侧的牙齿数量，依次指门齿、犬齿、前白齿和白齿）。

过去的半个世纪，对猫科动物的分类有很多变化，包括将所有种类归入猫属（Felis），对于分化处于高水平的分类阶元则归为单型属。已故食肉类专家克里斯·沃岑卡福特博士（W. Christopher Wozencraft, 1953—2007）于 2005 年，对包括猫科动物在内的食肉目动物，依据传统的形态分类和现代的分子分类观点，全面修订了世界猫科动物的分类。彼时，认为全世界有 14 属 40 种猫科动物，中国有 12 种。我们在《世界哺乳动物名录》（张劲硕、刘东、王斌、何锴，中国林业出版社，2023 印刷中）中总结的最新分类则认为，世界上所有猫科动物共计 15 属 44 种，中国则有 8 属 13 种。

岌岌可危的命运

猫科动物，与世界上大多数珍稀濒危动物一样，它们生存主要受到了人类活动的严重影响和威胁。最主要的是栖息地的严重丧失。栖息地就是动物们赖以生存的家园，没有了家就无法继续繁衍生息。

众所周知，"一山不容二虎"，老虎独来独往，它们的活动范围很大，可高达方圆 100 多公里。如果没有足够大面积的森林，老虎就无法正常繁衍。而栖息地的破坏主要来源于人类砍伐森林，变森林为耕地，过度放牧，家畜侵占栖息地等。另外，施用农药进行所谓害虫害鼠的防治也间接影响到猫科动物的生存，许多猫科动物以捕食啮齿类为生，它们捕食或误食被毒害的鼠类，导致二次中毒直接死亡，或者因有毒物质蓄积体内，致使猫科动物体质下降，影响生殖，从而导致慢性死亡。

大家都明白，猫科动物是典型的食肉类动物，它们在食物链或食物网中处于金字塔的最高级，是终级消费者。猫科动物的日子好不好过，也直接取决于猎物的数量、质量。试想，一头老虎或一只豹子如果连野猪、鹿、野羊这些食物都找不到，它们又如何生存下去呢？

除栖息地退化、丧失外，目前，猫科动物另一较大的威胁是非法贸易。猫科动物是世界上最美丽的动物类群之一，优雅的姿态、强悍的体格、特立独行的个性，使从古至今的人们对它们满怀敬畏，也使它们骄傲地出现在全世界流传的各种神话传说中。从原始社会开始，人们就认为获得它们哪怕是一寸毛皮，一点儿器官，也能给拥有者带来荣誉和神奇的力量，这种思想至今影响深远。

各大洲的传统医学里都有把猫科动物的器官视为药物的例子，最著名的无疑是东亚民族眼中的虎骨、虎鞭，无论是经典书籍还是民间传统，这些都被深信为灵丹妙药。猫科动物的毛皮更是兽类中最美丽的裘皮，其谐调的颜色和多变的花纹，确实带给人们以自然的美感。将虎皮或豹皮穿着在身上被认为是华贵、优雅的象征，或凸显帝王的威严，唯贵族和勇士才能佩之。今天，各大时装发布会上，豹纹时装或豹纹元素依然是永恒的经典和时尚，也在指示着人们对猫科动物毛皮的情有独钟和不懈追求。这给猫科动物带来惨烈的灾难，尤其是有豹纹类毛皮的猫科动物。

薮猫虽然谈不上很濒危，但是在东非并不容易见到，因花纹美丽而被偷猎

半个世纪以来，国际贸易途径更加畅捷，捕猎、偷猎手段空前提升，在东南亚、南亚和拉丁美洲的猫科动物以令人吃惊的速度消失着；它们被猎捕、出口，然后加工成时装，穿在发达国家的上流、时尚人群身上。

当世界自然保护力量意识到问题的严重性，即努力通过《濒危野生动植物种国际贸易公约》（CITES）等一系列的国际公约来约束这种贸易，这种行动看似收到了不错的成效，作为政府允许的有组织的捕猎和国际间的贸易得到严格控制。虽然所有的猫科动物都被列入 CITES 附录 I 或 II；我国的猫科动物也都是国家一级或二级重点保护野生动物（1989 年颁布的《野生动物保护法》附录《国家重点保护野生动物名录》中未列云猫和豹猫，2021 年修订最新《名录》将它们列入，并将荒漠猫、丛林猫、金猫提升为国家一级重点保护野生动物）。但是，贸易需求带来的杀戮远远没有停止。

南京红山森林动物园的豹猫，现为国家二级重点保护野生动物
（王传齐 摄）

与保护条例相对应地，近二三十年来，各种非法捕猎、贸易大规模兴起，同时一些对虎豹皮有传统需求的人群通过新近的发展获得了新的经济水平，使得他们有足够的财力来获得挚爱的虎豹皮，这种需求极大地刺激了猫科动物的非法贸易，而国际间监管、执法的难度让保护力量显得过于苍白。

例如，2003 年 10 月，在我国西藏，警方拦下一辆从阿里方向驶来的蓝色东风车，从车上查获了 50 个麻袋共装有 1393 张动物皮毛，其中国家一级重点保护野生动物孟加拉虎皮 31

张、金钱豹皮 581 张、猞猁皮 2 张，这意味着，相当于全球种群百分之一的野生虎和十分之一的豹在短时间内惨遭杀害！

当大型猫科动物的合法贸易被禁止时，一个新的问题又出现了。商人的目光和狩猎者的枪口瞄准了拥有同样色泽和美丽花纹的小型猫科动物，这些小型猫科动物同样也是濒危或者易危的，因为同样的美丽而成为替代的牺牲品。它们的皮张较小，需加工后多张拼接成皮毯再制成衣料，它们的贸易量非常巨大，在顶峰年代，各种小型猫科动物皮张的交易量以百万计。世界保护力量也已经认识到这个问题，对各种小型猫科动物的种群和贸易进行评估，禁止或限制其贸易。

在中国，类似的事情是：虎骨被禁止后，豹骨被大量作为替代品使用，几乎把豹推到绝境。当然，我们也不能忽视世界保护力量作出的努力，除了国家之间的国际公约，各种自然保护类 NGO（非政府组织）也积极推动着各项保护工作，这包括对猫科动物的野外研究、豢养下猫科动物的繁育、对猫科动物处境和威胁的评估、参与制定各种保护性政策法规、帮助栖息地社区的发展并树立保护意识，以及推动保护减少消费的宣传活动。

猫科动物的境地正每况愈下，种群岌岌可危，如果大家不想成为目送它们远去的一代人，就让我们一起来保护这些美丽的野生动物吧！

世界的兔和中国的兔

我国的汉字是非常有意思的、描述物种的符号。"兔"是典型的象形字，该字上方表示了头、颈，以及长耳；中部是身体；下方有两条长腿，还有一个小尾巴；此字描绘了一只蹲坐在地上的该种类的姿态。换句话说，我国传统博物是在"形"上开启了我国古人对自然万物的认知，并应用这样的文字符号为物种命名。全国不同区域的古人见到过长得都如此的"兔"，并勾连起彼此的联系，利用语言文字进行交流，从而形成了对该物种或类群的基本认识。

而建立东西方对该物种或类群的认知，则要借助于不同历史时期的中西方的交流，也就是要考察中西方交通史。无论是考古学家张星烺先生（1889—1951），还是地理学家竺可桢先生（1890—1974），乃至过去《大自然》杂志曾经刊登过的南京农业大学谢成侠教授之于家兔起源与中西方交通的文章；这些学者均从不同视角研究了驯化动物的历史变迁，值得关注。

在西汉的"丝绸之路"时期,甚至更早的先秦时期,西方的穴兔(*Oryctolagus cuniculus*),即主要生活在地中海一带的欧洲人,特别是西班牙人驯化的家兔,由西方传入我国(本书前文"狡兔三窟"部分有较为详细的介绍)。另外一个更重要的历史时期,是瑞典生物学家林奈(Carl von Linnaeus, 1707—1778)建立双名制命名法、生物分类体系之后,西方传教士、博物学家与国内的"西学东渐"倡导者、近代翻译家或科学家,通过"翻译"将学名、英文名或其他西文名称,以及中文名最终建立起彼此的联结,达到了"种"与"名"之间的准确对应,形成了我们今天对"兔"的分类学认识体系。

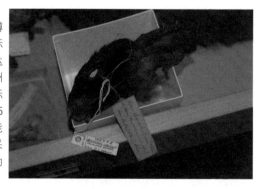

保存在大英自然博物馆的穴兔头部标本,标签注明由达尔文采集于南美洲的福克兰群岛,标本入库时间为1845年9月19日,我能亲手触摸达尔文采集的标本真是激动不已!

有了以上这样的语境基础,我们才可以更好地、清晰地认识和了解世界兔的分类,以及中国兔的种类及其在世界整个类群的地位和价值。

旷兔与穴兔

在穴兔传入中国之前,我们国内只有野兔,也就是西方的Hare,对应的主要类群是兔属(*Lepus*)。我国历史上原本是没有"家兔"的，而从分类上看，对应的类群涉及不同的属。前者"旷兔"，不会打洞，直接在灌丛、草丛隐蔽处休息或睡觉，甚至过去在坟堆旁也可以见到它们的身影；繁殖的时候，它们也是躲避在这些隐蔽处，简单找一个凹陷之处（小土坑），咬掉一些腹毛铺在草上，就可以产仔了，而且小兔崽出生的时候就有毛，眼睛是睁开的，很快可以自由活动了，我们称之为"早成性"或"早熟型"；因为它们生活在旷野，为区别于"穴兔"，也有人建议将 Hare 翻译为"旷兔"。我们知道，毕竟很多 Rabbit 种类也是"野兔"，并不能把 Rabbit 这个英文单词简单地对应为"家兔"。

后者"穴兔"，则善于打洞，隐蔽在自己挖掘的洞穴之中；繁殖的时候，它们将幼崽产于洞中，除了可能铺就干草之外，也会咬掉一些腹毛，铺在草上，还有一个好处是，腹部裸露，便于幼崽找到或叼住乳头；此外，刚出生的兔崽无毛，皮肤红嫩，眼睛紧闭，几乎无听觉，1~2 周之后才会睁眼，需要经过40 天左右的哺乳期，4~5 月达到性成熟。我们称之为"晚成性"或"晚熟型"。因此，Rabbit 翻译为"穴兔"更好，不仅仅指代家兔。

我国曾经有个成语"狡兔三窟"，出自《战国策》。有些日本学者推测，我国的家兔早在先秦时期便传入中国，因此当时古人说的"狡兔"应该就是穴兔。即使不是穴兔，分布于我国范围广泛、最常见的野兔——草兔（*Lepus tolai*，分类上已有变化，但中文名建议仍然叫"草兔"，曾一度被称作托氏兔、蒙古兔；而 *capensis*，可称为南非兔、非洲兔、非洲草兔），也有可能会使用其他动物的弃洞或自然形成的地洞，以供临时藏身，甚至繁殖之需。

以上，主要是根据行为学、生态学将世界上的兔子作出的简单分类。那么，哺乳动物分类学上是如何分清楚"兔子"的呢？

兔形目与啮齿目

正如前文提及的林奈，他在 1758 年《自然系统》第十版第一卷中就将哺乳动物划分为 8 个目，将各种兔，归入啮齿目（Glires），但当时这样的一个目较为混杂，除了我们今天熟悉的各种老鼠之外，甚至还包括犀牛。后来，19 世纪，有不同西方学者将啮齿目做了细分，如分出不同的亚目。直到 1912 年，美国史密森研究院（Smithsonian Institution）国家自然博物馆（NMNH）古脊椎动物部副主任、著名古哺乳动物学家詹姆斯·威廉姆斯·吉德利（James Williams Gidley, 1866—1931）提出将兔子单独列为一个目，即兔形目（Lagomorpha），而啮齿目则为 Rodentia；现在 Glires 一般称为啮齿总目或啮齿类、啮类。

现代分子生物学或基因组学研究，也支持兔形目是整个啮齿类的一个更早的分支；而传统的形态学分类，更支持兔形目与啮齿目应该一分为二。试举几处差异——

兔形目的上颌门齿前后两排，共 4 枚，属于"双门齿"，且为单层釉质，而啮齿目的上颌门齿仅一排，只有 2 枚，属于"单门齿"，且为双层釉质；

兔形目的齿隙缺牙少，而啮齿目的齿隙缺牙多；

兔形目的颊齿（前白齿和白齿）为棱柱状的脊形齿，为典型的草食性动物齿冠，而啮齿目的颊齿为尖丘形齿，利于挤压研磨食物，是典型的杂食性动物齿冠；

兔形目的门齿孔与后边的腭孔常合并为一个大孔，而啮齿目只有门齿孔，无腭孔；

兔形目的咬肌弱，而啮齿目的咬肌强；

兔形目的胫骨与腓骨愈合成为一块骨骼，而啮齿目的胫骨与腓骨未愈合；

兔形目的前肢不能摄取食物，有撞击功能，可以自卫或进攻，而啮齿目的前肢能摄取食物，无撞击功能……

此外，在组织血液学、细胞生物学、基因或遗传学等很多微观层面差异则更多，这里不一一枚举。

非典型性兔子——鼠兔

根据最新、最为权威的《世界哺乳动物手册》（*Handbook of the Mammals of the World*，以下简称"HMW"）第六卷 兔形类和啮齿类 I（2016 年出版），兔形目分为 2 科，即鼠兔科（Ochotonidae）和兔科（Leporidae），前者包含 1 属 29 种，后者包含 11 属 63 种。近些年，包括我国学者在内的一批分类学家，发现了不少兔形目新种。

我和其他三位年轻学者即刘东先生、王斌先生以及何锴教授正在编纂《世界哺乳动物名录》，即将由中国林业出版社出版。我们总结的最新种类为鼠兔科 1 属 36 种，兔科 11 属 65 种；全部兔形目种类达到了 101 种。

我们首先介绍一下鼠兔。

鼠兔科，英文为 Pika，因体型小如鼠而得名。通常，它们的体型不如成人手掌大小，耳圆，无尾，和经典的兔子"两只耳朵竖起来""又大又长"的特征背道而驰。它们的四肢也比较短小，后肢略长，前肢5指，后肢4趾。全部为昼行性。主要分布于亚洲的西部、中部、北部，以及北美洲的北部和西部；主要生活在高原、山地林带、荒漠或半荒漠、戈壁，以及沙漠或边缘地带，是典型的北方哺乳动物类群。

过去，国内一直搞鼠害防治，特别是"草原灭鼠"，而实际消灭的对象很多是鼠兔，而不是真正的老鼠，特别是著名的高原鼠兔（*Ochotona curzoniae*，亦称黑唇鼠兔）。20世纪80—90年代，著名动物学家、保护生物学家乔治·夏勒博士（George Beals Schaller, 1933— ）在青藏高原研究藏羚、雪豹，也特别关注鼠兔在生态系统中的位置，他发现高原鼠兔是青藏高原生态系统的基石（Keystone），不仅对无机环境有极大的好处（疏松土壤），还可以为植物传播种子或授粉，而且更重要的是，鼠兔是众多高原食肉动物的食物，甚至包括体型巨大的马熊，即棕熊的西藏亚种，它们更是藏狐、赤狐、荒漠猫、兔狲，以及各种高原猛禽的主要动物蛋白质来源。国内生态学家将Keystone翻译为"关键种"，可见，我们已经在学术上达成共识，承认了鼠兔之于生态方面的不可替代的作用。

夏勒博士在国内还于2012年出版了《好鼠兔：夏勒博士听鼠兔泽仁讲故事》一书，以科普鼠兔的生物学知识，并希望人们进一步了解真实的鼠兔，特别是它们在生态系统中发挥的关键性作用，继而从"消灭"它们，转到"保护"它们。

2002年，我刚到中国科学院动物研究所工作的时候，著名动物学家汪松先生、解焱老师就嘱我协助安德鲁·史密斯教授（Andrew T. Smith）在兽类标本馆检视鼠兔标本，并为《中国兽类野外手册》的编纂作准备。史密斯教授是美国亚利桑那州立大学（Arizona State University）生命科学学院教授、IUCN 物种生存委员会兔形目（SSC/LSG）专家组组长，是世界上最负盛名的鼠兔研究专家；也是那个时候，我有幸第一次在标本馆看到了众多的鼠兔种类的标本。

史密斯教授的很多工作需要在中国进行，因为他告诉我，世界上绝大多数的鼠兔种类都分布在中国。他每次小心翼翼地拿起一号鼠兔标本，让我自己观察它们的鉴定特征，并反复强调这些鼠兔的可爱，给我留下了深刻印象。

鼠兔的种类丰富多样。我们姑且按外观颜色，来看看它们的区别和种类。以棕色、褐色、黄褐色、深褐色为主的鼠兔，主要包括达乌尔鼠兔（*Ochotona dauurica*，亦称达呼尔鼠兔、达呼里鼠兔）、藏鼠兔（*Ochotona thibetana*，亦称华西鼠兔、西藏鼠兔、蒿兔子）、秦岭鼠兔（*Ochotona syrinx*，亦称太白鼠兔）、甘肃鼠兔（*Ochotona cansus*，亦称间颅鼠兔）、尼泊尔鼠兔（*Ochotona nubrica*，亦称努布拉鼠兔、努布拉克鼠兔）、高原鼠兔、托氏鼠兔（*Ochotona thomasi*，亦称汤氏鼠兔、狭颅鼠兔、青海鼠兔）、阿尔泰鼠兔（*Ochotona alpina*，亦称高山鼠兔、阿尔泰啼兔）、西伯利亚鼠兔（*Ochotona turuchanensis*，亦称图鲁查鼠兔）、极北鼠兔（*Ochotona hyperborea*，亦称东北鼠兔、远东鼠兔）、东北鼠兔（*Ochotona mantchurica*，亦称满洲里鼠兔）、霍氏鼠兔（*Ochotona hoffmanni*）、高丽鼠兔（*Ochotona coreana*，亦称朝鲜鼠兔、长白山鼠兔）、帕氏鼠兔（*Ochotona pallasii*，亦称中亚鼠兔、蒙古鼠兔、巴拉斯鼠兔、褐斑鼠兔）。

以上种类，除西伯利亚鼠兔、霍氏鼠兔以外，其他种类均分布于我国。有些种类是近些年，由亚种提升的种，也暗示着它们彼此的亲缘关系很近。

以红棕色、灰色、灰褐色为主要色调的鼠兔，主要包括哈萨克鼠兔（*Ochotona opaca*）、贺兰山鼠兔（*Ochotona argentata*，亦称宁夏鼠兔、银鼠兔）、北美鼠兔（*Ochotona princeps*，亦称魁鼠兔）、斑颈鼠兔（*Ochotona collaris*，亦称阿拉斯加鼠兔）、草原鼠兔（*Ochotona pusilla*，亦称小鼠兔）、大耳鼠兔（*Ochotona macrotis*）、罗氏鼠兔（*Ochotona roylii*，亦称若氏鼠兔、灰鼠兔；本种并不呈灰色，更偏红棕色）、阿富汗鼠兔（*Ochotona rufescens*）、灰颈鼠兔（*Ochotona forresti*，亦称福里斯鼠兔、福氏鼠兔、云南鼠兔、高黎贡鼠兔）、拉达克鼠兔（*Ochotona ladacensis*）、红鼠兔（*Ochotona rutila*，亦称赤鼠兔、中亚红鼠兔、突厥红鼠兔）、柯氏鼠兔（*Ochotona koslowi*，亦称藏北鼠兔）、红耳鼠兔（*Ochotona erythrotis*，亦称中国红鼠兔、中华红鼠兔）、川西鼠兔（*Ochotona gloveri*，亦称四川鼠兔）、伊犁鼠兔（*Ochotona iliensis*）。

以上种类，北美鼠兔、斑颈鼠兔分布于北美洲；此外，除草原鼠兔、罗氏鼠兔、阿富汗鼠兔、红鼠兔之外，其余种类均分布于我国。

特别值得关注的是，2007年以来，四川省林业科学研究院副院长刘少英研究员等人发现、命名、厘定了十余个鼠兔分类单元（种和亚种），提升了五分之一的鼠兔科物种数量。这些研究进一步证明，我国，特别是青藏高原，是鼠兔科的主要起源中心、演化中心。

2016年，刘少英等人在我国《兽类学报》在线正式发表和命名的新种有5个（2017年第一期刊载纸质版）：黄龙鼠兔（*Ochotona huanglongensis*）、扁颅鼠兔（*Ochotona flatcalvariam*）、大巴山鼠兔（*Ochotona dabashanensis*）、雅鲁藏布鼠兔（*Ochotona yarlungensis*)、邛崃鼠兔（*Ochotona qionglaiensis*）。

此外，2021—2022 年，刘少英研究团队通过基因组水平的系统发育研究，确定了中华鼠兔（*Ochotona chinensis*，亦称中国鼠兔）、喜马拉雅鼠兔（*Ochotona himalayana*）、锡金鼠兔（*Ochotona sikimaria*）、峨眉鼠兔（*Ochotona sacraria*，亦称圣鼠兔）的种的地位；确定了循化鼠兔（*Ochotona xunhuaensis*）是秦岭鼠兔的同物异名；又明确了 2016 年发表的新种大巴山鼠兔、雅鲁藏布鼠兔在基因组水平上是不成立的。

也就是说，在 HMW 出版之后，刘少英研究员及其团队确定了 7 个鼠兔新种。综上所述，目前全世界共有 36 种鼠兔，只有 2 种分布于北美洲，其他种类都主要生活在亚洲，特别是我国。而我国的鼠兔则有 28 种，特有种就有 14 种之多，它们是：邛崃鼠兔、秦岭鼠兔、甘肃鼠兔、托氏鼠兔、贺兰山鼠兔、峨眉鼠兔、扁颅鼠兔、柯氏鼠兔、红耳鼠兔、川西鼠兔、伊犁鼠兔、黄龙鼠兔、中华鼠兔、喜马拉雅鼠兔。我国鼠兔科种类占全世界种类的 77.8%，本土特有率高达 50.0%，世界特有率则高达 38.9%。

从保护现状来看，绝大多数鼠兔处于无危级（LC）（本文提及的保护级别均为 IUCN《受胁物种红色名录》评估之级别）；但也有濒危物种，譬如，贺兰山鼠兔属于濒危级（EN），曾一度被评估为极危级（CR）；此外，濒危级的还有霍氏鼠兔、柯氏鼠兔、伊犁鼠兔；高丽鼠兔则被评估为数据缺乏（DD）。

真正的兔子——兔科

兔子，几乎是不会被人认错的动物类群，它们的外部形态具有典型性，长耳，圆眼，较长的四肢，且后肢明显长于前肢，尾短……大多数为夜行性。它们广布于除南极洲之外的所有大陆，包括后来兔子被人为引进澳洲，甚至包括一些偏远的岛屿上都有本地或者外来引入的各种兔子。从寒带到热带，从海平面到高海拔，它们占据了草原、森林、苔原、荒漠、沙漠、城市等各种生境，近乎无所不在！

大英自然博物馆收藏的各种兔类标本

但是，虽然兔子这样的大类对于所有人识别出来都极为容易，但是要鉴别具体的、不同种的话，还是有一定难度的，甚至历史上很多博物学家、分类学家闹出过不少笑话，一种兔子的同物异名，甚至次异名有十几个，甚至几十个。

由于篇幅所限，我们难以将 65 种兔子一一介绍，在此按照不同的属简单向读者们展示一下兔科的分类全貌。

琉球兔属（*Pentalagus*），仅 1 种，即琉球兔［*Pentalagus furnessi*，亦称奄美兔、奄美大兔、奄美短耳兔、奄美黑野兔、雕（zhuī）兔］。它们的皮毛呈黑色或深褐色，耳朵很短；可以发出叫声，似鼠兔；只分布在日本南部的琉球群岛之中的奄美大岛、德之岛。种群数量可能不超过 5000 只，为濒危级（EN）。

岩兔属（*Pronolagus*），有 4 种，如兰德岩兔（*Pronolagus randensis*，亦称高地红兔、红岩兔）。这 4 种岩兔的身体都呈灰褐色，下体尤其是四肢、尾部呈红棕色；主要分布在非洲的南部、东部。均为无危级（LC）。

火山兔属（*Romerolagus*），仅 1 种，即火山兔（*Romerolagus diazi*）。它们是兔科动物中体型倒数第二大的种类，身体灰黑色，耳朵较短；可以打洞，在洞穴内产仔，但是新生的幼崽身上被稀疏的毛发，眼睛 4~8 天之后才睁开，但仍然要在洞穴中待上两周；分布在墨西哥南部的火山一带。濒危级（EN）。

山兔属（*Bunolagus*），仅 1 种，即南非山兔（*Bunolagus monticularis*，亦称灌丛穴兔）。它们的体型较大，身体灰褐色，枕部、下体特别是四肢呈红褐色，从前耳缘至下颌有明显的一圈白毛；会打洞，幼崽无毛，不睁眼；为南非特有种。野外繁殖对不足 250 对，极危级（CR）。

倭兔属（*Brachylagus*），仅 1 种，即倭兔（*Brachylagus idahoensis*，亦称侏兔、倭林兔）。这是世界上最小的兔科动物，头体长为 23~31 厘米，体重为 246~458 克；体色为浅灰褐色，四肢棕色；繁殖洞仅有 1 个入口，在美国爱达荷州，每年可产

3胎，每胎4~8仔；为美国西部特有种。无危级（LC）。

纹兔属（*Nesolagus*），只有2种，即苏门纹兔（*Nesolagus netscheri*，亦称苏门答腊兔、苏门兔、短耳兔）、越南纹兔（*Nesolagus timminsi*），前者1891年被命名，后者2000年才被发现。它们身体都有黑色条纹，位于额部、背部、体侧、腿部等位置，苏门纹兔的脸颊黑纹比越南纹兔的更显著、更宽。对二者的生态学研究很少，前者为易危级（VU），后者为数据缺乏（DD）。

棉尾兔属（*Sylvilagus*），有19种，在HMW中记述了18种，2017年科学家在苏里南发现了一个新种，即苏里南棉尾兔（*Sylvilagus parentum*，亦称苏里南低地林兔）。谭邦杰先生（1915—2003）将本类群称为"林兔属"，该属的英文名大多为Cottontail，直译为"棉尾兔"更合适，便于中英文互译。顾名思义，这类兔子的尾巴较大而蓬松，如棉球一样；它们的颜色通常为红褐色、灰褐色、黑褐色；四肢较短，耳朵相对较短。它们均为穴居，很多种类英文也叫Rabbit，初生幼崽身体裸露，眼不睁开，无听觉。除了有5种分布于中美洲、南美洲以外，其余全部分布在北美洲。常见种类有粗尾棉尾兔（*Sylvilagus bachmani*，亦称林兔、棉尾兔）、荒漠棉尾兔（*Sylvilagus audubonii*，亦称奥氏棉尾兔、奥杜邦棉尾兔、荒漠林兔）、东部棉尾兔（*Sylvilagus floridanus*，亦称佛罗里达棉尾兔、东棉尾兔、美东棉尾兔、东林兔；《疯狂动物城》中的兔警官朱迪的原型即为该种）；而濒危种类则有圣何塞棉尾兔（*Sylvilagus mansuetus*，亦称驯棉尾兔、圣何塞林兔）为极危级（CR），林棉尾兔（*Sylvilagus brasiliensis*，亦称巴西棉尾兔、南美林兔、森林兔）、格氏棉尾兔（*Sylvilagus graysoni*，亦称格雷森棉尾兔、岛林兔）、曼萨诺棉尾兔（*Sylvilagus cognatus*，亦称曼萨诺林兔；分布于美国南部的新墨西哥州曼萨诺山）为濒危级（EN）。

粗毛兔属（*Caprolagus*），仅1种，即粗毛兔（*Caprolagus hispidus*，亦称阿萨密兔、阿萨姆兔、针毛兔、鬃兔）。毛发粗糙而较长，耳较短，身体呈灰褐色、黑褐色；仅有4个乳头，曾经豢养条件下的母兽仅产1仔，说明该种可能不善于繁殖；主要分布在喜马拉雅山脉南坡，因在我国藏南地区有分布，故2021年修订《国家重点保护野生动物名录》时将其列为国家二级重点保护野生动物。

中非兔属（*Poelagus*），仅1种，即中非兔（*Poelagus marjorita*，亦称薮岩兔、乌干达草兔、薮兔、草岩兔、丛兔）。体型中等，身体呈灰褐色，胸部、枕部呈红褐色；穴居，初生幼崽毛稀疏，闭眼；分布于中非、南苏丹、乌干达、刚果东北部等地。无危级（LC）。

穴兔属（*Oryctolagus*），仅1种，即穴兔（*Oryctolagus cuniculus*，亦称欧洲穴兔、家兔、饲兔、野家兔、野化家兔）。全世界的家兔均由穴兔驯化而来，原生种体型中等，耳中等，尾较长，身体呈灰褐色，颈部呈红褐色；原分布范围在伊比利亚半岛、法国西南部、非洲北部或沿地中海区域，后逐渐引入欧洲其他地区，乃至全球。野生种群为近危级（NT）。

兔属（*Lepus*），HMW记录有32种，2022年1月墨西哥科学家报道了墨西哥的塔州杰克兔（*Lepus altamirae*，亦称塔州兔）命名118年之后的再发现，并主张应为独立种，故本文的兔属为33种。本属为兔科最大的一个类群，也是最典型的兔子，除粗毛兔外，我国的野兔均为兔属种类。它们的体型中等或大型，四肢修长，耳长或特长，耳尖端或多或少都有黑斑。它们的体色主要为红褐色、黄褐色、灰褐色、黑褐色；白靴兔（*Lepus americanus*，亦称美洲兔、北美雪兔）、白尾杰克兔（*Lepus townsendii*，亦称白尾兔、草原兔）、北极兔（*Lepus arcticus*，亦称北方兔）、阿拉斯加兔（*Lepus othus*）、雪兔（*Lepus timidus*，亦称白兔、山兔、沁达罕、变色兔、蓝兔）等5种均在冬季有白色的冬毛，且耳尖均为黑色。初生幼崽都是早成性，被毛，眼睁开；杰克兔的英文为Jackrabbit，是因为有些种类会使用地洞产仔，但它们本身并不挖洞，有的种类则和其他兔属种类一样，也是在灌丛或草丛内隐蔽产仔的。该类群广布于亚洲、欧洲、非洲、北美洲；我国则有10种，它们是海南兔（*Lepus hainanus*）、塔里木兔（*Lepus yarkandensis*，亦称新疆兔、南疆兔、莎车兔）、草兔（*Lepus tolai*，亦称蒙古兔、野兔、托氏兔、孙河兔、戈壁兔、草原兔、烟台兔、中原兔、长江兔、肉桂兔；为我国分布最广、最常见种类）、藏兔（*Lepus tibetanus*，亦称西藏兔）、云南兔（*Lepus comus*）、高原兔（*Lepus oiostolus*，亦称灰尾兔、长毛兔）、雪兔、东北兔（*Lepus mandshuricus*，亦称满洲里兔、山兔、林兔、东北黑兔）、高丽兔（*Lepus coreanus*，亦称朝鲜兔）、华南兔（*Lepus sinensis*，亦称东南兔、短耳兔、粗毛兔），其中海南兔、塔里木兔、华南兔为我国特有种，海南兔、塔里木兔、雪兔为国家二级重点保护野生动物。

生活在西藏的高原兔与藏马鸡在一起
（吴海峰　摄）

兔属种类整体上适应性较强，繁殖力强，很多分布范围广泛，所以大多数为无危级（LC）。而濒危级（EN）的仅有 2 种，即海南兔、黄喉杰克兔（*Lepus flavigularis*，亦称黄喉兔、瓦哈卡兔、热带兔）；易危级（VU）的有 4 种，即黑杰克兔（*Lepus insularis*，亦称墨西哥黑兔）、白侧杰克兔（*Lepus callotis*，亦称白侧兔）、西班牙兔（*Lepus castroviejoi*，亦称扫把兔）、意大利兔（*Lepus corsicanus*，亦称科西嘉兔、巴斯蒂亚兔）。

从以上的分类来看，我们若要在兔年来临之际，从 101 种"兔子"中选出一位"兔代表"的话，我想穴兔和草兔是最终走入决赛，将要互相 PK 的两种。要是从老百姓最熟知、最亲近的种类选出的话，我相信，穴兔，也就是家兔肯定胜出，可以真正代表十二生肖的"兔"。2023 年又是一个兔年，即癸卯年，希望世界上的兔形目物种得到人们更多的关注，希望那些濒危物种得到更为有效的保护！

马史亦人史

　　一部关于马的历史好似一部人类文明发展的历史，然而它远远胜过人类的历史，也更加有趣。

一

　　故事要追溯到大约 6000 万年前，最原始的长有蹄子的兽类（原蹄兽）与天上飞翔的蝙蝠分道扬镳，它们的后代演化为今天的马、犀、貘等奇蹄类，鲸、海豚、河马、牛、羊、鹿、猪、骆驼等鲸偶蹄类，以及捕食它们的虎、豹、豺、狼等食肉类。谁能想象在 5000 万年前，"马马虎虎"还曾是一家亲。之后，始祖马走上历史舞台，从此一发不可收，渐新马、草原古马、三趾马等，直至 180 万年前真马的出现。

　　就在此时，人类已经走出非洲，并开始直立着与马打交道。马作为可食之材进入人类的食谱，并延续至今，即使马肉到了今天已不再那么普遍，但同为马属的驴却在人类的舌尖上被发扬光大。10万~3.5万年前的法国和西班牙的洞穴壁画上可见大量野马的形象。到了1.8万~1.6万年前，人类步入新石器时代，并真正具备了可以驯化马的能力。在欧亚大陆西部的草原，或许在捕杀马或吃马肉的那一刻，这里的先人们产生怜悯之心，收留马驹孤儿，并开始喂养在他们自己身边。

6000年前，中亚人（即印欧人，今乌克兰、哈萨克斯坦一带）懂得了继续从野外获得野马（*Equus ferus*，亦称泰班马），并与之前捕捉来的"家马"杂交，并扩大他们所拥有的马族族群。而在三四千年前，这些人除了吃马肉、喝马奶外，还成了最早使用马的人，或使之耕种出力，或将其驾驭骑乘。印欧人甚至懂得利用马匹作为脚力和战争的帮手，去攻占南方那些非游牧民族。这简直是他们对人类社会贡献最大的一项发明了。

二

从地理角度看，那些自然资源较为丰富，国家或民族富庶的地方，将马更多地用于骑乘，拥有马者则体现其贵族地位和身份，以及富裕程度，彼时拥有马一匹相当于今日拥有劳斯莱斯一辆，在古巴伦和当时的山东、河南等地的考古发现就证明了这一点。中国的马姓正是早年崇马、尊马的部落的后代。马王堆汉墓中的五代楚国开国君王马殷（852—930），不仅姓马，还爱马，甚至陪葬了如何挑选好马的经典名著《相马经》，传说这是伯乐遴选千里马的指南手册。

秦汉以降，马就没有再退出过人类历史的舞台，而是伴随人类社会、国家和民族的发展而发展，甚至起到了改变人类历史的作用。秦皇汉武的工作生活中离不开马，兵马俑中的高头大马组成的阵势凸显的是国家力量；霍去病（前140—前117）、马超（176—222）、司马懿（179—251）都是马上封侯的骠骑将军。唐朝在牧马和养马方面达到了极致，在上层制度设计上已相当完善，除了建立专门机构管理全国的马匹，形成马政机构（太仆寺、尚乘局、驾部、太子仆寺），还建立了马的户籍管理制度，并在养马育马技术、马医学、相马术方面得到极大发展，甚至在制作与马有关的马蹄铁、马鞍等配套设备方面的技术也得到提升，并形成产业链。

家马对人的帮助甚大，至今人们还在和家马发生着各种联系
（张帆 摄）

与马有关的经济发展，还影响了文化的形成和上升——唐三彩、骏马石刻、曹霸绘马、马球运动和比赛，以及让马来跳舞，即舞马盛会，乃是唐玄宗（李隆基，685—762）歌舞升平、国家强盛的写照。《西游记》中弼马温天河牧马的桥段实际上反映的正是唐代养马业的发达程度，当时全国马匹保有量至少70万匹，已相当于平均每家每户拥有一辆汽车了。

三

与此同时，中世纪的欧洲逐渐形成了骑士制度，罗马天主教或统治者发动的十字军东征，把骑士阶层推向繁荣的历史时期，骑士们的骁勇善战和宗教的神圣信仰开始结合起来。骑士制度消亡之后的一个世纪，反骑士小说《堂·吉诃德》问世，并成为人类文学史中的不朽之作，从老堂骑马、桑丘骑驴的反差中我们也不难发现马所表征的深刻含义。

人类战争史几乎无一例外地都有马的参与和贡献，中国更不例外。若无马，铁木真（1162—1227）就不会是成吉思汗，也不可能建立蒙古帝国，忽必烈（1215—1294）也不会最终建立元朝；若无马，努尔哈赤（1559—1626）不可能在 25 岁就统一女真各部，平定关东，建立后金，他也就不会被尊为清太祖；若无马，康乾盛世也许要大打折扣，平定准噶尔、回部，统一新疆，这些都不可能靠人腿走出来。清朝鼎盛时期，疆域已达 1300 万平方公里，这是铁蹄的功劳。

从不胜枚举的、与马有关的文字——骁、骝、驷、骧、验、驯、骗、驳、骂、骜……或成语——马到成功、老马识途、走马观花、金戈铁马、一马平川……到各种文化印痕——陶瓷器皿、绘画雕刻、诗词歌赋、音乐舞蹈、典故传说，乃至天象、古代科技、相关的发明创造……马，是任何一种动物都无法比拟的、与人类关系最为密切且真正对人类产生深刻影响的动物！

四

然而，到了近现代，马的家族开始向两个极端发展。以家马为首的一支，继续传承历史上人类所赋予它们的职能和文化价值，向更深层和更高度的方向发展，譬如今天的养马畜牧业、马术运动、矮马宠物等；以普氏野马（*Equus przewalskii*）为代表的野生族群这一支，则开始衰落。

人类驯化了上万年的家马的祖先——欧洲野马或泰班马，于1876年在野外灭绝，1909年最后一头死在了乌克兰动物园内。叙利亚野驴（*Equus hemippus*）则在1930年彻底消失。目前，马科动物尚存的只有普氏野马（亦称蒙古野马）、非洲野驴（*Equus africanus*，亦称索马里野驴）、藏野驴（*Equus kiang*，亦称西藏野驴）、蒙古野驴（*Equus hemionus*，亦称亚洲野驴）、印度野驴（*Equus khur*）、山斑马（*Equus zebra*）、哈氏斑马（*Equus hartmannae*）、细纹斑马（*Equus grevyi*，亦称狭纹斑马、格氏斑马）和草原斑马（*Equus quagga*，亦称普通斑马、平原斑马），以及被美国人重新放归原野的野化家马（*Equus ferus caballus*）。

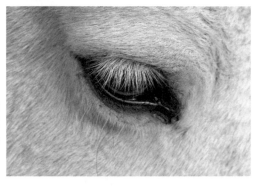

可能是自己属马的原因，对马从小有好感，尤其喜欢马之双眸
（张帆 摄）

就在欧洲野马野外灭绝之后的几年，俄国探险家普尔热瓦尔斯基在我国新疆准噶尔盆地发现了蒙古野马，1881年俄国学者将其命名为普氏野马，其模式标本保存在列宁格勒博物馆。之后，多国列强进入中国境内捕捉普氏野马，他们知道捕捉野

马太难了，只好埋伏在野马喝水或经常路过的地方，然后冲出来驱散和追赶小马驹，直到马驹再也跑不动为止（人也累得半死了）。1898—1903年，俄、德、英、法等国人先后潜入普氏野马栖息地至少5次，捕捉了60多匹马驹，存活下来的只有28匹，并被输送到欧洲，被多家动物园瓜分。

从20世纪初到"二战"之前，这些普氏野马生活在这些动物园内还算平安无事。近现代的几次大规模战争中，马充当的角色开始转变，科学技术的发展已使战争不再依赖于马这种动物。"二战"之后，只有捷克布拉格和德国慕尼黑动物园残存了20匹普氏野马，但实际上具有繁殖能力的只有3公7母，共10匹。

五

中华人民共和国成立之后，中国科学家才受到西方学者的影响，意识到普氏野马可能已经非常稀少了。在20世纪50年代，中国科学院、新疆大学等单位多次组织野外科考，但几乎没有再见到普氏野马，而很多目击者宣称的野马大都是蒙古野驴或藏野驴。最后一匹来自野外的普氏野马是1947年捕捉于蒙古国西部的一匹雌性。它的贡献卓著，有效地改善了那10匹具有繁殖力的普氏野马的血缘。

从20世纪50年代一直延续到20世纪80年代，还是那位燕京大学新闻系毕业，却对野生动物无比热爱，担任过北京动物园首任园长的谭邦杰先生在很多报刊上、国内外学术会议上以及一切可能的场合，呼吁在国内寻找普氏野马，或从国外重新引入它们。

到了 20 世纪 70 年代末，中国、蒙古国曾经拥有的普氏野马已被认定在野外彻底灭绝了。而与此同时，1978 年，全世界 70 多家动物园的那 11 匹普氏野马的后代已发展到 299 匹了，这为后续的回归祖国奠定了种群基础。

1986 年 8 月 14 日，当时的林业部与新疆维吾尔自治区人民政府组成了专门机构，负责"野马还乡"工作，并在准噶尔盆地南缘，即昌吉回族自治州吉木萨尔县建成了占地 600 公顷的新疆野马繁殖研究中心。在"海归派"麋鹿回国之后的第二年，18 匹普氏野马也先后从欧美国家回到了祖国的怀抱。

2001 年，人们再度"驯化"普氏野马，但不再奴役和用于战争，让其"变野"，将这一极度濒危的物种（现为 IUCN 濒危级 EN）重新放归到它们祖先曾经驰骋的家园。如今，普氏野马生活在我国新疆卡拉麦里自然保护区，尽管它们还要依赖人类对其进行草料补给，但人类从驯化马、食用马、利用马，到研究马、保护马，这难道不是一次人类文明历程的浓缩版吗？

猴年选"猴代表"
——不断壮大的猿猴家族

公元 2016 年是中国农历丙申年，即 21 世纪的第二个"猴年"。猴年已经来临，但关于"猴子"的故事我们还会继续说下去。

每到一个新年，生肖都是我们必说的话题。在十二生肖中，毫无疑问，猴与人的亲缘关系是最近的，它们的生物学特征、行为、心理也多与人近似；毫不夸张地说，人类所具有的全部生物学属性的行为，猴子或灵长类也都有。在我国，无论猴子的过去、现在和将来，还是与猴子有关的各类文化现象，——这几乎涉及了无所不包的领域，诸如文学、史学、哲学、美学、艺术、考古、地理、宗教、民族、民俗……猴的形象早已家喻户晓，童叟皆知。但是，生肖中的猴，究竟是哪一种猴？这就是个科学问题了。

可以肯定的是，猴，属于灵长目动物，这个类群有从 50 克的"侏儒"鼠狐猴到 250 千克的"巨猿"大猩猩。那么，鼠狐猴、大猩猩是猴吗？黑猩猩、长臂猿是不是猴？狒狒、山魈算不算猴？那些南美洲的袖珍动物——狨和猾能不能叫作猴？世界上能够被称作"猴"的动物为数不少，至少有两三百个物种的中文名称之中就有"猴"这个字眼，我国则有近30种灵长目物种，那么谁又可以代表十二生肖中的猴呢？

我们今年就来选一选"猴代表"。

谁是最早的灵长类？

灵长类的起源可以追溯到距今6500多万年以前的白垩纪末期，而这一时期正是恐龙衰败，甚至灭绝的时候。这个时期出现了更猴，亦称近猴（Plesiadapis），发现于北美洲、欧洲和非洲，也有学者认为它们出现的时间在5800万~5500万年前，也就是古新世至始新世时期，且生活在热带地区。

2015年1月发表在《美国国家科学院院刊》（PNAS）的文章揭示了一种新的最早的灵长类动物，研究人员根据脚踝化石，指出这种生活在6500万年前、以水果和昆虫为食的普尔加托里猴（Purgatorius），是树上的居民，但这之前都以为它们是在地面上行走。

普尔加托里猴的骨骼化石发现于美国蒙大拿州。它的体型和外部形态都酷似老鼠。从检视脚踝骨发现，这些骨骼具有转动的功能，这仅存在于现代灵长类动物及其近亲。这些独特的功能可以让普尔加托里猴旋转、调节它的脚，以便抓握树枝，在树与树间移动。相反地，地栖性的哺乳类动物缺乏这些特征。

现在通常认为，早期的灵长类繁盛在欧亚大陆，然后有一个分支向非洲发展，成为了猿类和人类，比如高等的猿类最早的化石是中新世中晚期的、发现于欧洲的森林古猿（*Dryopithecus*）。

那么，早期的这些猴类和猿类，是不是"猴代表"呢？很显然，那时候人类还没有出现，更谈不上生肖文化，所以它们肯定当选不上。除此以外，在几千万年的演化过程中，还曾经出现过不同种的灵长类动物，包括各种古猿，它们也尚不能入选其中。

灵长类是个大家庭

现在，地球上已知哺乳动物，即兽类，约有 5800 多种（现在已经有 6800 多种）。如果按照 2005 年，威尔逊和瑞德尔（Wilson & Reeder）的分类系统，当时的哺乳纲有 29 目 153 科 1229 属 5416 种。2006 年，目一级作了调整，变为 27 目。尽管将猬形目（Erinaceomorpha）和鼩形目（Soricomorpha）合并为真盲缺目（Eulipotyphla，亦称劳亚食虫目），也就是传统的劳亚食虫类；将偶蹄目（Artiodactyla）和鲸目（Cetacea）合并为鲸偶蹄目（Cetartiodactyla，亦称鲸蹄目）；但哺乳动物中最多的类群仍然是啮齿目（Rodentia），即各种鼠类，约 2300 种（现在已经约 2500 种）；其次是翼手目（Chiroptera），即蝙蝠，约 1200 种（现在约有 1500 种）。排在第三位的则是真盲缺目，包括各种鼩鼱、鼹鼠、刺猬等，约 480 种（现在约 530 种）。

而与之不相上下的哺乳纲第四把交椅，便是灵长目（Primates），2016 年我在写这篇文章的时候所能查到的资料显示为 16 科 78 属 460 种，而 2019 年底，中国动物学会灵长类学分会理事长龙勇诚教授告知的数据显示，现今灵长目分为 17 科

76属507种，如果把亚种也算上则有702种和亚种。我们总结的最新数据则为538种（《世界哺乳动物名录》，中国林业出版社，2023，印刷中）但笔者认为，食虫类是全世界研究最少的哺乳动物类群，这其中一定不乏大量未被发现的物种，所以真盲缺目的实际种数应该仍然是多于灵长类的。总之，灵长目是一个大目，这一点毫无疑问。

从种类的多样性也可以进一步说明，灵长目动物在高等的脊椎动物中是演化最为成功的大类之一，而且它们本身也是动物界最高等的类群。

灵长目动物广泛分布于全球范围内的热带、亚热带和温带地区。除大洋洲、南极洲之外，其他各大洲，甚至很多岛屿上都有自然分布的非人灵长类物种。

全世界的灵长目动物类群都有哪些，可参观如下分类系统，截止日期为2015年12月：

灵长目（Primates）

原猴亚目（Strepsirrhini）：狐猴（lemurs）、婴猴（galagos）和懒猴（lorisids）

狐猴形下目（Lemuriformes）

狐猴总科（Lemuroidea）

倭狐猴科（Cheirogaleidae）：倭狐猴（dwarf lemurs）和鼠狐猴（mouse-lemurs）（34种）

指猴科（Daubentoniidae）：指猴（aye-aye）（1种）

狐猴科（Lemuridae）：环尾狐猴（ring-tailed lemur）等（21种）

鼬狐猴科（Lepilemuridae）：鼬狐猴（sportive lemurs）（26种）

大狐猴科（Indriidae）：毛狐猴（woolly lemurs）等（19 种）

懒猴总科（Lorisoidea）

懒猴科（Lorisidae）：懒猴（lorisids）（14 种）

婴猴科（Galagidae）：婴猴（galagos）（19 种）

猿猴亚目（Haplorhini）：眼镜猴（tarsiers）、猴（monkeys）和猿（apes）

跗猴形下目（Tarsiiformes）

眼镜猴科（Tarsiidae）：眼镜猴（亦称跗猴，tarsiers）（11 种）

类人猿形下目（Simiiformes or Anthropoidea）

阔鼻小目（Platyrrhini）：新大陆猴（New World monkeys）

狨科（Callitrichidae）：狨（marmosets）和猬（tamarins）（42 种）

卷尾猴科（Cebidae）：卷尾猴（capuchins）和松鼠猴（squirrel monkeys）（14 种）

夜猴科（Aotidae）：夜猴（night or owl monkeys（douroucoulis））（11 种）

僧面猴科（Pitheciidae）：伶猴（titis）、僧面猴（sakis）和秃猴（uakaris）（56 种）

蜘蛛猴科（Atelidae）：吼猴（howler），蜘蛛猴、绒毛蛛猴和绒毛猴（spider, woolly spider and woolly monkeys）（29 种）

狭鼻小目（Catarrhini）

猴总科（Cercopithecoidea）

猴科（Cercopithecidae）：旧大陆猴类（Old World monkeys）（139 种）

人总科（Hominoidea）

长臂猿科（Hylobatidae）：长臂猿或小猿（lesser apes）（17 种）

人科（Hominidae）：大猿（great apes），包括人类（humans）（7 种）

世界的灵长类

我们从各个类群的目科上的分布就可以知道世界灵长类的一个概貌。

我们姑且把非人灵长类分为三个类别——最原始的狐猴、懒猴和婴猴等原猴类，更高等的猴类（除类人猿以外的猿猴亚目种类），以及最高等的类人猿（人总科）。除了懒猴科、猴科和长臂猿科，其他 13 个科的非人灵长类物种，中国都是没有自然分布的。

我们先来走马观花地看看我国以外的灵长类。

倭狐猴科（Cheirogaleidae），全部生活在马达加斯加岛。共有 5 属 34 种，即倭狐猴属（*Cheirogaleus*）、鼠狐猴属（*Microcebus*）、大鼠狐猴属（*Mirza*）、毛耳倭狐猴属（*Allocebus*）和叉斑狐猴属（*Phaner*）。这一科近些年发现了大量的新种，是科学家之前完全没有描述过的，也有一些是将亚种提升为种的。1993 年，该科只有 7 种，几乎 20 年之内，种数涨了 4 倍。

指猴科（Daubentoniidae），仅 1 种，即指猴（*Daubentonia madagascariensis*），生活在马达加斯加岛西海岸的中部地区，以及该岛的东部。它是独科、独属、独种的濒危级灵长类。1788 年被发现命名，1795 年建立其属，1863 年建立其科；1933 年被认为灭绝，1957 年被重新发现，1965 年之后就一直被视为濒危级灵长类。

狐猴科（**Lemuridae**），全部生活在马达加斯加岛。共有 5 属 21 种，即环尾狐猴属（*Lemur*）、美狐猴属（*Eulemur*）、领狐猴属（*Varecia*）、竹狐猴属（*Hapalemur*）、大竹狐猴属（*Prolemur*）。1993 年的统计，该科只有 10 种，20 年来，种数翻了一番。

马达加斯加的濒危级的环尾狐猴，然而在动物园中却很常见
（王传齐 摄）

鼬狐猴科（**Lepilemuridae**），全部生活在马达加斯加岛。本科仅 1 属，即鼬狐猴属（*Lepilemur*）26 种。1993 年，该科只有 7 种，20 年来，种数增加了几乎 3 倍。鼬狐猴是夜行性狐猴，但它们却不像其他夜行种类那样捕食昆虫，反而是在晚上取食植物性食物。

大狐猴科（**Indriidae**），全部生活在马达加斯加岛。该科有 3 属 19 种。1993 年的时候只有 5 种，也是壮大最快的家族之一。毛狐猴属（*Avahi*）原来只有 1 种，现在增加到了 9 种，仅 2005—2008 连续 4 年就发现了 6 个新种，且新种均为濒危级或易危级！此外，还有美丽的冕狐猴属（*Propithecus*）和仅有 1 种的大狐猴属（*Indri*）。

婴猴科（Galagidae），它们是生活在非洲大陆的一类原始的、夜行性灵长类，亦称丛猴、狓。包括 5 属 19 种，即尖爪婴猴属（*Euoticus*）、婴猴属（*Galago*）、倭婴猴属（*Galagoides*）、狓属（*Otolemur*）和松鼠婴猴属（*Sciurocheirus*）。松鼠婴猴属则是从原来的婴猴属分出的新类群。

2014 年 7 月，我在肯尼亚奥肯耶保护区晚上见到的塞内加尔婴猴

眼镜猴科（Tarsiidae），它们生活在东南亚的一些岛屿上。因眼睛甚大，像戴了眼镜，故名，亦称跗猴，计 3 属 11 种。根据 1993 年的分类，该科仅 1 属 5 种，现在增加了 2 个新属，种类也翻了一番多。除眼镜猴属（*Tarsius*）外，还有菲律宾眼镜猴属（*Carlito*）和霍氏眼镜猴属（*Cephalopachus*）。

狨科（Callitrichidae），全部生活在南美洲，共计 7 属 42 种。英语中的 Marmoset 对应"狨"；Tamarin 对应"狨"。原有 4 属：东部狨属（*Callithrix*，旧称狨属）、节尾狨属（*Callimico*）、狨属（*Saguinus*）和狮狨属（*Leontopithecus*，旧称狮面狨属）。新增的 3 个属是倭狨属（*Cebuella*）、侏狨属（*Callibella*）和亚马孙狨属（*Mico*）。这 20 多年来，该科增加了16 种。

2016 年 12 月，我在秘鲁之亚马孙热带雨林见到的鞍背獠

卷尾猴科（**Cebidae**），全部生活在拉丁美洲，共计 3 属 14 种，即卷尾猴属（*Cebus*）、悬猴属（*Sapajus*）和松鼠猴属（*Saimiri*）。前两者曾为 1 个属，现在变为 2 个属。因悬猴属中大多是原来黑帽悬猴的亚种提升的种，故将这一类群称为悬猴属，其中最稀少的种类是金悬猴（*Sapajus flavius*），仅分布在巴西东北部，约有 24 个小种群，总数不超过 180 只。

夜猴科（**Aotidae**），主要生活在巴拿马和南美洲热带雨林中。仅 1 属，即夜猴属（*Aotus*），11 种。该种的分类变化比较频繁，从几种到十几种，后来又合并了几种，再后来又发现了几个新种，最终被确定为 11 个种。顾名思义，它们是夜行性灵长类。

僧面猴科（**Pitheciidae**），全部生活在南美洲。现生种类有 4 属 56 种，即伶猴属（*Callicebus*）、须僧面猴属（*Chiropotes*，亦称丛尾猴属）、僧面猴属（*Pithecia*）和秃猴属（*Cacajao*）。近些年新种被不断发现，多出了 34 个新种。仅 2014 年，就发现了 5 种僧面猴。

蜘蛛猴科（**Atelidae**），全部生活在南美洲，尾巴善于抓握。共计 5 属 29 种，即吼猴属（*Alouatta*）、蜘蛛猴属（*Ateles*）、绒毛蛛猴属（*Brachyteles*）、绒毛猴属（*Lagothrix*）和

黄尾绒毛猴属（*Oreonax*）。20 年来增加了 12 个新种，并提升了 1 个新属，即黄尾绒毛猴属。

人科（Hominidae），本科共计 4 属 7 种，包括人类（*Homo sapiens*），为全球广布。除此以外则被称为大型类人猿，即猩猩属（*Pongo*）、大猩猩属（*Gorilla*）和黑猩猩属（*Pan*），每属 2 种，分布在亚洲和非洲的热带雨林地区。（补记：2017 年发现了猩猩属的另一新种，故猩猩属为 3 种。）

这些灵长类动物在当今的中国都没有自然分布，在中国传统文化上出现得非常少，甚至根本没有出现过，它们都很难成为中国猴类的代表。

中国灵长类三大家族

除以上 13 科外，世界上还有 3 个科的灵长目动物在我国有自然分布的种群。

懒猴科（Lorisidae），是一类低等的灵长目动物。计有 5 属 14 种，即金熊猴属（*Arctocebus*）、树熊猴属（*Perodicticus*）、假树熊猴属（*Pseudopotto*）、懒猴属（*Loris*）和蜂猴属（*Nycticebus*）。它们分布在亚洲南部和东南部，我国则有倭蜂猴（*Nycticebus pygmaeus*）和孟加拉蜂猴（*Nycticebus bengalensis*），有时也被称作懒猴。

猴科（Cercopithecidae），全部称为旧大陆猴类，即分布于欧亚大陆、非洲大陆、东南亚岛屿等地。它们是真正的猴类，因为它们都有尾巴，四肢几乎等长，或者后肢比前肢略长。真正的猴子的牙齿严格按照这样的齿式：2.1.2.3/2.1.2.3 = 32，就是说上下颌的一侧各有 2 枚门齿、1 枚犬齿、2 枚前白齿和 3 枚白齿，共计 32 枚牙齿。而且，猴科动物的中间一对门齿大于旁边的一对；雄性犬齿通常呈獠牙状；前白齿有 1 对齿尖，白齿有 2 对，但最后的白齿之后还有 1 个多出来的齿尖，所以白齿共有 5 个齿尖。这些便是"真猴"的鉴别特征。

2017 年 10 月，我在印度看到的猕猴

猴科共计 22 属 139 种，包括短肢猴属（*Allenopithecus*）、侏长尾猴属（*Miopithecus*）、赤猴属（*Erythrocebus*）、绿猴属（*Chlorocebus*）、长尾猴属（*Cercopithecus*）、猕猴属（*Macaca*）、白脸猴属（*Lophocebus*）、高地猴属（*Rungwecebus*）、狒狒属（*Papio*）、狮尾狒属（*Theropithecus*）、白眉猴属（*Cercocebus*）、山魈属（*Mandrillus*）、疣猴属（*Colobus*）、红疣猴属（*Piliocolobus*）、绿疣猴属（*Procolobus*）、长尾叶猴属（*Semnopithecus*）、乌叶猴属（*Trachypithecus*）、叶猴属（*Presbytis*）、白臀叶猴属（*Pygathrix*）、金丝猴属（*Rhinopithecus*，亦称仰鼻猴属）、长鼻猴属（*Nasalis*）和豚尾叶猴属（*Simias*）。

近 20 年来，虽然本科种类在灵长目中最多，但发现的新种的比例并不是很高。最值得关注的是，2006 年用了一个 2005 年发现的新种——高地猴（*Rungwecebus kipunji*，直译为奇庞吉猴）建立了一个从来没有被描述的新属，这个是灵长类自

1923 年以来（至本文写作时的 2016 年年初）最大的发现。

东非最常见的灵长类之一，肯尼亚绿猴

2006 年 2 月，英国布里斯托尔动物园的爪哇叶猴，因分类变化，现在或称东爪哇乌叶猴

　　本科之中，我国则有 5 属，它们是猕猴属的猕猴（*Macaca mulatta*，亦称恒河猴、广西猴）、白颊猕猴（*Macaca leucogenys*）、红面猴（*Macaca arctoides*，亦称短尾猴）、藏酋猴（*Macaca thibetana*，亦称藏猕猴、藏猴、黄山短尾猴、毛面猴）、熊猴（*Macaca assamensis*，亦称阿萨姆猴）、北豚尾猴（*Macaca leonina*，亦称平顶猴）、达旺猴（*Macaca munzala*，亦称藏南猕猴）。达旺猴是 2005 年在我国藏南达旺地区，即印度实际控制的所谓的"阿鲁纳恰尔邦"发现的新种；白颊猕猴则是 2015 年，我国学者在西藏东南部发现的新种。

我国的叶猴类则有长尾叶猴属的喜山长尾叶猴（*Semnopithecus schistaceus*）；乌叶猴属的黑叶猴（*Trachypithecus francoisi*）、白头叶猴（*Trachypithecus leucocephalus*）、菲氏叶猴（*Trachypithecus phayrei*）、窄缘戴帽叶猴（*Trachypithecus shortridgei*，亦称肖氏戴帽叶猴、肖氏叶猴）、金叶猴（*Trachypithecus geei*）、缅甸乌叶猴（*Trachypithecus barbei*）；白臀叶猴属的红胫白臀叶猴（*Pygathrix nemaeus*）。但金叶猴、缅甸乌叶猴和红胫白臀叶猴的情况比较复杂，它们或有不确切的记录，或疑似国境地区的边缘种，目前没有准确的自然种群记录。红胫白臀叶猴则仅在海南岛有一个皮张标本的记录，是否以前在海南岛有自然分布的种群也已经是一个不解之谜了。

我在印度见到的北长尾叶猴

2005 年 1 月，北京动物园饲养的菲氏叶猴，亦称灰叶猴，名曰"灰灰"

我国的疣猴亚科（Colobinae）种类还有一个金丝猴属，亦称仰鼻猴属，是我国特有或主要分布在我国的灵长类。它们是川金丝猴（*Rhinopithecus roxellana*，亦称金丝猴、仰鼻猴）、滇金丝猴（*Rhinopithecus bieti*，亦称黑白仰鼻猴）、黔金丝猴（*Rhinopithecus brelichi*，亦称灰仰鼻猴）、缅甸金丝猴（*Rhinopithecus strykeri*，亦称黑仰鼻猴）。缅甸金丝猴也被唤作怒江金丝猴，发现于 2010 年。中国历史上也很有可能有越南金丝猴（*Rhinopithecus avunculus*），而且也有人认为现在我国广西边境可能仍然有越南金丝猴的分布，尚待进一步证实。龙勇诚教授曾预测，在怒江和澜沧江之间可能还存在着第六种金丝猴，姑且称之为"梅里金丝猴"。

长臂猿科（**Hylobatidae**），全部生活在亚洲南部和东南部。长臂猿也属于类人猿，因体型较小，而被称为小猿（Lesser Ape）。原来只有 1 属，后来拆分成 4 属，另 17 种（现在一般认为有20 种），包括长臂猿属（*Hylobates*）、冠猿属（*Nomascus*）、白眉猿属（*Hoolock*）和合趾猿属（*Symphalangus*）。

我国则有西黑冠长臂猿（*Nomascus concolor*）、东黑冠长臂猿（*Nomascus nasutus*）、海南长臂猿（*Nomascus hainanus*，亦称海南黑冠长臂猿）、北白颊长臂猿（*Nomascus leucogenys*）、西白眉长臂猿（*Hoolock hoolock*）、东白眉长臂猿（*Hoolock leuconedys*）、白掌长臂猿（*Hylobates lar*）。（补记：2017 年，范朋飞教授等人发表了另一个新种，即天行长臂猿 *Hoolock tianxing*，亦称高黎贡白眉长臂猿。）如今，北白颊长臂猿和白掌长臂猿在我国已经灭绝；西白眉长臂猿可能是国境附近的边缘种，目前尚不知其状况；高黎贡山的白眉长臂猿也可能是一个独立种，尚待进一步研究（2015 年底我在写本文的时候，说明有过预测）；海南长臂猿则只有 20 余只（现在认为有 36 只或更多），走到了灭绝的边缘；其他种类数量也非常稀少。

谁最能代表中国的猴类？

在我国，懒猴科不太被人熟知，认知度很低，在文化层面上的显示度也很低；长臂猿科不属于猴，而是猿。这两科则首先被淘汰掉。

这个代表看来只能从中国的猴科动物中产生。几种叶猴虽然大多属于"高贵身份"的濒危物种，但它们多属于"养在深闺人未识"，基本分布在我国西南部，特别是广西中部、云南西部和西北部、西藏东南部的狭窄地区。无论是中国古人，还是今人，似乎仍然很少有人知道它们，也不是合适的"代表"。

金丝猴是我国最漂亮的猴子，国画大师刘奎龄先生（1885—1967）、刘继卣先生（1918—1983）父子曾经画过不少金丝猴，在我国传统文化中占有一席之地。很多人也认为这是美猴王的形象，因为金黄的外表为它们加了不少分。除了川金丝猴有真正的"金丝"以外，其他4种金丝猴都没有"金丝"，但它们都比川金丝猴更为濒危。

但进一步考证，我们不难发现，中国文化中出现最多的猴子是猕猴。"美猴王"是猕猴，而不是金丝猴。试想，在"真假美猴王"一回中，提及假孙悟空是"六耳猕猴"，如果真孙悟空是金丝猴的话，那它的仰鼻、蓝脸、长尾巴的特征恐怕假悟空是模仿不来的。

猕猴在我国的分布范围最广，我国部分地区又称为广西猴，是最普通的猴子之一。它们在东南亚及我国华东、华南、西南大部分省区的森林、山区、丘陵地带都有分布。历史上这个物种曾经分布在河北省东北部，故曾称之为"直隶猕猴"，也曾经是非人灵长类动物在地球上分布的最北界。

此外，古人见到猕猴远远比生活在深山老林的金丝猴要容易得多，各种与猕猴的互动也是比比皆是。从文化元素中见到的各种生肖猴的形象，也是典型的猕猴的外部特征。所以，毫无疑问，猕猴是中国老百姓最熟悉的猴子了！它如果当选中国的猴代表应该当之无愧。

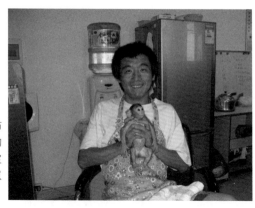

2007 年 7 月，我访问中科院昆明动物所，那里的实验室正好刚有猕猴幼崽被妈妈遗弃

从普遍性、代表性、知名度等几个方面综合考察，最终寻找到的最合适的代表，应该是猕猴。但是猕猴属中的其他种类能不能成为猴代表呢？笔者认为，候补代表可以考虑一位。它就是 2015 年刚刚被中国学者发现和命名的新物种——白颊猕猴。

这次意外的发现源于 2013 年 10 月，深圳民间探险家、摄影师李成先生参加西藏第二次野生动物调查留下的红外线照相机。通过红外摄影技术，中国人第一次记录了这一从未见过的猴子。李成与大理大学的范朋飞教授（现为中山大学生命科学学院教授）和西南林业大学的硕士研究生赵超先生（后为自然圈创始人、云山保护发起人）合作，于2015年3月26日，在国际权威的灵长类研究杂志《美国灵长类学报》（*American Journal of Primatology*）上发表了西藏发现猕猴属一新种的论文。

从某种意义上说，白颊猕猴足以代表中国的科学家在灵长类研究的巨大成就，也可以代表未来更多的在中国还会发现的新物种，它甚至还代表着未来中国野生动物保护的命运。

改变人类历史的狗

狗有没有改变人类历史？或许这个问题可以简单回答，因为几乎和人类在历史上"互动"过的动物都或多或少地改变过人类历史。

狗去改变人类历史的前提，是它自身的改变。

众所周知，狼（*Canis lupus*）是狗（*Canis lupus familiaris*）的祖先；狗是狼的亚种，狗本质上是狼。中国科学院副院长、中国科学院昆明动物研究所研究员张亚平院士领导的研究团队多次证实狗起源于东亚，特别是中国南方。

但 2013 年 3 月，在英国《自然》（*Nature*）杂志有一项瑞典科学家的研究，很有意思——尽管我不完全认可他们的观点。他们认为，1 万年前，伴随中东农业的发展，狗起源于中东（广义的概念，也包括西亚、北非）。他们对 12 头狼、14 个品种的 60 条狗做了全基因组测序，特别研究了一下功能基因。研究发现，狗与狼的基因组有 36 个区域有变异，其中 19 个是与脑功能有关的重要基因，8 个与神经系统发育和潜在行为变化的基因，10 个与消化淀粉和脂肪有关的基因（如 *AMY2B*）。

这是什么意思呢？

最早有那么一些狼，它们的基因发生了突变。它们一下子变得温顺、聪明了，当饥饿难耐的时候，它们愿意主动亲近人类而获得食物，这是和脑、神经系统有关；它们变得"善解人意"，可以理解人的意图、人的想法，善于察言观色，一下子"通了灵性"，原来暴戾，现在乖巧了，这些与一些神经和行为有关；最不可思议的是，这些基因突变的狼不喜欢吃肉了，食肉无味，觉得肉不过如此，对肉没有那么强烈的渴求，愿意接受淀粉类食物了。

这都是基因的力量。基因突变之后，使得一些狼有变成狗的潜在可能。

古人也会吃狼，可以想见，他们几乎会吃一切可以抓得到的动物来果腹。但捕捉的过程中会见到狼崽，大狼被吃掉，小狼暂时也没肉，可以暂时不吃。养大了，觉得它们聪明可爱，便不舍得吃掉。狼的外貌和性格拯救了自己。

至今，郊狼还会与美洲獾合作捕猎草原犬鼠（*Cynomys*）。古人也完全有可能与狼合作捕猎，或将狼崽养大，和古人一起捕猎。所得，分一杯羹给狼。有些依懒性强的狼与人越来越亲近，从而成为善于捕猎的狗。

大约在 3.2 万~1.6 万年前，人类把狼驯化成狗。狗从而在很多领域发挥了巨大作用。

最值得一提的是，通过研究基因，人们已经基本确信，狗是人类驯化的第一种动物。这个很了不得，有了狗的存在，抓野猪、野羊，逮野牛、野马，才成为更大的可能；有了驯化狼的经验，才可能发展更好的技术去驯化其他动物。那么好，这样说来，"马到成功"，似乎是因为狗先到的吧！

2019 年 11 月 11 日录制《正大综艺·动物来啦》节目之时邀请而来的巨型泰迪

狗在相当长的历史时期，是充当人类的劳役工具，也就是役用。人类的狩猎活动在得到狗的协助后变得效率倍增，包括对狗的调教、训导，使人类进一步发展了大脑。在古今中外，仍然有大量的狗效忠主人，并战死沙场。

当人类形成家庭格局，开始自家种地、养猪、养鸡，形成私有关系之后，狗的用途更大了，狗起到了守家护院的作用，担当了保护主人财产的职责。人类的私有制是文明的一大进步，在没有法律或健全的社会制度面前，用狗来保护私有财产，是最为有效和廉价的。

狗在驯化过程中，会有很多遗传变异，那些婀娜多姿、奇形怪状、萌萌的长相，以及无论是暴躁、凶猛，还是温柔、黏人的性格都被保存了下来。人工选择的结果，使狗形成了最多可能 500 个以上的品种或品系。2017 年的一项分子生物学研究揭示，很多狗的品种是在 35~160 年间形成的。而其幕后推手，主要是皇室、贵族。狗也"反作用"于这些皇帝、国王、皇后、王后，以及其他皇亲国戚，影响他们的情绪和行为，对这个国家、社会、民族或许起到了某些改变作用。

我们以前说的"大黄"或者土狗近些年有了正规的名字，中华田园犬
（张帆 摄）

对于可以考察的个人史，这样的例子就非常多了。生活·读书·新知三联书店曾出版过一本《狗故事：人类历史上狗的爪印》。作者挖掘了不少素材：拿破仑讨厌狗，而当他身处险境时，恰是一只狗救了他；瓦格纳对一只胖狗一见钟情，陪伴他写出不朽的音乐作品；南丁格尔与一只伤狗的邂逅，使她开始了救死扶伤的生涯……

狗改变人的历史，更重要的或许是医学方面的贡献。我们可以看一组诺贝尔生理学或医学奖的得主，他们的研究改变了人类对医学、健康的认识，而他们是与狗合作完成的——

巴甫洛夫（Ivan Petrovich Pavlov, 1904）：研究狗的消化器官关系，发现消化生理机制，建立条件反射学说；

卡雷尔（Alexis Carrel, 1912）：对小狗进行血管缝合及组织培养，奠定现代器官移植医学基础；

李奇特（Charles Richet, 1913）：用小狗测试海葵素效力发现过敏现象，奠定免疫—变态反应研究基础；

班廷和麦克劳德（Sir Frederick Grant Banting & John James Rickard Macleod, 1923）：从狗身上获得未被胰液中胰蛋白酶降解的胰岛，从而获得调节血糖的活性物质；

惠普尔（George Hoyt Whipple, 1934）：用动物肝脏饲喂小狗可以促进血红细胞生成，奠定恶性贫血研究基础；

胡赛（Bernardo Alberto Houssay, 1947）：发现狗的垂体前叶可以分泌激素，调节胰岛素的分泌。

……

狗与人类共享360多种疾病，狗与人类的基因也很近似。它们已经被建立了很多医学模型，以解决癌症、糖尿病、癫痫、强迫症、阿尔兹海默症等疾病。

今天，狗为人类不断贡献，在很多领域出现了各种工作犬，如警犬、军犬、消防犬、救护犬、救灾犬、检疫犬、导盲犬，更多的品种成为人们生活的一部分，家庭的一份子。

人类选择了狼，改变了狼的历史；同时，狼也选择了人类，改变了人的历史。人类曾经想把狼消灭干净，却又把它的后代留下，变成狗，据为己有，甚至让后代去攻击它们的老祖宗。想一想，地球上的物种，也就是人可以做得到吧。

跋

题字的忧虑

位梦华先生，生于 1940 年，山东平度人；国家地震局地质研究所研究员，中国科学院老科学家科普演讲团团员；我国最早考察南极、北极的科学家，是第一位进入南极中心地区的中国人，也是我国首次远征北极点科考总领队。

　　有关研究表明，童年时的爱好是很重要的，往往能够影响一个人的一生。如果一个人能把小时候的爱好一直坚持下去，往往能够成就一番事业。美国有个科学家叫爱德华·威尔逊，从小喜欢动物，九岁时就一个人到森林里观察蚂蚁，后来成了世界知名的研究蚂蚁的专家，创立了"社会生物学"。中国也有一个人，从小喜欢动物，是自然博物馆的常客，后来读到了动物学博士，成了中国科学院动物研究所国家动物博物馆的副馆长，经常在中央电视台参与关于动物的科普节目，在电视上侃侃而谈，撰写了许多关于动物的科普书，他就是张劲硕。

　　我和劲硕认识，是一起出去讲科普。我觉得他讲得很好，便推荐给了中国科学院老科学家科普演讲团。顾名思义，中国科学院老科学家科普演讲团，都是一些老家伙，非常缺乏年轻的人才。张劲硕进团以后，便成了团里最年轻的骨干。为了这件事，他总对我深表感谢。其实是本末倒置，我们应该感谢他，为科普队伍充添了有生力量。

张劲硕讲科普，不是人云亦云，照本宣科，介绍一些动物的奇闻趣事。而是广征博引，实事求是，有针对性地纠正一些人们对动物的曲解、误解、抹黑和贬斥。例如，在人们的观念中，驴子成为愚蠢的象征，狐狸成了狡猾的标志，蛇蝎代表阴险毒辣，豺狼意味着贪婪与残忍。实际上，用别人的孩子喂养自己的孩子，只是为了生存，是大自然的普遍规律。动物中的强迫交配是司空见惯的，并不是强奸，只是为了繁殖，把自己的基因传播下去。人类高高在上，自以为是最高等的动物，却把人性中的一些恶念和丑行，转加在动物身上，然后加以批判。

还有另外一种倾向。有人自作多情，把动物当成家人或者朋友。我在北极遇到一个从纽约来的小伙子，看到一头北极熊高兴得手舞足蹈，忘乎所以，不顾别人劝阻，跑过去想和它打个招呼，甚至拥抱一下。北极熊一巴掌，把他的踝骨拍碎了。幸好因纽特人早有准备，对天放了几枪，把北极熊赶跑了。他被送进医院，住了好几个月。爱斯基摩人告诉他说："动物就是动物，它们也有感情，但和人类是不一样的。和动物相处，最好的办法就是离它们远一点。"

劲硕的新作《蹄兔非兔 象鼩非鼩》即将面世。承蒙他的美意，请我给他题写书名。我猜想，他是为了我推荐他加入中国科学院老科学家科普演讲团表达谢意。但是，对我来说，却是赶鸭子上架，哪壶不开提哪壶。我小时候没有注意练字，无论是硬笔还是软笔，写得都很难看。我一再推脱，他一再坚持。没有办法，只好鸭子上架，冒险一试。

劲硕虽然不好说什么，我却惴惴不安，承受了很大的压力。《蹄兔非兔 象鼩非鼩》肯定是一部畅销书，如果因为我的题字而破坏了读者的雅兴，卖不出去，岂不是弄巧成拙，画蛇添足，辱没了劲硕的一番好意？

劲硕后记

在本书付梓之时，我收到位梦华先生家人告知，位先生于2023 年 4 月 29 日 00:50 不幸逝世。噩耗传来，令我悲恸不已！位先生尚未见到本书出版便离我们而去。您的题签和跋竟成遗墨和绝笔！位梦华先生千古，一路走好！